Excelではじめる調査データ分析

企画から統計解析まで

喜岡 恵子　著

Ohmsha

はじめに

本書は調査法（第Ⅰ部）とデータ解析手法（第Ⅱ部）の２部構成になっています。調査の企画から統計解析までを扱った本書は、第Ⅰ部と第Ⅱ部を通して調査研究の過程を示しています。文科系大学生の調査法を用いた卒業研究を念頭において編まれていますが、Excel によるデータ分析だけに関心がある場合は第Ⅱ部データ解析手法から読み始めることもできます。

第Ⅰ部の調査法においては、まず、歴史的な調査事例から調査の意義を考えます。そして、自分自身の研究として、テーマを設定し、仮説設定を行い、それを検証可能な形で調査票に載せ、適切な調査対象者を抽出し、インフォームド・コンセントを得たうえで調査を実施するというところまでの過程を学習します。また、公的統計の活用法について例示しました。第Ⅱ部のデータ解析手法においては、まず、実施した調査によって得られたデータを整斉し、記述統計学の基礎知識として、データを集計・集約することを学びます。次に、推測統計学の基礎知識を身につけて、統計的仮説検定によって仮説を検証し、効果量によって効果の大きさを評価していくという統計解析手法を学びます。

第Ⅱ部においては、学校や職場、家庭にあるパソコンの多くにインストールされている Excel を利用してデータを分析します。結果をわかりやすく相手に伝えることを意識して、表やグラフを作成したり、データをいくつかの統計指標に集約したり、誤差と統計的に意味のある差を区別したり、効果の大きさを算出したりします。まずは身近にある Excel でやれるだけのことをやってみようという趣旨です。

すでに、回収済みデータがあれば、第Ⅱ部データ解析手法の第６章から順次必要な章まで読み進めていくことをお勧めします。

卒業研究に限らず、学校や職場において日常的に、調査法と統計解析手法を道具として気軽に（もちろん責任をもって）使ってほしいとも願っています。所属する組織や部署、クラス、サークルなど、特定の閉じたグループの成員の状況把握や意見の集約などに使うのであれば、3.3 節を読んで Google フォームという無料のアプリを使用してアンケートを作成し、インターネットを介して配信し、回答をExcel形式でダウンロードして、6.1節、6.3節と6.4節を読んでExcelによってデータを集計するだけです。データの入力作業はありません。さらに、結果を視覚的に訴えたいなら、第7章を読んでグラフを作成してもよいでしょう。第8章を読んで分布の特徴を、平均や標準偏差、相関係数や回帰係数といったいくつかの数値に集約していくこともできます。学生の就職活動状況の調査や、大学生活の満足度調査、広告動画の部内での評価アンケートなど、回答者が面と向かって答えにくいことがありそうならば、ちょっとしたアンケートを作成してみてはいかがでしょう。意外な状況や意見があることに気づかされるかもしれません。

なお、本書の第2章から第6章6.1節までの部分は、社会調査士カリキュラムのB科目（調査設計と実施方法に関する科目）に対応しています。また、2.3.3項と第6章から第8章までの部分は、社会調査士カリキュラムのC科目（基本的な資料とデータの分析に関する科目）に対応しています。社会調査士カリキュラムのA科目（社会調査の基本的事項に関する科目）、D科目（社会調査に必要な統計学に関する科目）およびG科目（社会調査を実際に経験し学習する科目）にもある程度対応はしていますが、E科目（多変量解析の方法に関する科目）とF科目（質的な調査と分析の方法に関する科目）の内容には対応していません。

専門用語の多くに、英語表記をつけていますので、英語資料を読む際に利用してください。外国人を対象とした調査に役立つように、英文での調査の説明書や同意書を例示しました。また、標本の大きさを検討するために有用なG*Powerという英語表記のソフトウェアについて紹介しました。

本書を手始めに自身で調査を実施し統計解析を行う人々が増え、その効用と限界についても理解を深めていっていただければ幸いです。

最後になりましたが、私の筆の遅さに辛抱強くお待ちいただきましたオーム社の担当者様に心より感謝申し上げます。また、私事ではございますが、執筆中に思いがけず入院することになり執刀してくださいました先生方や医療チームの皆様に深謝申し上げます。そして、いつも身近で支えてくれている家族には感謝の念にたえません。本当に皆様ありがとうございました。

2021年10月

喜岡　恵子

目　次

本書内で使用している Excel ファイルは、オーム社 Web サイト（https://www.ohmsha.co.jp/）の書籍詳細ページにて提供しています。ダウンロードしてご利用ください。

第 I 部

調査法

第1章

調査とは

調査には、国勢調査、世論調査、市場調査（マーケティング・リサーチ）や日々更新されている新型コロナウイルス感染状況調査などさまざまなものがあります。また、購入した商品・サービスに対する満足度調査の依頼や、回答すればポイント付与といったインセンティブを持たせた調査の依頼などが、特定の個人に e-mail などで送られてくることも多々あります。

調査そのものは方法や手段の1つに過ぎませんが、目的が明確で、綿密に計画・実施された調査の結果は、調査者をはじめとする、調査に関心を寄せる人々に新しい発見、有益な知見をもたらします。

1.1　歴史的な調査の事例

目的が明確で綿密に計画・実施された調査であり、歴史的に意義のある調査といわれるものの中から、3つの調査を紹介します。

❖ 1.1.1　ブースのロンドン調査

社会に大きな衝撃を与えた調査の1つに**ブース**（Booth, Charles, 1840–1916）の**ロンドン調査**（貧困調査）があります。

調査結果から得られた知見は、「当時、世界で最も大きく豊かであるといわれた都市ロンドンの住民の30%もの多くがぎりぎりの生存水準の、またはそれ以下の、生活を余儀なくされている。」（石田，1959）という貧困層の多さについてでした。それはブース本人だけでなく、支配階級にとっても衝撃的な数値でした。さらに、貧困の原因について、「貧困を専ら個人的な徳性又は能力に結び付けて考える、当時の支配的な貧困観」（石田，1959）を否定し、貧困の原因は個人的要因によるものではなく、世帯主の職業の性格や雇用の不規則性、賃金の低さといった社会的要因によるものであることを統計によって実証しました。つまり、貧困の原因は、個人の飲酒や怠けなどであることは少なく、雇用の問題が大きいということを訴えるものでした。今も多くの国が抱えている「ワーキングプア」の問題といえます。この調査は、新たな事実が示された歴史的意義のある調査としてその名を社会調査史上に刻んでいます。

ブースは英国リヴァプールの中産階級（middle-class）の家庭の三男として生まれ、船主として成功した実業家でしたが、行政による貧困者に対する救済策がどれだけの効果をあげているのかについて疑問を抱いていました。救済策の基礎となっている推論の正しさについて、また論拠となる諸事実が正確なのかについて確信が持てず、ブースは自ら調査を行いました。

ブースが調査を始めたそもそものきっかけは、1885 年に社会民主連盟が「労働者階級の四分の一以上が人間として健康を維持するのに不適切な生活を送っている。」という調査結果を発表したからだといわれています（平松，2006）。ブースは産業革命を進めている英国の労働者がそれほど貧困であるとは考えていなかったので、社会民主連盟の調査結果を反証するために調査を始めました。

「民衆がどのような条件の下に生活しているかということは、主として彼らがどのような条件の下に労働しているかによってきまってくる。」（石田，1959）という基本的な作業仮説を立て、その仮説に基づいて自ら調査を企画・設計します。ロンドンの全人口を地域別と職業別とに分類し、地域調査（district inquiry）では民衆の生活様式を明らかにし、職業調査（trade inquiry）では民衆の労働様式を明らかにすることを目的として、1886 年から 1902 年までの 17 年間にわたって調査を実施しました。その結果は、その年数分にあたる 17 巻の「ロンドンにおける民衆の生活と労働」（Life and Labour of the People in London）という調査報告書に記されています。

❖ 1.1.2　スノウの疫学調査

英国ヨークで生まれ、「疫学の父」と呼ばれる**スノウ**（Snow, John, 1813-1858）は 1850 年頃にロンドンで流行したコレラの発生原因を明らかにするために**疫学調査**を行いました。当時、コレラ菌はまだ発見されておらず、感染の原因は悪臭によって引き起こされる空気感染説が定説になっていましたが、それに対して彼は懐疑的でした。死者が出た家と、彼らがどこの水を飲んだかを 1 軒 1 軒訪ねて調べました。彼は地域住民との対話を重ねながら、感染源が特定の公共給水ポンプであることを突き止めます。その地域ではその井戸のポンプの水を飲む習慣のある人以外にコレラの発生はみられなかったのです。すぐにポンプのハンドルが取り外されました。その後、彼は個々のポンプの位置とコレラ患者の発生場所とを図示したドットマップ（dot map）を使って、最も近い水源が、感染源となったポンプであった地域においてコレラの発生率が最も高いことを示しました。また、水源の水質とコレラ患者の関係を調査して、どの水がコレラ発生を増加させているかを統計的に示しました。スノウの緻密な調査により、コレラが汚染された水による経口感染であることがわかり、多くの人命が救われることになりました。

❖ 1.1.3　ラザスフェルドらのマスメディア影響力調査

ラザスフェルド（Lazarsfeld, P. F.）は 20 世紀半ばに、アメリカ大統領選挙の中でマスメディアの果たす影響力の強さを実証しようとして、同一の調査対象者集団に対して毎月調査（**パネル調査、panel study**）[†1] を実施しました。「ピープルズ・チョイス」と呼ばれる調査です。その際、恣意的に調査対象者を選ぶのではなく、世論調査の手法を使用して、**無作為抽出**（**ランダムサンプリング**）[†2] と呼ばれる方法を用いて母集団を代表するように調査対象者を抽出しました（池田ほか，2010）。

マスメディアへの接触行動と誰に投票したいかについて、毎月、調査をし、両者の関連性を探りました。その結果、当初の予想に反して、「人々は大量のマスメディアの報道に接しても、それによって意見を変えることは少ない」ということがわかりました。むしろ、マスメディアへの接触によって、当初から持っていた誰に投票するかという自分の考えを補強していたのです。さらに、意見を変更したケースを丁寧に分析した結果、マスメディアよりも、調査対象者の周囲にいる他者の影響力の方が強いことが示唆されました（Lazarsfeld et al., 1944）。

†1　パネル調査とは、同一の固定された回答者群に対して繰り返し調査を行い、回答者群の複数回のデータを通じて解析を行う**縦断的調査**（10.2 節参照）の 1 つです。

†2　調査対象者全体の集団（**母集団**、4.1 節参照）からどの個体が選ばれる確率も等しく、かつ、どの個体が選ばれたとしても、そのことが他の個体が選ばれる確率に影響を与えない抽出方法のことを無作為抽出という。詳細は 4.3 節を参照のこと。

その後、マスメディアが発する情報は、個人に直接影響力を及ぼすのではなく、オピニオン・リーダーによって受け取られ、吟味されてからフォロワーである一般の人たちへ伝わるとする「2段階の流れ」をとるという仮説が、カッツとラザスフェルド（Katz & Lazarsfeld, 1955）によって提出され、「パーソナル・インフルエンス」という調査がなされました。その結果、オピニオン・リーダーの存在が確認され、仮説が実証されていきました。

マスメディアの影響は限定的であるとする**限定効果論**[†3]のもとになったマス・コミュニケーションの「2段階の流れ」という考え方が、「ピープルズ・チョイス」と「パーソナル・インフルエンス」という2つの調査を通して確立されました。

1.2　アンケートと調査

ある事柄について、ターゲットとなる人々のさまざまな意見や評価、心情、実態などを知りたいときに調査という方法を用いることが多々あります。調査にはいろいろな種類がありますが、例えば、大学で実施される授業評価アンケート、卒業時の満足度調査、食堂メニューを見直すためのアンケートなどは、**質問紙（questionnaire）調査**、**調査票（questionnaire）調査**などと呼ばれる調査法を用いています。あらかじめ、調査（アンケート）用紙に回答形式の決められた質問文がいくつも用意されていて、対象となる集団に対して配布、あるいは、電話やインターネットを介して配信され、対象者が回答したものを回収し、集計や統計解析を行って対象集団の意見や評価などを集約する手法といえます。アンケート（enquête）という言葉は「調査」を意味するフランス語です。広辞苑（第七版）では、アンケートを「(調査の意）調査のため多くの人に一定の様式で行う問合せ。意見調査。また、その調査に対する回答。」と説明しています。ちなみに、「質問紙」と訳されたり「調査票」と訳されたりする“questionnaire”の和訳は、辞書では、「アンケート、アンケート用紙［事項］、質問票；〘統計〙調査票」となっていま

---

†3　マスメディアは大衆に直接強烈なインパクトを与え、大衆を容易に振り回したり、直接行動に駆り立てたりする威力を持っているとする強力効果論（弾丸効果論）に対して、限定効果論ではマスメディアの影響は限定的であるとします。

す（ジーニアス英和辞書　第 5 版）。一般に使われる「アンケート」や「アンケート調査」は、質問紙調査や調査票調査と同じ類いの調査といえます[†4]。これらはいずれも、あらかじめ用意された調査用紙である、アンケート用紙・質問紙・調査票を使用した調査です。

1.3　面接と観察

ターゲットとなる人々のさまざまな意見や評価、心情、実態などを知りたいときに、**面接（インタビュー、interview）**や**観察（observation）**という手段を使うこともあります。インタビューには、記者などが行う、「取材訪問」や「聞きこみ」、「訪問記事」などの意味もありますが、心理学や社会学における「面接」という専門用語の英訳も“interview”です。

面接では面接者と対象者が会話を通して、観察では対象を何らかの目的を持って注意深く見ることによって、対象者の意見や評価、心情、実態などのデータを収集します。

クラスにいじめがあれば、担任教員は実態を把握するためや、子どもたちの心のケアや解決策を見出すために児童・生徒に個別に面接をするでしょう。アンケート用紙では回答しにくい個別の具体的な事実関係や心情を面接法で把握しようとします。

また、通勤・通学列車内で乗客が何をして過ごしているかを調べたいときには、観察という方法が使えます。ほかにも、保育園での園児のお遊び行動を調べたいときなどに観察法を用います。言語的理解が十分ではない乳幼児を対象とした研究では観察法は特に重要です。

---

† 4　「質問紙調査」は心理学領域でよく見受けられ、「調査票調査」は社会学領域でよく見受けられます。「アンケート調査」という用語は日本の行政機関である内閣府や総務省統計局などのホームページで使われています。「アンケート」だけで本来「調査」を意味しますが、「アンケート調査」の「アンケート」は「アンケート用紙」の略語として使われていると考えればよさそうです。ちなみに総務省の資料では「アンケート調査とは、調査対象の意見や行動を把握するため、特定の期間内に様々な調査方法で様式化した質問で回答を求め、データを集める調査方法である。」としています（https://www.soumu.go.jp/main_content/000543078.pdf，閲覧日 2021 年 4 月 2 日）。

1.4　量的調査と質的調査

心理学や社会学において、質問紙・調査票を使用した調査法は**量的調査**（quantitative research）における主要なデータ収集の技法であり、面接法や観察法は**質的調査**（qualitative research）における主要なデータ収集の技法といわれることがあります。前者は、同一の質問紙・調査票の質問群に対する多数の対象者の数量化した回答結果をデータとして統計的に分析する調査であり、量的調査は**統計的調査**と呼ばれることもあります。それに対して後者は、少数の対象者一人ひとりの行動や考え方、その変化などを詳細に分析していく調査であり、質的調査は**事例的調査**と呼ばれることもあります。しかし、前者では自由記述（「ご意見を自由にお書きください」といったときの回答形式）のような質的なデータを扱うこともありますし、後者の方法で定量的なデータを扱うこともあります。面接法や観察法で得られたデータを数量化して統計的な解析をすることも少なくありません。量的調査と質的調査の分類には、データ収集方法の違いだけでなく、扱うデータの性質と分析方法の違いにも注目する必要がありそうです。

1.5　調査法関連の資格

本書では、「量的調査」としての質問紙調査、調査票調査を扱います。事象を数量化し、客観的な根拠として記述したり推論したりすることによって、新たな発見や何らかの問題解決、さらには、よりよい社会の実現に貢献できることもあります。しかし、一方で特定の人たちへの利益誘導のために調査が悪用されることもありますし、誤った方法でデータ収集をしたり、分析したりした結果を鵜呑みにして、誤った数値の解釈が独り歩きしてしまうこともあります。そうならないように調査の不備を読み解く能力も必要です。

心理学の分野では、「**認定心理士（心理調査）**」（通称、**心理調査士**）という資格があります。「心理調査に関連する専門科目を履修した認定心理士」であるということを公益社団法人日本心理学会が認定する資格です。認定心理士（心理調査）カリキュラムというものが設けられています。

また、社会学の分野では、一般社団法人社会調査協会が認定する「**社会調査士**」と「**専門社会調査士**」という社会調査士資格があります。社会調査協会が、社会調査の能力を身につけた専門家を育成するために標準カリキュラムを用意しています。

引用・参考文献

1）平松貞実（2006）．社会調査で何が見えるか―歴史と実例による社会調査―　新曜社　72-77.

2）池田謙一ほか（2010）．社会心理学　有斐閣　270-272.

3）石田忠（1959）．チャールズ・ブースのロンドン調査について　一橋大学研究年報，社会学研究，2, 313-385（314, 317-319, 340-341）.

4）Johnson, S.（2006）. *The Ghost Map: The story of London's most terrifying epidemic - and how it changed science, cities, and the modern world*. New York: Riverhead Books.（ジョンソン，S.　矢野真千子（訳）（2007）．感染地図―歴史を変えた未知の病原体―　河出書房新社）

5）Katz, E. & Lazarsfeld, P. F.（1955）. *Personal influence: The part played by people in the flow of mass Communications*. The Free Press.（竹内郁郎訳（1965）．パーソナル・インフルエンス―オピニオン・リーダーと人びとの意思決定　培風館）

6）Lazarsfeld, P. F., Berelson, B. & Gaudet, H.（1944）. *The people's choice: How the voter makes up his mind in a Presidential campaign*. Columbia University Press.（有吉広介監訳（1987）．ピープルズ・チョイス―アメリカ人と大統領選挙　芦書房）

第 2 章

調査の企画

調査を企画するにあたって、まず、課題や調査対象を明確にし、仮説を設定していきます。思いつく質問を、いきなり調査票に書き込んでいってもなかなか調査目的にかなう調査票にはなりません。特に量的調査を企画する場合、調査終了後にあの項目を入れておくべきだったと後悔しても調査票にないものを測定することはできませんし、同じような質問を複数項目用意しても調査対象者の負担が増えるだけで、それらが目的の達成に貢献するとは限りません。調査票の作成前に入念な準備が必要になります。調査を外注する場合には、標本の大きさ（調査規模・調査対象者数）、標本抽出法（調査対象者の選定方法）、調査日程なども決めておかなければなりませんが、標本の大きさ、標本抽出法については第 4 章で詳述します。

ここでは、大学生の卒業研究としての調査研究を念頭において、漠然とした研究テーマから、研究課題と研究対象を明確にし、調査法という手法によって何をどこまで明らかにしていくのかを整理し、達成すべきゴールまでをある程度見通す作業を行います。具体的な調査票の作成段階に入る前までの下準備ともいえます。こうしなければいけないというものではありませんが、調査を企画するにあたって助けになる手法や参考になる Web サイトを紹介していきます。

企業では、顧客満足度調査など、すでに調査実績があり、同業他社の事例がたくさんあるような場合もありますが、さらに顧客満足度などについて掘り下げていくために、それらを参考にしつつ、ここで紹介する手法を使って企画を見直してみるのもよいかもしれません。

2.1 調査テーマの発見と絞り込み

夏休みの自由研究、卒業研究などでは、テーマを自身で決めなければなりません[†1]。研究なので、未知なるものを解明したり、問題を提起してその解答を示し

†1　理系の卒業研究のテーマは指導教員から与えられることもあります。

たりすることが目的になります（酒井，2007）。日々のニュースや授業の中で、自身のコミュニティや日常生活の中で、あるいは本を読んだりネットで検索したり一歩先の未来を考えてみたりする中で、未知なるものや問題点を多数見つけることができるでしょう。研究課題のどの部分で調査法を活用するかは、いったん棚に上げて、自身の興味関心を考えてみましょう。「スペースデブリ（宇宙ゴミ）問題とその対策」、「地球温暖化対策」、「集中豪雨や局地的大雨（ゲリラ豪雨）への対策」、「ジェンダー平等社会への展望」、「日本における原子力発電所のあり方」、「自動運転社会への展望」、「ワーキングプアの現状」、所得格差・教育格差・情報格差をはじめとするさまざまな「格差問題」、コロナ禍における巣ごもり生活の中での「DV（Domestic Violence）問題」や「巣ごもり需要」など、宇宙や地球規模のテーマから個人の心の中まで、人によってさまざまな興味関心が存在します。授業やサークル活動、就職活動、メディアや友人など多くのものから影響を受けつつ、自身が関心を持って取り組めそうなテーマを選びます。

また、社会人であれば、日々の業務の中で課題を見つけたり戦略を練ったりしていることも多いでしょう。自社製品の市場の占有率（シェア）を上げるにはどうすればよいか、どんな新商品が消費者に求められているのかなど長期的に展望することもあれば、なぜ契約に至らなかったのか、なぜ事故が起きたのかなど、個別具体的な問題にも遭遇します。あるいは職場のQC（Quality Control）サークル活動のような小集団活動においてテーマ設定が必要になることもあるでしょう。

漠としたものでもテーマが決まれば、そこから課題を絞り込んでいきます。例えば、鉄道での事故の再発防止をテーマに研究をしたいと考えたとします。鉄道での事故といっても、列車衝突や脱線事故のような鉄道運転事故を扱うのか、踏切内での列車と自動車との衝突事故を扱うのか、人身事故を扱うのかなどによって、事故の対象者も違いますし、事故原因や事故防止対策も異なることから、事故を分類して研究対象を乗務員、乗客、鉄道利用者、近隣住民などいずれかに絞っていってもよいかもしれません。たまたま4月25日の9時18分頃にJR福知山線に乗り合わせて車内放送を聞いて、2005年4月25日に発生したJR福知山線脱線事故に関心を持ち、被害に遭われた方々と亡くなられた方々のご遺族に対する鉄道事業者側の対応のあり方について考えさせられることになるかもしれません。

　こういった絞り込みは頭の中で考えていただけではなかなか進まないことがあります。自身の経験に基づく発想（思いつき）だけでなく、関連する書籍や論文を読んで知識を蓄え、自身の視点で整理することが重要になってくるでしょう。

2.2　調査内容の図式化

　テーマが漠然としていて、どのように具体化してよいのやら、何から勉強すればよいのやら、何を読めばよいのやらわからないときには、フリーハンドでも構わないので、まずは、思いつくことを図式化してみましょう。

　テーマを絞り込んでいくために、例えば、ブレーン・ストーミングでアイディアを出し切ってから、KJ 法や特性要因図などにより図式化すると考えを整理しやすくなります。

❖ 2.2.1　ブレーン・ストーミング

　ブレーン・ストーミングは、少人数のグループで特定のテーマについてアイディアを自由に出し合う手法です。**オズボーン**（Osborn, A. F.）が企業において新製品開発のために、独創的なアイディアを引き出せるように考案した手法です。多様なアイディアが多く出されるように、次のような 4 つのルールが設定されています。

① 質よりも量を重視します。
　自由にさまざまなアイディアを出すことが重要なので、出されたアイディアの質は問いません。

② どんなアイディアも批判しません。
　誰もが思いついたことを自由に発言できる雰囲気を作ります。

③ 自由奔放なアイディアを求めます。
　現実的ではないアイディアでも、脇道に逸れたアイディアでも構いません。奇抜なアイディアを歓迎します。

④ 他人のアイディアに便乗しても構いません。
　他人のアイディアを改良したり、複数のアイディアを組み合わせたりして、すでに出されたアイディアに便乗していくことも歓迎されます。オリジ

ナルなアイディアである必要はなく、他人のアイディアをヒントにそれを発展させたものも新しい 1 つのアイディアです。

漠然としたテーマについて、思いつくことや連想されることを自由にあげていくうちに、視野が広がったり内容が深く掘り下げられたりしていきます。集められた豊富な情報の中から、テーマを具体化したり改めてテーマを選択し直したり課題の解明・解決の道筋を構成したりしていくことができます。グループに限らず個人でブレーン・ストーミング的にアイディアを出してもよいでしょう。

❖ 2.2.2　KJ 法

KJ 法は、ブレーン・ストーミングや事前の自由記述のアンケートなどで収集された大量のデータを整理し、全体を概観するのに利用される手法です。この手法の創案者である文化人類学者の**川喜多二郎**氏のイニシャルをとって KJ 法と名付けられました。KJ 法はおおよそ次の 4 段階でデータを整理していきます（川喜田，1970）。

① 1 項目 1 カードに記入します。

一つひとつの内容を、1 枚 1 枚のカードに書き出します。カードの代わりに付箋紙を使うとあとで行うマッピングの作業などがやりやすかったり、他の人と考えを共有しやすくなったりします。

② 多数作成したカードを分類します。

類似した内容は同一グループにまとめて、カードをいくつかのグループに分類します。このとき、「理性で考える」のではなく、「情念で考える」ことを川喜田氏は勧めています。1 枚で 1 グループになっても構いません。

次に、各グループにはそのグループの内容を示す表札となるラベルをつけます。その際、類似した何枚かのカードがそこに集まっているのが、もっともだと感じられるかどうかを確認します。もっともであると感じられたなら、そのもっともな理由を 1 行見出し、ラベルにします。図 2.1 は通勤列車内でのマナー違反に関するカードを分類したものです。

目安として、グループが 10 を超えるときには、もう一段高いグループ編成をして、グループ数を 10 以内にしておくと、次のマッピング作業がやりやすくなります。

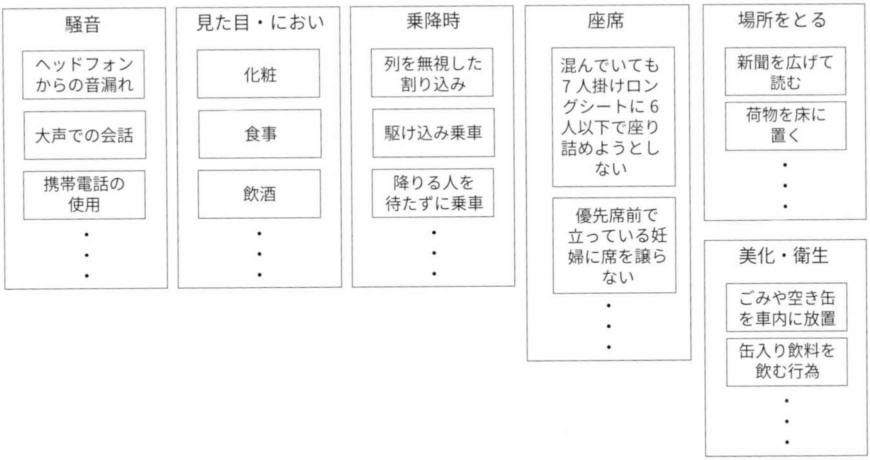

図 2.1　通勤列車内でのマナー違反の分類例

③　グループ間の関係をマッピングします。

どのような相互関係にグループを配置すれば、首尾一貫した、落ち着きのよい構図になるかを、試行錯誤で探していきます。その際、配置の意味する内容をすらすらとストーリーにつなげられたら、それなりによい配置といえるでしょう。

類似したグループが近くになるように配置し、グループ間の関係を、同類、対立、因果、上位下位などによってマッピング（図解）し、全体の構造を概観できるようにします。

④　文章化します。

③のマッピングの結果、全体構造が見えるようになりますが、グループとグループがどのように結びついているかは必ずしも明確ではありません。全体を概観し、文章化によってグループをつないでいくと、行き詰まることもありますが、それをきっかけによりよいアイディアが生まれることがあります。ストーリーにしてつないでみることが重要です。

KJ 法によりマッピングや文章化を進めていくと、1つのテーマや課題の全体構造が見えてきます。見えてきた構造の中からテーマや課題を絞り込み、何に焦点をあてて調査するのかを検討していくことができます。

❖ 2.2.3　特性要因図

特性要因図は、**魚の骨図**（フィッシュボーン・チャート、fishbone diagram）とも呼ばれています。ある特定の結果（特性）と、それをもたらしたさまざまな原因（要因）を階層的に整理して図式化したものです。日本の品質管理の父とも称される**石川馨**氏がクレームに関わる多数の要因をマッピングするために創案した手法です。図 2.2 のように、その図は魚の骨のように見えます。通常、魚の頭にあたる部分に特定の結果を示し、そこに向かう太い水平な矢印が背骨にあたり、その上下から背骨に斜めに向かう細い矢印は脇骨にあたり、そのもとに各原因を配置します。さらに、各原因に関連した内容を示した細い水平な矢印がそれぞれの脇骨に向かっています。

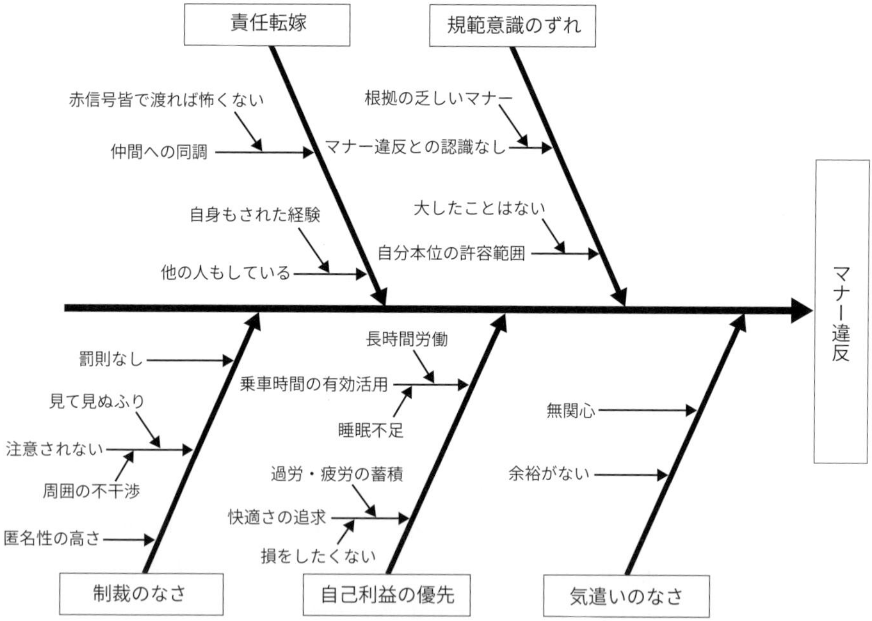

図 2.2　特性要因図の例（通勤列車内でのマナー違反の要因）

課題の明確化に応用するならば、結果のところに暫定的なテーマや課題を記入します。それに関連するサブテーマや背景・要因・対策など課題に応じた関連事項を脇骨のもとに記入し、さらに細分化していきます。あるいは KJ 法などで分類したグループのラベルを脇骨のもとにおき、細分化する際にグループの構成要素を記入していきます。特性要因図を作成することによって、頭の中が整理され、テーマや課題を絞り込み、調査すべき内容を焦点化しやすくなります。

2.3 参考資料の収集

テーマや課題、調査すべき内容が絞り込まれてきたところで、その内容に関連した資料を収集します。職場や学校、地域の図書館を利用したり、インターネットを利用したりして文献検索を行い、必要な資料を収集し、目を通します。自身のテーマについて、先行研究によってどこまで明らかになっているのかをチェックしたり、参考になる調査項目をピックアップしたりします。

そのような過程で、自身のテーマに関連してすでに調査がなされていることを発見するかもしれません。その際、過去の調査を引用するだけでよいのか、同一の調査項目を利用して比較研究をするのか、自身の研究との相違点を明らかにして発展させていくのかなど、参考資料の利用のしかたはさまざまです。

ここでは資料の収集法をいくつか紹介します。

❖ 2.3.1 図書館活用法

職場や学校の図書館、地域の公共図書館や、近くの書店に赴いて、関係しそうなタイトルの本や雑誌を手に取り、テーマや課題のキーワードを、目次や索引などから見つけて関係箇所をめくって、参考になる文献を探すという方法があります。

しかし、図書館や書店にめったに行かない人には時間がかかる割に必要な文献を見つけられないことがあります。インターネットをよく利用する人であれば事前にネットで参考になりそうな文献をピックアップしておいてから、図書館や書店に赴いた方が効率的です。その際、ピックアップしていた文献だけでなく、その周りにある本や雑誌にも目を向けます。自身の検索の網の目からはすり抜けてしまった意外な掘り出し物が見つかるかもしれません。

利用できる図書館に、**OPAC**（**オーパック**、Online Public Access Catalog）という利用者に供されるオンラインの蔵書データベースがあれば、図書館の蔵書を容易に検索することができます。書誌情報を扱うだけでなく、オンライン上で貸出・予約状況を確認し、図書を予約することができる図書館も数多くあります。本の貸出について有料の宅配サービスを利用できる場合もあります。利用したい図書館のホームページをネット上に見つけられれば、必要な情報が掲載されていますので、さまざまなサービスを利用してみてください。

本を購入するかどうか迷ったら、図書館で確認してからでもよいかもしれません。

❖ 2.3.2　インターネット活用法

インターネットを利用できる環境にいれば、居ながらにして多くの情報を収集することができます。参考資料の収集のためのインターネットの活用法をいくつか紹介します。

(1) 検索サイトの利用

Webページを見るためのソフトウェアであるWebブラウザ（WindowsのMicrosoft Edge、Internet Explorer（IE）、MacのSafariのほか、Google ChromeやMozilla Firefoxなど）に初期設定されている検索サイトを使って検索することが多いですが、検索サイトを変更することもできます。検索サイトには、Google（グーグル）、Yahoo! JAPAN（ヤフージャパン）、MicrosoftのBing（ビング）などがあります。Yahoo! JAPANもGoogleの検索エンジンを利用しているため、GoogleとYahoo! JAPANとでは検索結果に大きな違いはありません。スマートフォンについては、Apple製品のOSはiOSであり、iOSのデフォルトブラウザはSafariで、SafariのデフォルトエンジンはGoogleですし、Google製品のOSであるAndroidのデフォルトエンジンもGoogleですから、スマートフォンの検索エンジンのほとんどがGoogleということになります。

Googleで検索する場合、検索欄に複数の語（例えば、AとBという2語）をスペースで区切って入力する（A　B）と、**AND検索**といって、すべての語を含んだページを探します。スペースは半角でも全角でも構いません。いずれかの語を含んでいるページを探すのであれば、**OR検索**といって複数の語の間にスペース、半角大文字の'OR'、スペースを入力します（A　OR　B）。ある語（A）を含むページのうち、特定の語（B）を含まないページだけを探すのであれば、**NOT検索**といって、含めない語の前に－（半角のマイナス）をつけます（A　-B）。また、日本の政府機関のサイトだけから、ある語（A）を含むページを探したいのであれば、'site:'（大文字／小文字は問わない）を使ってサイトを指定することができます（A　site:go.jp）。

検索結果に目を通すとき、最初に出てくる項目が必ずしも有用な資料であるとは限らないこと、また内容が必ずしも正しいものとは限らないことに気をつけてください。誰もが自由に発信できるインターネットでは、本や雑誌に比べて情報の信頼性では劣ることが多いので、情報の出所が信頼のおける機関や人物かを見極めるとともに、複数の情報源を確認する必要があります。

取り組もうとしているテーマや課題のノウハウをほとんど持たない状況であれば、専門書や研究論文をいきなり読み込むのは難しく、普段本を読まない人にとっては概説書や入門書ですらつらいかもしれません。そんな場合は、まず、インターネットの検索サービスを利用して、関連情報に慣れることから始めてもよいかもしれません。

(2) 大手書店のウェブストアの利用

図書館利用においてさえも、事前にインターネットでOPACによる蔵書検索や貸出状況を調べておくと効率的であることは前述したとおりです。

そのほかにも、紀伊國屋書店などの大手書店が運営するウェブストアで書籍を検索すると、書店によっては本の概要や目次、著者紹介が掲載されていて、本を選択するうえで参考になる情報が多数得られますし、その場で注文することもできます。

(3) CiNii や Google Scholar の利用

テーマや課題について学術情報を仕入れたいのであれば、**CiNii（サイニィ、**Citation Information by NII）と呼ばれる、国立情報学研究所（NII、National Institute of Information）が管理する学術情報データベース（https://ci.nii.ac.jp/）で国内の学術論文や図書・雑誌などの文献を検索したり、内外の学術論文を検索できる **Google Scholar** といった Google が提供する検索サービス（https://scholar.google.com/）を利用したりして有用な資料を見つけることができます。

学術論文の中には、要約だけでなく論文の全文を無料で読むことができるものもあります。先の CiNii の URL から図 2.3 のような検索画面に行けます。ここでは、3つのキーワード"鉄道"、"自動運転"、"歴史"による AND 検索が行えるように入力し、「Search」をクリックします。すると、図 2.4 のような結果が得られ、2つの文献が示されました。画面右上の「Japanese」をクリックすれば日本語で表記されます。下の論文には「J-STAGE[†2]」へのリンクが張られていて、「J-STAGE」の部分をクリックすると、J-STAGE の抄録ページに移動します。多くの場合は無料で論文の PDF をダウンロードすることができます。

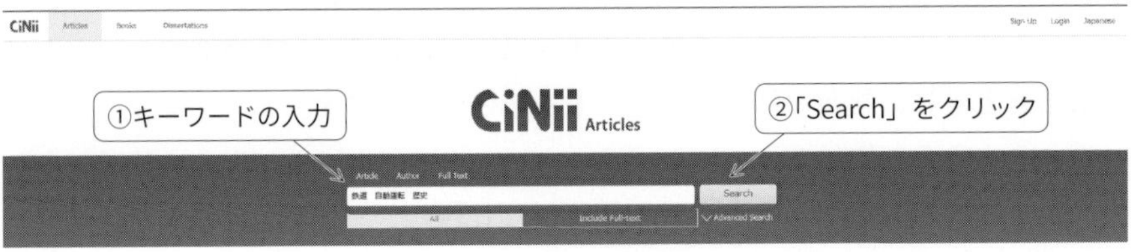

図 2.3　CiNii の検索画面

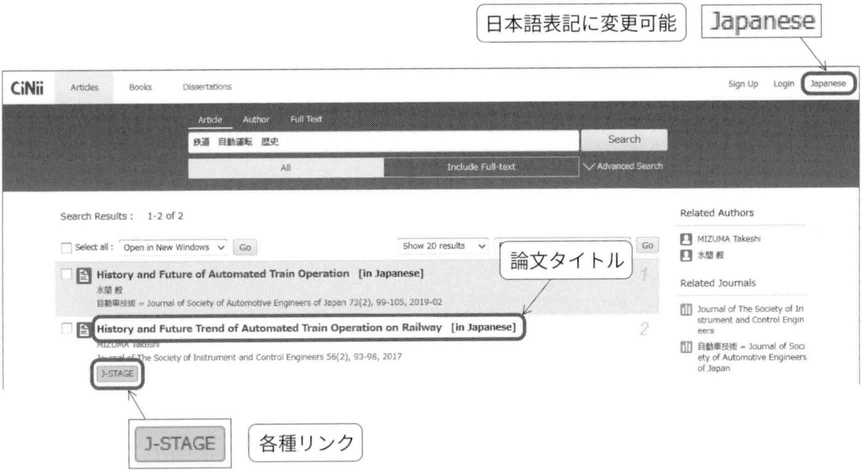

図 2.4　CiNii の検索結果

†2　J-STAGE は国立研究開発法人 科学技術振興機構が運営する電子ジャーナルプラットフォームです。J-STAGE で公開されている 9 割以上の記事は無料で閲覧できます（https://www.jstage.jst.go.jp/，閲覧日 2021 年 9 月 26 日）。

❖ 2.3.3　公的統計の活用法

公的統計と呼ばれる、国、地方自治体やその他の公的機関が作成する統計は、民間統計に比べて大規模で信頼性が高く、同一調査を継続的に実施している場合が少なくないので時系列で世の中の動向を捉えることにも役立ちます。1920 年から 5 年ごとに実施されてきた**国勢調査**は、すでに 100 年の動向を蓄積しています。このような公的統計は、さまざまな分野における日本社会や地域社会を映し出しているので、目的に沿ったデータがあれば積極的に利用しましょう。

日本の公的統計は分散型といわれ、政府統計であれば、各組織（内閣官房、人事院、内閣府、および、各省）がそれぞれの所管行政分野について必要な調査を企画・作成・実施し、統計をとっています。ただし、各組織に共通して必要な統計調査は**総務省統計局**が実施しています。例えば、国勢調査は日本在住のすべての人を対象としており、人口や世帯の実態を明らかにするための重要な調査であるので、総務省統計局が実施しています。

総務省統計局のホームページ（https://www.stat.go.jp/index.html）から、さまざまな調査結果を容易に閲覧することができます（図 2.5）。例えば、日本の人口の推移を調べたいなら、「2　人口推計」をクリックします。すると、図 2.6 のように「人口推計」のページに移動します。そこで、「統計の概要」または「推計結果」を選択すると、図 2.7 のように「人口推計の概要，推計結果等」のページに移動します。図 2.7 の「推計結果」の「結果の概要」をクリックすると、図 2.8 の「人口推計の結果の概要」に移動し、「Ⅰ．各月 1 日現在人口」の「令和 3 年 4 月報（令和 2 年 11 月平成 27 年国勢調査を基準とする推計値，令和 3 年 4 月概算値）」をクリックすると、図 2.9 の「人口推計　2021 年（令和 3 年）4 月報」にたどり着けます。

図 2.5　総務省統計局ホームページ（一部抜粋、2021 年 5 月 3 日参照）

図 2.6　総務省統計局「人口推計」のページ（一部抜粋、2021 年 5 月 3 日参照）

あるいは、図 2.7「人口推計概要，推計結果等」のページの下枠内の「統計局広報誌『明日への統計』の掲載内容から」をクリックして（掲載期間が設定されていて、リンクが切れている場合があります[† 3]）、図 2.10 の「明日への統計 2020 目次」に移動し、「一括ダウンロード」をクリックすると「明日への統計 2020」が得られます。「明日への統計 2020」の 11 ページには、図 2.11 のように人口ピラミッド（2018 年 10 月 1 日現在）が示されています。

† 3　リンクが切れている場合、総務省統計局のホームページから「ホーム」→「インフォメーション」→「広報資料」→「明日への統計 2021 目次」とたどっていけば、最新号を「一括ダウンロード」できます（2021 年 9 月 28 日現在）。あるいは「明日への統計」を直接 Google 検索しても「明日への統計 2021 目次 - 総務省統計局」がヒットします（2021 年 9 月 28 日現在）。

図 2.7 「人口推計の概要，推計結果等」のページ（一部抜粋、2021 年 5 月 3 日参照）

図 2.8 「人口推計の結果の概要」のページ（一部抜粋、2021 年 5 月 3 日参照）

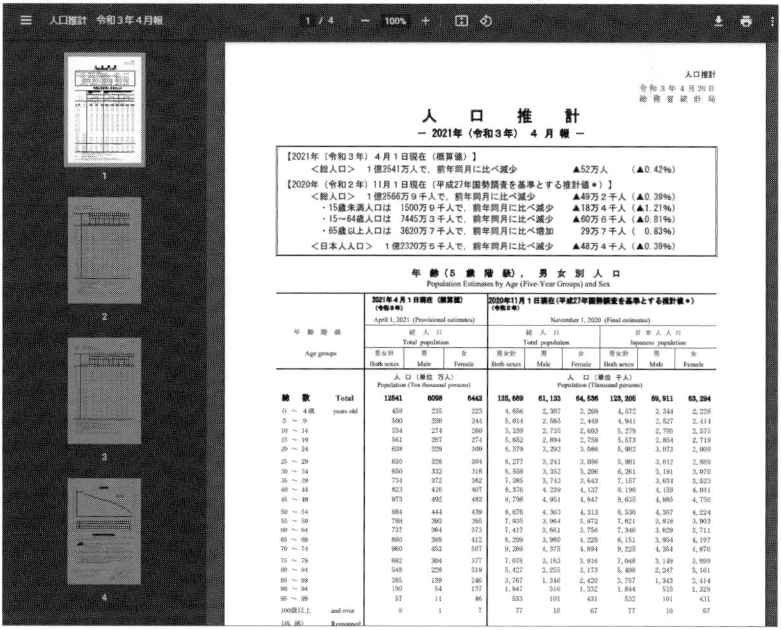

人口推計
令和３年４月20日
総務省統計局

人　口　推　計

― 2021年（令和３年）４月報 ―

【2021年（令和３年）４月１日現在（概算値）】
＜総人口＞　１億2541万人で，前年同月に比べ減少　▲52万人　（▲0.42%）
【2020年（令和２年）11月１日現在（平成27年国勢調査を基準とする推計値＊）】
＜総人口＞　１億2566万９千人で，前年同月に比べ減少　▲49万２千人（▲0.39%）
・15歳未満人口は　1500万９千人で，前年同月に比べ減少　▲18万４千人（▲1.21%）
・15～64歳人口は　7445万３千人で，前年同月に比べ減少　▲60万６千人（▲0.81%）
・65歳以上人口は　3620万７千人で，前年同月に比べ増加　29万７千人（　0.83%）
＜日本人人口＞　１億2320万５千人で，前年同月に比べ減少　▲48万４千人（▲0.39%）

年齢（5歳階級），男女別人口
Population Estimates by Age (Five-Year Groups) and Sex

年齢階級 Age groups		2021年４月１日現在（概算値）（令和３年） April 1, 2021 (Provisional estimates) 総人口 Total population			2020年11月１日現在（平成27年国勢調査を基準とする推計値＊）（令和２年） November 1, 2020 (Final estimates) 総人口 Total population			日本人人口 Japanese population		
		男女計 Both sexes	男 Male	女 Female	男女計 Both sexes	男 Male	女 Female	男女計 Both sexes	男 Male	女 Female
		人口（単位 万人） Population (Ten thousand persons)			人口（単位 千人） Population (Thousand persons)					
総数	**Total**	**12541**	**6098**	**6442**	**125,669**	**61,133**	**64,536**	**123,205**	**59,911**	**63,294**
0 ～ 4歳	years old	458	235	223	4,656	2,387	2,269	4,572	2,344	2,228
5 ～ 9		500	256	244	5,014	2,565	2,449	4,941	2,527	2,414
10 ～ 14		534	274	260	5,339	2,735	2,603	5,279	2,705	2,575
15 ～ 19		561	287	274	5,652	2,894	2,758	5,573	2,854	2,719
20 ～ 24		638	329	309	6,379	3,293	3,086	5,982	3,073	2,909
25 ～ 29		630	326	304	6,277	3,241	3,036	5,881	3,012	2,869
30 ～ 34		650	332	318	6,558	3,352	3,206	6,261	3,191	3,070
35 ～ 39		734	372	362	7,385	3,743	3,643	7,157	3,634	3,523
40 ～ 44		823	416	407	8,376	4,239	4,137	8,190	4,159	4,031
45 ～ 49		973	492	482	9,798	4,951	4,847	9,635	4,885	4,750
50 ～ 54		884	444	439	8,676	4,363	4,313	8,530	4,307	4,224
55 ～ 59		788	393	395	7,935	3,964	3,972	7,821	3,918	3,903
60 ～ 64		737	364	373	7,417	3,661	3,756	7,340	3,629	3,711
65 ～ 69		800	388	412	8,209	3,980	4,229	8,151	3,954	4,197
70 ～ 74		960	453	507	9,269	4,375	4,894	9,225	4,354	4,870
75 ～ 79		682	304	377	7,078	3,163	3,916	7,048	3,149	3,899
80 ～ 84		548	228	319	5,427	2,255	3,173	5,408	2,247	3,161
85 ～ 89		385	139	246	3,767	1,346	2,420	3,757	1,343	2,414
90 ～ 94		190	54	137	1,847	516	1,332	1,844	515	1,329
95 ～ 99		57	11	46	533	101	431	532	101	431
100歳以上	and over	8	1	7	77	10	67	77	10	67
（再掲）	Regrouped									

図 2.9 「人口推計　2021 年（令和 3 年）4 月報」のページ（一部抜粋、2021 年 5 月 3 日参照）

図 2.10　「明日への統計 2020 目次」ページ（一部抜粋、2021 年 5 月 3 日参照）

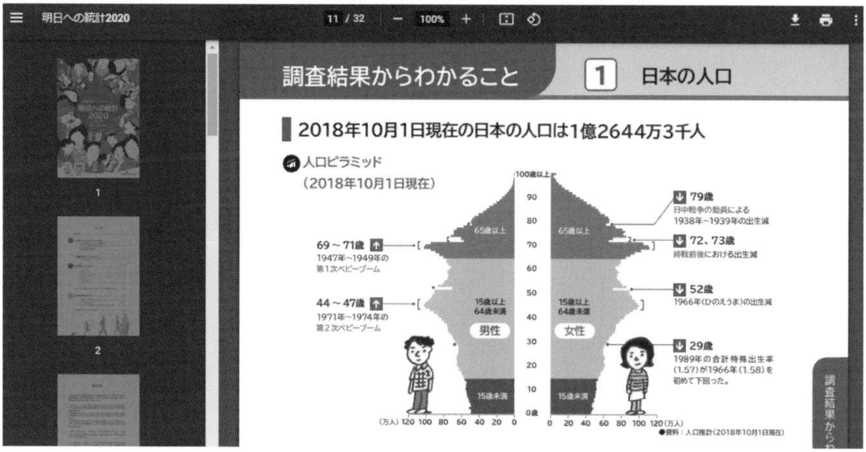

図 2.11　「明日への統計 2020」の「人口ピラミッド」（一部抜粋、2021 年 5 月 3 日参照）

　また、政府統計のポータルサイトである、**e-Stat** と呼ばれる政府統計の総合窓口（https://www.e-stat.go.jp/）には、各組織が公表する統計データが 1 つにまとめられ、統計データの検索をはじめ、公表されている統計表をダウンロードすることもできます。e-Stat のトップページの「統計データを活用する」の「グラフ」をクリックすると（図 2.12）、「統計ダッシュボード」のページに移動し、「人口」、「人口ピラミッド」をはじめとする主要なグラフを見ることができます

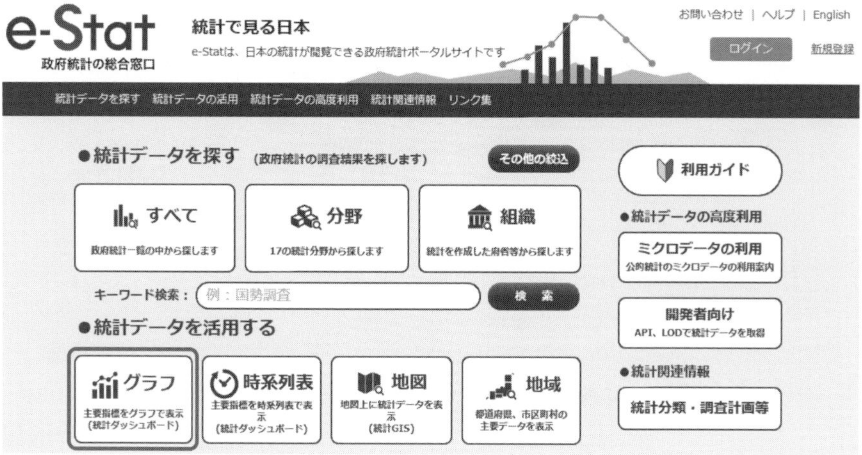

図 2.12　e-Stat（政府統計の総合窓口）トップページ画面（一部抜粋、2021 年 5 月 3 日参照）

(図 2.13)。そこから、「人口ピラミッド」を選択すると、1920 年以降のさまざまな時点での人口ピラミッドを描いてくれます。図 2.14 のように将来推計人口（ここでは、2040 年時点）も示すことができます。

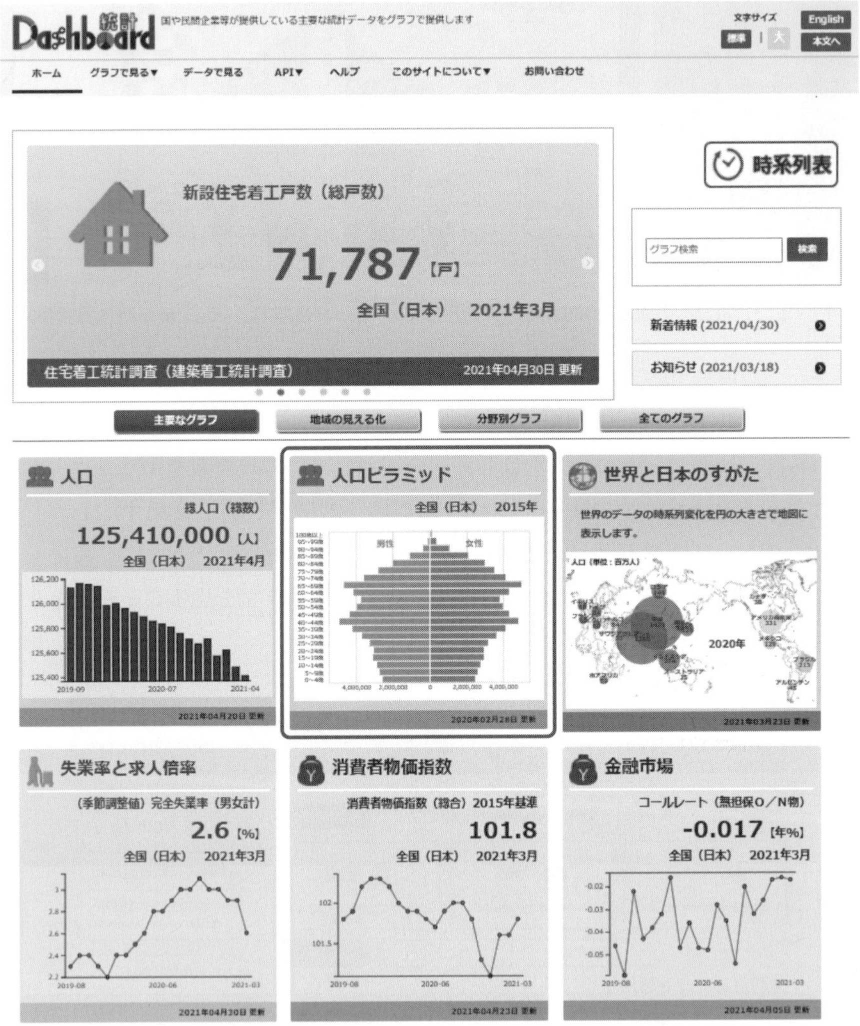

図 2.13　e-Stat の統計ダッシュボード（一部抜粋、2021 年 5 月 3 日参照）

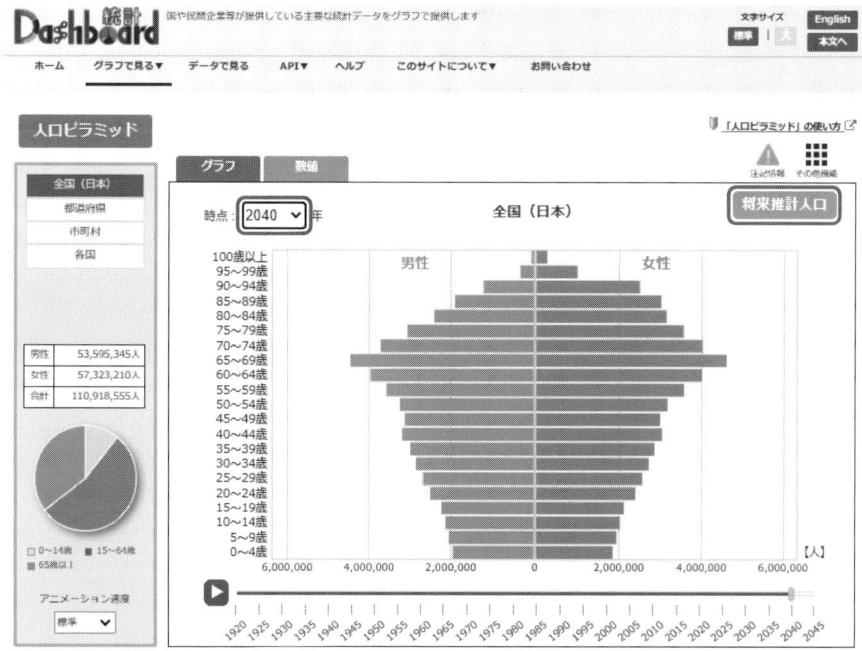

図 2.14　人口ピラミッド（主要なグラフの 1 つ）（2021 年 5 月 3 日参照）

各組織の Web サイトの統計ページからも e-Stat の統計表一覧にリンクされています。ただし、e-Stat が各組織の管理するすべてのデータとリンクしているわけではないので、e-Stat で見つけられない場合は念のため直接関係する組織の Web サイトの統計・白書・オープンデータなどから探してみることをお勧めします。慣れないときには Google などの検索サイトから調べた方がよいかもしれません。例えば、鉄道事故死者数の推移を調べたいときに e-Stat のキーワード検索で「鉄道事故死者数」を検索するとヒットしません。「検索条件・キーワードに該当する統計データはありませんでした。」と表示されます。鉄道ということで国土交通省のホームページ（https://www.mlit.go.jp/）で検索をかけると、7,000 件以上の項目があがり、トップ項目に「資料 10 重大な人的被害を生じた運転事故（過去 30 年間）」があがりました（図 2.15）。検索結果の 1 ページ目の最後に「Google で『鉄道事故死者数』を検索する」とあったので、それをクリックしてみると、今度はトップ項目に内閣府の発行する「平成 30 年交通安全白書（概要）」の「鉄道交通事故の動向」の章が示されていて、「運転事故の件数と死傷者数の推移」というグラフが掲載されていました（図 2.16）。出典は「注1　国土交通省資料による。」とありました。

図 2.15　国土交通省ホームページからの鉄道事故死者数の検索（2021 年 10 月 18 日参照）

公的統計の中に自身のテーマや課題に沿ったものがあれば、大いに活用しましょう。

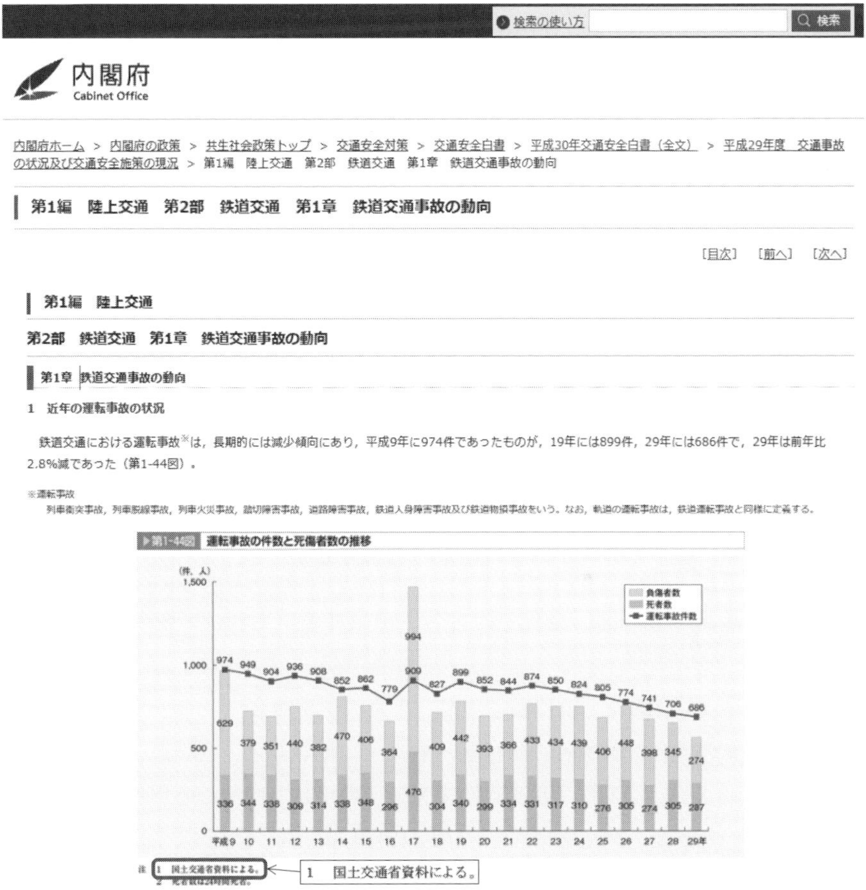
検索の使い方　検索

内閣府
Cabinet Office

内閣府ホーム ＞ 内閣府の政策 ＞ 共生社会政策トップ ＞ 交通安全対策 ＞ 交通安全白書 ＞ 平成30年交通安全白書（全文） ＞ 平成29年度　交通事故の状況及び交通安全施策の現況 ＞ 第1編　陸上交通　第2部　鉄道交通　第1章　鉄道交通事故の動向

第1編　陸上交通　第2部　鉄道交通　第1章　鉄道交通事故の動向

［目次］　［前へ］　［次へ］

第1編　陸上交通

第2部　鉄道交通　第1章　鉄道交通事故の動向

第1章　鉄道交通事故の動向

1　近年の運転事故の状況

鉄道交通における運転事故※は，長期的には減少傾向にあり，平成9年に974件であったものが，19年には899件，29年には686件で，29年は前年比2.8%減であった（第1-44図）。

※運転事故
列車衝突事故，列車脱線事故，列車火災事故，踏切障害事故，道路障害事故，鉄道人身障害事故及び鉄道物損事故をいう。なお，軌道の運転事故は，鉄道運転事故と同様に定義する。

第1-44図　運転事故の件数と死傷者数の推移

注　1　国土交通省資料による。
2　死者数は24時間死者。

1　国土交通省資料による。

図 2.16　内閣府平成 30 年度交通安全白書「第 1 章　鉄道交通事故の動向」（一部抜粋、2021 年 10 月 18 日参照）

❖ 2.3.4　引用文献リストの書き方

備忘録を兼ねて、参考にした文献を、そのつど整理していつでも取り出せるようにしておくと、報告書の作成時に役立ちます。少なくとも**引用文献リスト**は作成しておきましょう。文献の種類によって、必要な基本情報はおおむね共通していますが、専門分野によって、引用文献リストの書き方に多少の違いがあります。以下は、日本心理学会の「執筆・投稿の手びき（2015年改訂版）」に基づく書式になります。

- 文献の並び順：日本語文献と外国語文献を分けずに、著者名（姓）のアルファベット順とします。共著者のいる文献では、第1著者の姓が対象になります。
- 文献表記が2行以上になる場合：2行目以降を全角2文字（半角4文字）分、字下げします。
- 文献の発行年：発行年には、西暦年を用い、( ). の括弧内に西暦年を入れます。

文献の種類によって必要な情報は以下のとおりです。

- 書籍の場合：著者名、発行年、書名、出版社名（あれば、編者名、翻訳者名）
  例）芝 祐順（1991）．項目反応理論　東京大学出版会
- 雑誌論文の場合：著者名、発行年、論文名、掲載誌名、巻(号)、ページ
  例）喜岡 恵子（2000）．運転適性検査制度の現状と今後の心理適性検査研究の課題　鉄道総研報告，*14* (12), 1-6.
- インターネット上の情報の場合：著者名、公開年、表題、Webサイト名、Retrieved from URL、アクセス年月日
  例）国土交通省（2018）．鉄道における自動運転技術検討会（第1回）資料　国土交通省　Retrieved from https://www.mlit.go.jp/common/001292666.pdf（2021年6月4日）

2.4　仮説の設定

課題を明確化し、関連資料にも目を通し、頭が整理されてきたところで、調査票を作成してしまいがちですが、そうすると、必要な項目が欠けたり不必要な項目が入ったりしやすくなります。論理的に課題の検証をすることができなくなったり調査対象者に負担をかけすぎたりしないようにするために、仮説を立て、その仮説を検証できるように調査票を作成するとよいでしょう。

新（2005）は仮説の構成を**理論仮説**と**作業仮説**の2段階に分けています。理論仮説とは、「測定できるかどうかに関係なく、概念的に把握できる諸要素、またはそれらの相互関係について、説明の論理を内蔵する仮説のことである。」とし、作業仮説とは、「具体的な調査または実験において実際に測定でき、測定すべき変数または変数相互の関係について構成された仮説であって、もっぱら測定しデータを獲得することに主眼をおく仮説である。」としています。

例えば、「情緒安定性が低い鉄道運転士は事故傾向性が高い。」という理論仮説を立てたとします。「情緒安定性」も「事故傾向性」も何となくイメージはできますが、直接測定できるものではありません。このように理論的には想定されますが、直接測定できないものを**構成概念**と呼びます。

さて、この理論仮説を具体的に調査で検証するためには、理論仮説を作業仮説に組み立て直さなければなりません。まず、主部と述部に分けてそれぞれ測定可能な変数を見つけてくる必要があります。例えば、主部の「情緒安定性」については、「YG性格検査の情緒安定性因子を構成する4つの尺度得点の平均点（以下、「情緒（不）安定性因子得点」と呼ぶ）」という変数を当て、述部の「事故傾向性」については、「責任事故回数（本人の過失により事故を招いた件数）」という変数を割り当てたとします。そうすると、「情緒（不）安定性因子得点が高ければ（高い方が不安定性が高いことを意味する）、責任事故回数が多い。」といった実際に調査可能な仮説にすることができます[†4]。このように変数が明確になった仮説を作業仮説と呼びます。if-thenの形で記述した場合、if節に含まれる変数、ここでは「情緒（不）安定性因子得点」が**独立変数**（independent variable）となり、then節に含まれる変数、「責任事故回数」が

†4　ここでの作業仮説に使用した2つの変数は、本人がこたえるというよりも事業所等にご協力いただけなければ得られないデータですが、作業仮説として測定可能な変数です。

従属変数（dependent variable）となります。関数 $y=f(x)$ において、x を独立変数、y を従属変数と呼び、x の値によって y の値が決まるように、独立変数の「情緒（不）安定性因子得点」によって、従属変数の「責任事故回数」がどのように変化するかをみていくわけです。独立変数が原因となる変数で、従属変数が結果となる変数ということもできます。「情緒安定性」のような心理的な**構成概念**を測定するための変数は１つだけでなく多数存在し複数用意されることが多く、その選択には、十分な文献調査や予備調査が必要になってきます。

ロジャーズ, E. M. は、理論は概念間の関係性を仮定し、その関係性を経験的に調べることがリサーチであるとして、理論とリサーチを関連付けるための方法として、「**概念変数分析**（conceptual variable analysis）」を提唱しています（Rogers, 1962）。彼は、すべての概念を変数として表し、それを「概念変数（conceptual variable）」と呼びます。そして、理論レベルでの概念変数間に仮定した関係を「**一般仮説**（general hypothesis）」と呼びます。一般仮説は、概念変数の操作的な測度の間に仮定した関係性として定義された「**経験仮説**（empirical hypothesis）」を調べることによって検証されます。操作（operation）とは経験的な指示対象であり、尺度や指標、あるいはその他の測度といえます。ある操作が概念の測度として妥当である程度を、認識（様態）の関連性（epistemic relationship）と呼びます。残念ながら、概念と操作との間のつながりは直観的手段による以外に調べようがありません。経験仮説はしばしば統計的な有意性検定により、採択されるか棄却されるかを決められます。一般仮説は対応する経験仮説の検定結果に基づいて支持されるか、棄却されるかします。

１つの概念に対して経験レベルでの操作は１つとは限りません。一般仮説は操作により「経験仮説」に置き換えられ、調査によって検証されることになります。

先の例でいえば「情緒安定性が低い鉄道運転士は事故傾向性が高い。」という理論仮説が一般仮説といえ、「情緒（不）安定性因子得点が高ければ、責任事故回数が多い。」という作業仮説が経験仮説であるといえます（図 2.17）。「情緒安定性」という概念を「情緒（不）安定性因子得点」という操作で、「事故傾向性」という概念を「責任事故回数」という操作で表現します。「情緒安定性」の操作は、「情緒（不）安定性因子得点」だけではなく、「ここ２週間以内の自殺念慮の有無（自殺したいと思ったか）」や「自分自身に対する満足度」なども候補になるかもしれません。「事故傾向性」に関する操作「責任事故回数」は現実的に事故件数が非常に少ないため、ほとんどの人が0になってしまうので「運転シミュレータでの事故回数」などを利用した方がよいかもしれません。

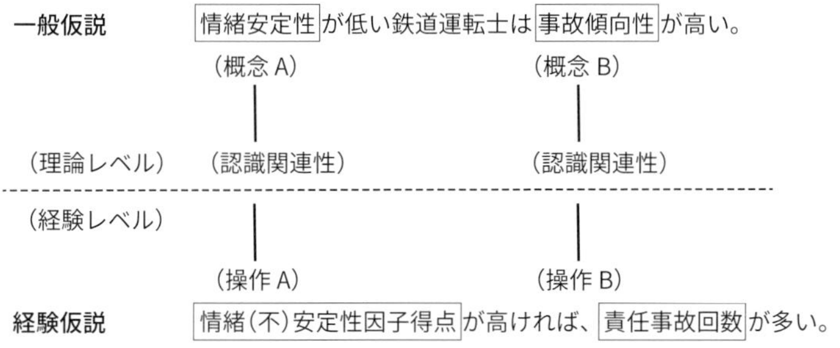

図 2.17　概念変数分析モデル

2.5　調査対象・データ収集法の検討

調査内容を図式化し、仮説を立てたところで、調査のターゲットのイメージを作りましょう。どのような人や組織に回答してもらうかで、同じ質問内容でも、調査票が変わる可能性があります。大人には理解できても小学生には理解できない言葉がありますし、若年層には読みやすい文字の大きさが、高齢者には小さくて読みづらいこともあります。また、例えば、オーバーランによって列車を遅延させた運転士に対して、どのような基準（オーバーランの距離、遅延時分など）でどのような措置を講じ、どのような効果が得られているかについて調査したいときに、調査対象者を鉄道事業者の本社の安全対策室長レベルにするのか、支社の安全対策室長なのか、各運転区所長／電車区長なのか、直接運転士を指導する担当者なのか、指導を受ける運転士なのかで、質問の仕方は変わるでしょう。むしろ、何を明らかにしたいかで調査対象者は決まってくるともいえます。調査票作成前に調査対象者のある程度のイメージは必要です。

また、データ収集法（第５章参照）も調査票の作成に影響を及ぼすことがあるので、併せて検討しておくとよいでしょう。例えば、電話調査法では音声のみのコミュニケーションになるため複雑な内容は扱えません。調査対象者を集合させて調査を実施する集合調査法では、回答者によって回答スピードが異なってくる質問が多くなると、調査の進行に支障をきたす場合があります。

引用・参考文献

1）新睦人（2005）．社会調査の基礎理論　川島書店

2）川喜田二郎（1970）．続・発想法　中公新

3）森岡清志（2007）．ガイドブック社会調査 第２版　日本評論社

4）Rogers, E. M.（1962）. *Diffusion of Innovations.* New York: Free Press.

5）酒井聡樹（2007）．これからレポート・卒論を書く若者のために　共立出版

第3章 調査票の作成

3.1 調査票の構成

調査票は、いくつかの調査項目群から構成されています。調査項目は測定機器のようなもので、質問文や回答の選択肢の作り方などが、測定精度を左右します。調査項目の中には、仮説を検証するために必要な項目以外にも、**フェイス・シート**（face sheet）と呼ばれる調査対象者の属性に関する調査項目や、調査対象として適切かどうかをふるい分けるための**スクリーニング**（screening）**項目**などが含まれます。

調査票には、調査項目だけでなく、依頼文や回答にあたっての注意書きなどを記述した表紙をつけたり、最後に、調査協力に対する謝辞を入れたりします。

❖ 3.1.1 表紙

調査票の表紙に、依頼文の役割を担わせる場合、おおよそ次の①～⑨の要素で構成されます[†1]。図3.1は表紙の一例です。

① 発信日
② 発信先（宛名）
③ 発信者
④ 表題
⑤ あいさつ文・調査の目的・経緯
⑥ データの取り扱いに関する倫理的配慮
⑦ 結果の報告
⑧ 協力依頼

†1 ここで紹介するような簡単な依頼文だけでなく、調査対象者に十分な説明を行って納得してもらったうえで、調査対象者のインフォームド・コンセントを得てから調査を実施することが求められるようになってきています。詳細は第5章を参照してください。

⑨　問い合わせ先

さらに、調査票の回収方法、締め切り、回答記入にあたっての注意事項などを加えることがあります。

依頼文は別紙で用意する場合もあります。集合調査のように調査対象者を調査会場に集めて実施するときには、調査者がその場で調査の趣旨説明などを行えるので、調査票に特に表紙をつけないことがあります。また、表紙と質問項目のページを分けずに、簡単な依頼文のあとに、１ページ目から質問項目を入れていくこともあります。

① 2018 年 11 月 22 日

②○○線◇◇駅をご利用のみなさま

③東洋大学　総合情報学部
調査実施責任者　東洋　学
（産業・組織心理学研究室）

④鉄道利用者のマナーに関する調査のお願い

⑤東洋大学 総合情報学部 産業・組織心理学研究室では、鉄道の安全性・快適性のための研究を行っています。この調査は、本学学生も多く利用する○○線◇◇駅において、どのような行動が他の鉄道利用者に不快感やストレスを与えるのか、どのような気遣《きづか》いがより快適な鉄道利用につながるのかについての基礎資料を収集することを目的として行うものです。
⑥調査結果を本研究以外の目的で使用することはありません。なお、調査票は無記名ですので、どなたの回答かはわかりません。また、回答していただいた内容は統計上の処理を行い、個人が特定できる形で公表することはございません。
⑦集計結果は、2019 年 2 月に東洋大学 総合情報学部 産業・組織心理学研究室のウェブページ（URL　http://www.OOO/xxx/）で公開する予定です。
⑧どうぞ調査にご協力のほどよろしくお願い申し上げます。

⑨問い合わせ先
東洋大学　総合情報学部
准教授　喜岡《きおか》恵子
〒 350-8585　埼玉県川越市鯨井 2100
TEL　049(239) OOOO
メールアドレス　OO@ toyo.jp

図 3.1　表紙の例

❖ 3.1.2　調査項目

調査票の本体である調査項目は、質問（文）と回答（形式・選択肢）をセットにして、測定したい内容を測定するための道具となる部分です。事前に作業仮説を設定している場合は、仮説を検証することを念頭において調査項目を作成します。

調査項目は質問文の内容や言い回しだけでなく、回答形式にも注意が必要です。同一の質問内容であっても、回答形式をどのようにするかで統計的な扱いに違いがあり、それぞれの回答形式を生かした解析方法があります。自由記述とするか選択肢を設けるか、選択肢を用意する場合には、1-0の二者択一か、数段階を設けるかによって解析法が異なります。例えば、賛否を問う項目の場合、回答の選択肢を賛成か反対か（1か0か）のような2値をとる形式とするか、「賛成」、「どちらかといえば賛成」、「どちらかといえば反対」、「反対」のような4段階の評定形式とするかで、それぞれの特徴を生かした異なる解析方法があります。

どのような選択肢を用意するかで、結論にずれが生じる可能性もあります。例えば、ベネッセ教育総合研究所（2018）は朝日新聞社との共同調査において、「学校教育に対する保護者の意識調査」を実施し、教育格差に対する意識に関する調査項目として次のような質問と選択肢によって調査をしています。質問「所得の多い家庭の子どものほうが、よりよい教育を受けられる傾向があると言われます。こうした傾向について、あなたはどう思いますか。」に対する選択肢として、「当然だ」、「やむをえない」、「問題だ」の3択を用意し、2018年調査では「当然だ」＋「やむをえない」を選択した割合は62.3%という結果が得られました（図3.2）。2004年の結果と比較して、「教育格差を許容する（「当然だ」＋「やむをえない」）保護者の比率は増加している」と述べています。2004年と2018年の質問文と回答用の選択肢が同じなので比較することに問題はありません。しかし、この場合は、教育格差を許容する選択肢と許容しない選択肢を対照的に対称な内容で同数ずつ用意する方がフェアといえるでしょう。仮に、この質問に対して、「許容できる」、「どちらかといえば許容できる」、「どちらかといえば許容できない」、「許容できない」という対称な選択肢にした場合、「許容できる」または「どちらかといえば許容できる」を選ぶ割合は、「当然だ」または「やむをえない」を選択した割合とは異なるものになりそうです。

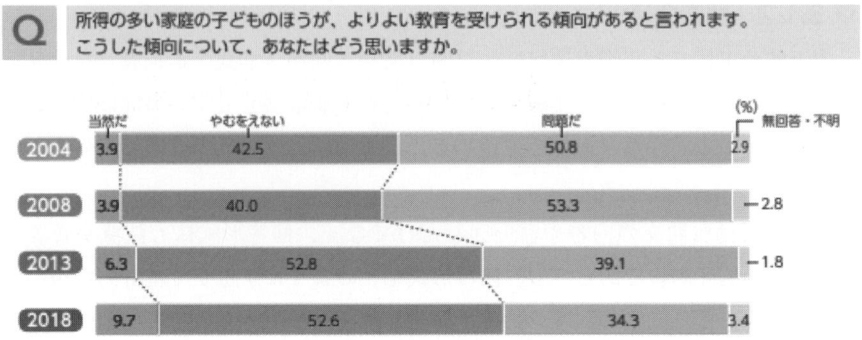

図 3.2　教育格差に対する意識（ベネッセ教育総合研究所・朝日新聞社）

回答者は用意された選択肢以外のものを選ぶことができないので、目的に合った適切な選択肢を用意する必要があります。

❖ 3.1.3　フェイス・シート

調査項目には調査目的となっている主題に関わる項目だけでなく、それらの項目への回答に影響を与えると想定される、年齢や性別などを問う項目も通常、設定されます。分析の際に、性や年齢で調査対象者をグルーピングして比較することが多々あります。このような調査対象の属性に関わる調査項目をフェイス・シート（face sheet、付帯質問）と呼びます。個人が調査対象であれば、調査対象者の性、年齢、婚姻状況、職業などの基本的な属性に関する質問になります。このような調査項目は、**デモグラフィック項目**（demographic item、人口統計的項目）とも呼ばれます。プライバシーに関わる情報といえるので、調査の目的に照らして必要最少限の項目に絞ります。

また、企業が対象であれば、所在地の都道府県や市区町村、従業者数などが企業の属性として質問されることがあります。

フェイス・シートは、以前は調査票の最初にまとめて置かれることが多かった（かつてフェイス（表紙）に置かれたのでフェイス・シートと呼ばれる）のですが、最近は最後にまとめられることも多くなりました。どこに置かなくてはならないというものではありませんが、最初に置くと、回答者に自身が特定されるのではないかという不安を与えたり、プライバシーに関わる内容だと判断され不快に感じられたりし、本題の質問項目に回答してもらえなくなることが懸念されます。しかし、最後に置けば、回答者自身でフェイス・シートに回答してよいか否かの判断も適切に行えますし、仮に、回答者がフェイス・シートへの回答を拒否したとしても、それまでの質問項目には回答してもらえているので調査としてのダメージは最小限に食い止められます。もちろん、フェイス・シートにも回答してもらえるよう、工夫が必要です。

特に性に関する質問には、注意を要します。日本では選択肢が、男性か女性かの2択であることがまだ一般的です。令和2年の国勢調査でも性に関しては、「男女の別」とあり、選択肢は「男」と「女」しか設定されていませんでした。しかし、海外では必ずしも性を2つだけに限るものではありません。2019年に英国VISAの申請後に送られてきた顧客満足度調査（customer satisfaction survey）では、性に関する選択肢は、「男性（Male）」、「女性（Female）」、「その他（Other gender identity）」、「答えたくない（Prefer not to say）」の4択でした（図3.3）。

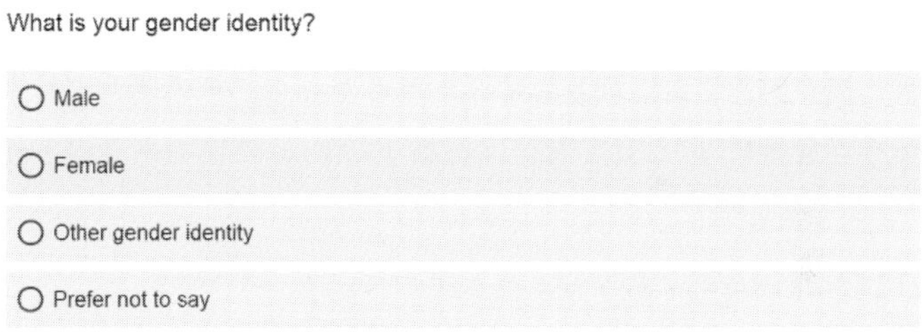

図3.3　海外における性に関する調査項目例

❖ 3.1.4　スクリーニング項目

スクリーニング項目は、調査票を配付する前に、目的に応じて調査対象者を厳選しておけば必要のない項目です。しかし、実際に調査を進めていく中で、不適切な調査対象者が紛れてしまうこともあります。念のため調査対象者として適切かどうかを確認するためのスクリーニング項目を入れておくと安心です。

例えば、アルコール飲料のマーケティング調査では、未成年者は対象外になるので、年齢をスクリーニング項目として未成年者の調査票を外します。

また、通勤・通学の列車について調査したいときには、通勤・通学時の交通手段を問う項目がスクリーニング項目にあたります。普段、車で出勤している人はこの調査の対象者ではありませんから、このようなスクリーニング項目を利用して解析の対象から除きます。

Web 調査で、例えば、特定の線区をよく利用する人として週 1 回以上利用する人の意見をききたいときには、「あなたは○○線をどの程度利用していますか。以下の中から最も近いものを 1 つ選んでください。」という質問をして、「週に 1 回以上」、「月に数回程度」、「年に数回程度」、「年 1 回よりも少ない」、「今まで乗ったことがない／わからない」などの選択肢を用意して、「週に 1 回以上」と回答した人にだけ、調査を続行し、それ以外の人は調査を打ち切るような場合もあります。しかし、この条件で一定期間配信したものの予定回答者数を集められそうもないときには、条件を緩和して「週に 1 回以上」だけでなく「月に数回程度」と回答した人にも調査を実施するか、条件をそのままにして回答者数の不足を受け入れるかの判断が必要になる場合があります。

❖ 3.1.5　謝辞

調査への回答の多くは個人の協力意思に基づくものです。調査の目的を理解していただき、同意が得られ、回答していただけたなら、その協力に対する謝辞を述べましょう。最後に「（これで調査は終わりです。）ご協力ありがとうございました。」の一文で構いません。

3.2　調査項目の作成

目的や仮説に基づき、調査項目の質問文を考え、解析法も視野に入れながら回答のさせ方について考えていきます。2.3 節で収集した資料や 2.4 節で作成した作業仮説などを参考にしつつ作成します。

❖ 3.2.1　質問文の作成

調査目的に即した質問か、分析に必要な質問かを自問自答しながら、質問文を作成します。必要な質問であると判断したなら、次のような点に留意して質問文を作成します。

(1) 簡潔な言葉

(ア) 専門用語・難解な用語を避ける

調査対象者が一般の人たちであれば、特定の業界での特殊な言葉は避けるべきです。例えば、「優等列車以外の列車内での食事はマナー違反ですか。」あるいは「ロングシートの列車内での食事はマナー違反ですか。」という質問文について考えてみましょう。「優等列車」や「ロングシート」という言葉は一般になじみが薄く、鉄道分野での専門用語、業界用語といえるでしょう。新幹線のように、駅間が長く、座席の前にテーブルがあり、車内販売がある列車では食事をすることに何ら問題はありませんが、「通勤・通学で利用するような、人の乗り降りが頻繁にある各駅停車のような列車内での食事はマナー違反ですか。」と問いたいのです。専門用語を使用しないとなると、この例では質問文がかなり長くなってしまいます。長い文では調査対象者が読まない可能性もありますし、しかもメインの車内の食事についてではなく、条件に当たる部分が長くなるので、読みにくくなってしまいます。専門用語に注を付けるのも1つの方法ですが、このような場合は、個々の質問文に入る前に、教示文を設けて設定や条件をまとめて記述するとよいでしょう。

例えば、個々の具体的な質問に入る前に、複数の質問に共通の、教示文を含めた全体の質問文として、「○○線利用時において、他の利用客の以下の行為について、あなたはどの程度不快に感じますか。あなたの気持ちに最も近いものを選んでください。なお、質問中の『車内』とは、7人掛け座席のようなロングシートのある車両内だと想定してお答えください。」という文章を用意し、「○○線」や「7人掛け座席のようなロングシートのある車両内」を想定していることを明示します。そのあとに質問の対象となる個々の行為として「車内で食事をする」、「ホームの乗車待ちの列を無視して列車に乗り込む」などを列挙すれば簡潔でわかりやすくなります(図3.4)。

(イ) 調査対象者の語彙に即した言葉

調査対象者が小学生であれば小学生が理解できる言葉を使用しなければならないことは、いうまでもありません。

一方、鉄道事業者の社員や職員に問うのであれば、「優等列車」や「ロングシート」などの専門用語を用いて、「優等列車以外の車内での食事はマナー違反ですか。」あるいは「ロングシートの車内での食事はマナー違反ですか。」といっ

○○線利用時において、他の利用客の以下の行為について、あなたはどの程度不快に感じますか。あなたの気持ちに最も近いものを選んでください。なお、質問中の「車内」とは、7人掛け座席のようなロングシートのある車両内だと想定してお答えください。

	不快ではない	少し不快だ	かなり不快だ	非常に不快だ
１．車内で食事をする	1	2	3	4
２．ホームの乗車待ちの列を無視して列車に乗り込む	1	2	3	4

図 3.4　調査項目例（専門用語の説明のしかた）

た具合に質問します。簡潔で、むしろ理解もしやすくなります。

（ウ）用語とその意味に一貫性を持たせる

同じことを意味するときは同じ用語を用いて一貫性を持たせます。例えば、鉄道における車内マナーについてききたいときに、調査者が同じ車内を想定しているのであれば、１つの調査票の中に「列車内」と「電車内」が混在してしまうと回答者は意味が違うのではないかと混乱してしまいます。

（2）単純で短い文

（ア）ダブルバーレル質問をしない

１つの質問文に２つ以上の回答対象が含まれているとき、その質問を**ダブルバーレル**（double-barreled）質問といいます（篠原ほか, 2010）。例えば、「列車内での飲食はマナー違反ですか。」という問いは、「列車内でものを食べることや飲み物を飲むことはマナー違反ですか。」と言い換えることができ、１つの質問文に「食べること」と「飲むこと」の２つの回答対象を含んでいるといえます。「食べること」はマナー違反だが、「飲むこと」はマナー違反ではないと考えるなど両者に対する意見が異なる可能性が少なからずあれば、「食べること」と「飲むこと」は分けて考え、「列車内でものを食べることはマナー違反ですか。」と「列車内で飲み物を飲むことはマナー違反ですか。」の２つの質問文に分けておいた方が無難です。

（イ）否定疑問文を避ける

「……ではないですか」、「……しませんか」といった語尾になる否定疑問文は日本語としては自然な表現であっても回答しにくいことがあります。例えば、「いったん座ったら席を譲ることはしませんか」とたずねるのではなく、「いったん座っても席を譲ることはありますか」などと肯定疑問文で表すようにした方がよいでしょう。席を譲る人は、前者の否定疑問文では「いいえ（します）」と回答しますが、「はい（します）」と誤りそうになります。後者の肯定疑問文であれば否定疑問文に比べて間違いなく「はい（あります）」と回答できます。どうしても否定疑問文にしたいときは、回答選択肢を、例えば、「譲ることがある」、「譲ることがない」など具体的な内容を示すようにします。

（ウ）二重否定文を避ける

「否定」の「否定」のような二重否定は避けます。例えば、「（優先席ではない席でも、）席を必要とする人が来れば譲らなくはない（譲らないわけではない）」という二重否定の文に対して、自身があてはまる（はい）か否（いいえ）かを問われたとき、「譲らなくはない」人は「はい」ですが、それ以外の人は回答に戸惑いそうです。

（3）意味が明確

（ア）あいまいな表現をしない

「あなたは鉄道が好きですか。」と問われたときに、列車に乗るのが好きな人（通称、乗り鉄）、列車を撮るのが好きな人（通称、撮り鉄）、列車計画をチャートで表した列車ダイヤが好きな人（通称、スジ鉄）など、ジャンルはさまざまですが、鉄道ファンは即座に「はい」とこたえるでしょう。しかし、国内の移動は飛行機やバス・自家用車よりも時間に正確な鉄道、とりわけ新幹線が好きという人は、この問いへの回答に迷うかもしれません。調査の目的に合わせて意味を限定する必要があれば、より具体的にききます。鉄道の旅のマーケティングであれば、「あなたは鉄道での旅行が好きですか。」などとします。

また、「あなたには友だちが何人くらいいますか。」と問われたときに、相談はできないが表面的な話ならできる人も友だちなのか、行動を共にすることはないがLineでやりとりをしている人も友だちなのかなど、「友だち」のとらえ方が人によって異なり、調査者の知りたい数字とは異なる回答が返ってくることがあります。「あなたにはいっしょに旅行を楽しめる友だちが何人くらいいますか。」とか「あなたが困ったときに相談できる友だちは何人くらいいますか。」などと

「友だち」の意味を明確にした質問にする必要があります。

（イ）量や頻度を表す副詞は具体的な数値にする

例えば、「あなたは鉄道をよく利用しますか。」という質問に対して、週２日利用で鉄道を「よく」利用していると考える人もいれば、「あまり」利用していないと考える人もいます。「たくさん」、「少し」、「いつも」、「しばしば」、「ときどき」、「たまに」のような副詞はそれぞれ人によって意味する量や頻度に違いがあるので、「あなたは鉄道をどの程度利用していますか。」と質問をして、回答の選択肢を「ほぼ毎日利用」、「週に3〜4日」、「週に1〜2日」、「月に1〜3日程度」、「月に１日よりも少ない」など具体的な数値を用意します。

（ウ）指示代名詞を避ける

「これ」、「それ」、「あれ」、「この」、「その」、「あの」などの指示代名詞の使用は避け、繰り返しになっても具体的な名詞を使用します。

（エ）一般的な質問と個人的な質問の混同を避ける

例えば、「あなたは夫婦別姓に賛成ですか、反対ですか。」ときかれたとき、選択的夫婦別姓を法律上認めることには賛成だが、自分たち夫婦が別姓を名乗ることには反対だと考えていた場合、回答に迷うかもしれません。一般的な（impersonal）質問にしたいのであれば、「あなたは日本で選択的夫婦別姓を認めるために法律を改めることに賛成ですか、反対ですか。」などとし、個人的な（personal）質問にしたいのであれば、「あなたはあなたの配偶者と夫婦で別の姓を名乗ることに賛成ですか、反対ですか。」などと質問の意図が誤解されないようにします。

（4）偏向していない

（ア）中立的な用語を用い、ステレオタイプ化した言葉、表現を避ける

例えば、「あなたは今回の海外旅行で土産物の爆買いをしましたか。」と問うときの「爆買い」には威勢のよさや常軌を逸した買い方のようなイメージを伴うので、「あなたは今回の海外旅行で土産物をたくさん購入しましたか。」とするなど中立的な用語を用いた方がよいでしょう。さらにいえば、「たくさん」という言葉も人によって量が異なるので、爆買いに当たる金額を決めておいて、「あなたは今回の海外旅行で土産物にいくらくらい使いましたか。」と具体的にたずねてもよいでしょう。

(イ) 不快感を与える用語を避ける

不快感を与える用語は、調査者と回答者との信頼関係を傷つけることになり、回答者の回答を歪めたり、その項目を飛ばされたりすることに繋がりかねません。

例えば、「めくら」などの差別用語を使用しないのは当然のことですが「盲人」よりは「視覚障がい者」、それよりは「目の不自由な方」とした方が適切でしょう。

英語では、“blind（盲人）”よりも“people who are blind（盲目の人）”の方が好ましいとされています。また、“Blacks in college”よりも“Black students in college”の方が好まれます。人を表すラベルをつけないにこしたことはありませんが、使用せざるをえないときは、グループ名に名詞を用いるよりも、形容詞を用いた方が一般的に好まれるといわれています（Zieky, 2006）。

(5) 誘導しない

(ア) 中立的な問い方をする

「○○について賛成ですか。」と問われると、賛成の方向に誘導されやすくなります。中立的に問うなら、「○○について賛成ですか、それとも反対ですか。」とします。

(イ) キャリーオーバー効果を避ける

例えば、「日本においては債務を抱え破綻する第三セクターが続出していることを知っていますか。」ときいた直後に、「自治体が第三セクター化して路線存続を図ることに賛成ですか、それとも反対ですか。」という質問をしたとします。前の問いで第三セクターを否定的なイメージに誘導しているため、あとの問では第三セクター化に反対する人が増加するでしょう。このように、前の質問があとの質問の回答に影響を与えることを**キャリーオーバー効果**（carry-over effect）といいます。キャリーオーバー効果が予想される場合は、2つの質問の順序を逆にするか、2つを離して配置します。

(6) 回答することに抵抗のある質問文は必要最少限にする

(ア) プライバシーの侵害を避ける

年収や預貯金、既婚・未婚など個人のプライバシーに関わる質問は調査の目的上、不可欠でなければ避けましょう。

(イ) 建前の回答を招きやすい質問を避ける

倫理・道徳的な問題に関する質問や**社会的望ましさ**（social desirability）の方向が明らかでその方向に回答させてしまいがちな質問、正直に回答するのが恥ずかしいと思われる質問なども避けたいものです。

どうしても必要な項目であれば、調査を無記名にし、個人が特定されない形式で回収し、答えやすい同様の形式の項目群の最後の方に埋め込むなど、正直に答えられるよう工夫します。

❖ 3.2.2　回答形式の選択・回答欄の作成

回答形式によって利用できる解析法が限定されるので、あらかじめ解析法も視野に入れつつ、回答しやすさを考慮して回答欄を作成します。

回答形式は、**選択回答法**と**自由回答法**の2つに大別されます。

(1) 選択回答法

選択回答法（closed-ended question）では、調査者があらかじめ複数の選択肢を用意し、回答者はその中から最も自身にあてはまるものを選択します。

そのため回答者にとっては時間をかけずに容易に回答することができます。調査者にとっては、選択肢によって回答が分類・コード化されているので集計・解析が容易にできます。また、調査者の想定している枠組みの中で回答が得られるので、目的に合った集計・解析や仮説の検証も容易です。

一方、選択肢の作成には時間がかかります。回答者の考えに該当する選択肢が用意されていなければ、無回答になったり不適切な選択肢が選ばれたりする可能性があります。しかし、選択肢が多くなりすぎると、最初あるいは最後の選択肢が選ばれやすくなります。選択肢数は10以下の適切な数にすべきだといわれています（鈴木，2011；丹野，2014）。細かな多くの選択肢が考えられる場合は、選択肢に「その他（　　　　）」を入れると、改善されることがあります。また、「わからない（don't know, D/K）」や「該当しない（not applicable, N/A）」といった選択肢が必要な場合もあります。

選択回答法による主な回答形式には次のようなものがあります。

(ア) 二項選択法

二項選択法（dichotomous choice question, yes-no question）は「はい－いい

え」、「賛成 - 反対」などのように選択肢が2つで、そのどちらかを選択する、二者択一の回答形式です。

例）あなたは優先席に座ることがありますか、ありませんか。

1. ある　　2. ない

（イ）多項選択法

多項選択法（multiple choice question）は、選択肢が3つ以上あり、その中から1つだけを選ぶ単一回答（択一式）（single answer, SA）と複数を選べる複数回答（択多式）（multiple answer, MA）に分けることができます。

例1）（単一回答）あなたはどのような旅行がしたいですか。あなたの考えに最もあてはまるものを1つだけ選んでください。

1. 鉄道の旅を楽しむ
2. 名所旧跡を巡る
3. 温泉でゆっくりする
4. 自然を満喫する
5. アウトドア・スポーツを楽しむ
6. 遊園地・テーマパークに行く
7. 水族館・動物園に行く
8. 芸術鑑賞をする
9. イベント・祭りに行く
10. その他（　　　　　　　　）

例2）（複数回答）あなたはどのような旅行がしたいですか。あなたの考えにあてはまるものをすべて選んでください。

1. 鉄道の旅を楽しむ
2. 名所旧跡を巡る
3. 温泉でゆっくりする
4. 自然を満喫する
5. アウトドア・スポーツを楽しむ
6. 遊園地・テーマパークに行く
7. 水族館・動物園に行く
8. 芸術鑑賞をする
9. イベント・祭りに行く
10. その他（　　　　　　　　）

（ウ）評定法（評定尺度法）

評定法（rating scale method）では、あてはまりの程度の大小や行動頻度の多少などを一次元の尺度（物差し）上に、ふつう等間隔とみなして並べた複数の評定段階を選択肢として設けます。

例えば、「1. 好き，2. どちらかといえば好き，3. どちらともいえない，4. どちらかといえば嫌い，5. 嫌い」といったように1と5の両端に反対の意味を持つ用語を配置し、その間を均等に分けて評定段階を用意する両極尺度（bipolar scale）と、「1. 不快でない，2. 少し不快だ，3. かなり不快だ，4. 非常に不快だ」のように、何らかの特性の強度が0である点から測定したい特性をほぼ等距離で極端な方向に変化させる評定段階を用意する単極尺度（unipolar scale）とがあります。「1. 好き，2. どちらかといえば好き，3. どちらともいえない，4. どちらかといえば好きではない，5. 好きではない」は単極尺度になります。

ポジティブ側とネガティブ側を対称に等間隔に評定尺度を設定する場合、3段階、5段階、7段階などの奇数段階の評定尺度では、中立的な「どちらともいえない」という選択肢を中央に入れますが、2段階、4段階、6段階などの偶数段階の評定尺度では中立的な選択肢がありません。回答が両端の中央あたりに位置するから「どちらともいえない」を選択するのであれば問題ありませんが、「わからない」、「自分に関係ない」などさまざまなその他の理由で選択される可能性がある場合は、偶数段階の評定尺度を利用した方がよいでしょう。奇数段階にしたいが、「わからない」といった意味で「どちらともいえない」を選択する可能性が高い場合は、「わからない」という選択肢を奇数段階の評定尺度の後ろに追加するとよいでしょう。

（エ）順位法

順位法（ranking method）は、測定したい傾向や特性の強弱について、複数の項目に順位をつけていく方法です。全項目に順位をつける完全順位法と、上位1位から3位までの順位をつけるなど限定的に順位をつける部分順位法とがあります。

例1)（完全順位法）あなたはどのような旅行がしたいですか。以下の9つの目的のうち、あなたが希望するものから順に（　）内に順位をつけてください。

（　）鉄道の旅を楽しむ
（　）名所旧跡を巡る
（　）温泉でゆっくりする
（　）自然を満喫する
（　）アウトドア・スポーツを楽しむ
（　）遊園地・テーマパークに行く
（　）水族館・動物園に行く
（　）芸術鑑賞をする
（　）イベント・祭りに行く

例2)（部分順位法）あなたはどのような旅行がしたいですか。以下の9つの目的のうち、あなたが最も希望するものを3つ選んで、（　）内に1位から3位まで順位をつけてください。

（　）鉄道の旅を楽しむ　　（　）名所旧跡を巡る
（　）温泉でゆっくりする　　（　）自然を満喫する
（　）アウトドア・スポーツを楽しむ　（　）遊園地・テーマパークに行く
（　）水族館・動物園に行く　　（　）芸術鑑賞をする
（　）イベント・祭りに行く

（オ）一対比較法

一対比較法（method of paired comparisons）は、複数の項目を順位づけるために、項目を2つずつ対にして、すべての組み合わせについて、どちらが測定したい傾向や特性が強いか（あるいは弱いか）を判断していく方法です。回答は容易ですが、同じ項目が何度も出てくるため回答者を飽きさせてしまうことがあります。すべての項目を一次元の尺度上に位置づけることができます。算出法はサーストン（Thurstone, L. L., 1927）により提案されています（海野, 2008）。

例）あなたは、①と②のうち、どちらの旅行がしたいですか。より希望する項目の番号に○をつけてください。

(1)　①鉄道の旅を楽しむ　　②名所旧跡を巡る
(2)　①温泉でゆっくりする　　②自然を満喫する
(3)　①アウトドア・スポーツを楽しむ　②遊園地・テーマパークに行く
(4)　①水族館・動物園に行く　　②芸術鑑賞をする
(5)　①イベント・祭りに行く　　②鉄道の旅を楽しむ
(6)　①名所旧跡を巡る　　②温泉でゆっくりする
⋮　　⋮

※9項目の2つずつの組合せ数は36通り（$_{9}C_{2}=\frac{9\times 8}{2\times 1}=36$）ですが、(7)～(36) は略します。

(2) 自由回答法

自由回答法（open-ended question）は、回答の内容を回答者の自由記述に委ねる方法です。回答用の選択肢が不要なので、調査項目を作りやすいという利点があります。回答者の多様な考えをきくことができ、調査者の考えが及ばなかったような回答が得られることもあります。その一方で、回答に時間がかかるため無回答であったり、調査者の意図とは異なる回答が記述されたりすることがあります。また、回答の入力や解析には手間がかかります。

自由回答法には、文章や単語を記述する文字回答法と、年齢や年収、睡眠時間といった数値を回答する数値回答法があります。文字回答法には、意見などを文章で記述する文章回答法と、地域名や商品名などを具体的に単語で記述する単語回答法とがあります。

例 1)（文章回答法）鉄道利用時に駅構内や車内でのマナーについて、感心したこと、不愉快だったことなどのご経験やご意見、お気づきの点がありましたら、自由に書いてください。

例 2)（単語回答法）あなたの自宅最寄り駅とその路線名を記入してください。
（　　　　　　　　　　）線・（　　　　　　　　　　　　）駅

例 3)（数値回答法）あなたの片道の通勤・通学時間はおおよそ何分ですか。具体的な数値を記入してください。
（　　　　）分

3.3　Google フォームによる Web 調査

調査票を紙媒体で配布するのではなく、インターネットで配信したいときには**Google アプリ**の「**Google フォーム**」を利用して調査票を作成すれば、特別な調査費をかけずに、容易にインターネットを用いた調査（以下、Web 調査と略す）ができます。しかも、Google フォームでの回答は「**Google スプレッドシート**」に入力された状態で得られるので、データの入力作業は不要です。スプレッドシートは、Excel のような表計算ソフトの機能を備えていますし、Excel の形式でダウンロードすることもできます。

調査票の配信には、調査対象者のメールアドレスを指定して直接送信したり、リンク先の URL を示したり、HTML を埋め込んだりして配信できます。その際、調査の目的に則した調査対象者に調査票を届けることができているのか、母集団を代表した標本になっているのかの確認が必要です。Web 調査会社に依頼する場合も、目的に合った調査対象者を抽出しているかの確認は必要です。Web 調査の有効な学術的活用のための提言が日本学術会議から出されていますので（日本学術会議, 2020)、そういったものを参考にすれば Web 調査の利点と問題点を把握したうえで有効に活用することができます。

❖ 3.3.1 Google ドライブ

Google では、ワープロソフト、表計算ソフト、プレゼンテーションソフトなどビジネスで日常的に利用するオフィスソフトウェアを、Web ブラウザだけで利用できるサービスを無料で提供しています。ソフトウェアをインストールする必要はありません。従来「**Google ドキュメント**」と呼ばれてきたサービスです。現在では、Google ドキュメントのサービスとインターネット上にファイルを保存できる無料のオンラインストレージサービスとを統合して「**Google ドライブ**」と呼んでいます。その中に「Google フォーム」も含まれています。

❖ 3.3.2 Google アカウントの取得

Google ドライブは、**Google アカウント**があれば、無料で利用できます。Google アカウントを取得していない場合は、図 3.5 のように Google のホームページ（https://www.google.co.jp/）を開いて、右上の「ログイン」ボタンをクリックし、次に「アカウントを作成」（図 3.6）をクリックします。画面の指示に従って必要事項を入力していけばアカウントを取得することができ、ログインが完了します（早坂, 2014)。

Google アカウントがあれば、図 3.5 の「ログイン」をクリックして、画面の指示に従ってアカウントを選択し、必要事項を入力していけばログインできます。

すでに Google アカウントにログイン中であれば、図 3.5 のような「ログイン」の表示ではなく、図 3.7 の右上のように、Google アカウントに設定している名前が表示されるか、またはプロフィール画像が表示されます。

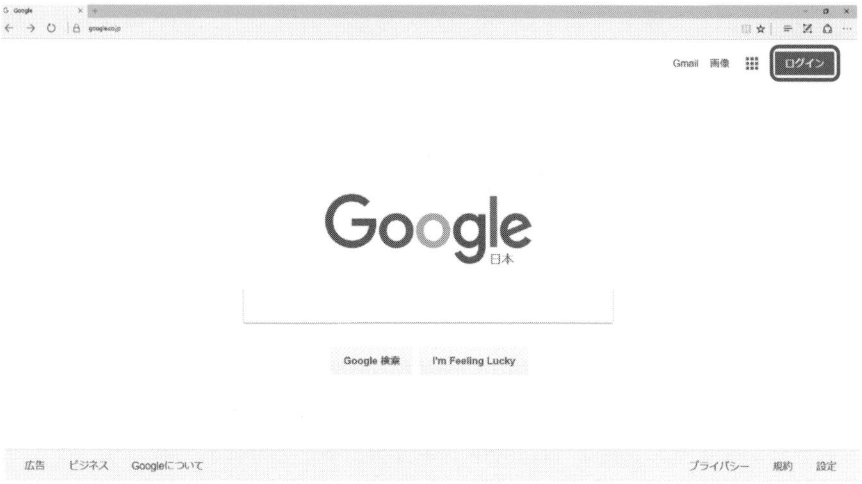

図 3.5　Google のホームページ（Google アカウントにログインしていない状態）

図 3.6　Google アカウントの作成

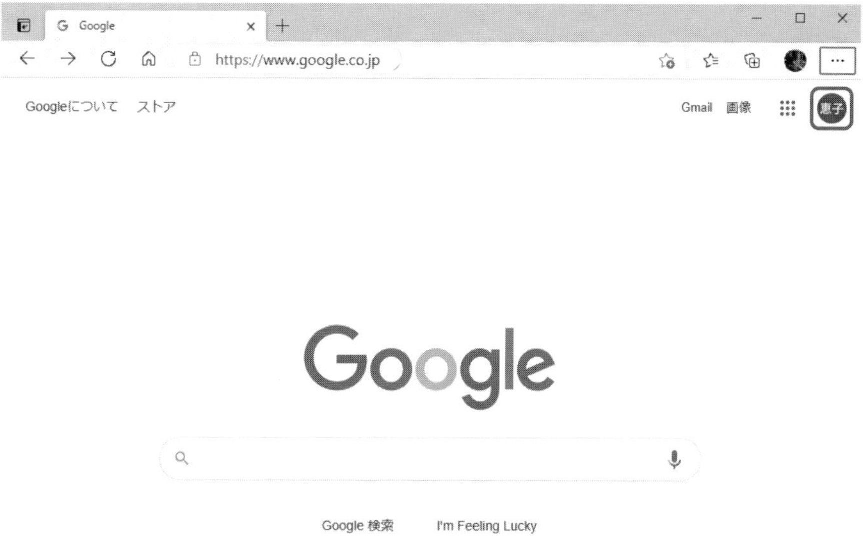

図 3.7　Google アカウントにログイン中の表示

❖ 3.3.3　Google フォーム

「Google フォーム」を利用するためには、まず Google アカウントにログインします。次に、Google のホームページの右上の「Google アプリ」のアイコンをクリックすると（図 3.8 ①)、その下にプルダウンメニューが表示されます。そこから「ドライブ」のアイコン（図 3.8 ②）を選択してから「Google フォーム」を開くこともできますし、直接「Forms」(Google フォーム）のアイコンをクリックして開くこともできます（図 3.8 ②′)。

「ドライブ」のアイコンをクリックした場合は、図 3.9 のドライブの画面が表示されるので、左上の「新規」をクリックします。すると、その下にプルダウンメニューが表示されますので、「Google フォーム」を選択します（図 3.10)。新しく調査票を作成するときには、「Google フォーム」の「空白のフォーム」(図 3.10）を選択し、自動採点可能なテスト[†2]を作成するときには「空のテスト」を

† 2　次の Web ページは小テスト作成のヒントになります。
6 ways Quizzes in Google Forms are getting smarter（blog.google）https://blog.google/outreach-initiatives/education/6-ways-quizzes-google-forms-are-getting-smarter/（閲覧日：2021 年 5 月 20 日）

選択します。ここでは、調査票を作成するので「空白のフォーム」を選択すると、図 3.11 のような「無題のフォーム」が表示されるので、ここからが実際の調査票の作成になります。

図 3.8　Google アプリ

図 3.9　Google ドライブ

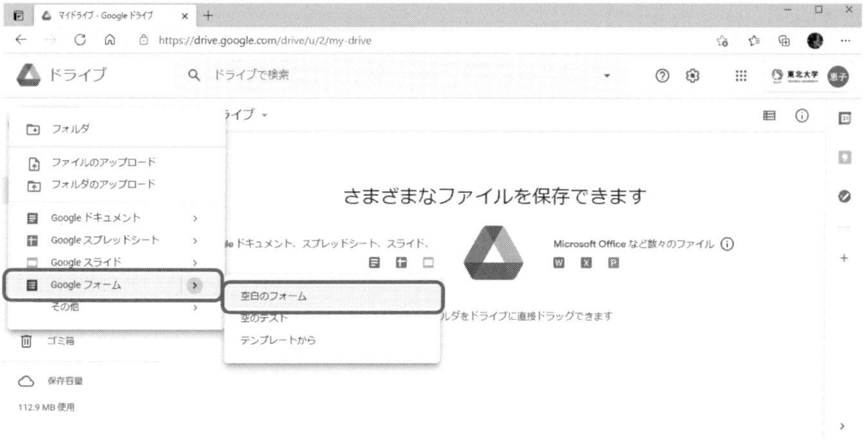

図 3.10　Google フォーム

図 3.11　無題のフォーム

❖ 3.3.4　Google フォームによる調査票の作成

Google フォームの新規フォームとして、図 3.11 のような「無題のフォーム」が表示されたら、まず、「無題のフォーム」にフォーム名として、調査名などを入力します。また、「フォームの説明」のところには、サブタイトル、調査の目的や説明、注意書きなどを入力するとよいでしょう。

ここでは、Google フォームの使い方の説明のための簡単な例として、研究室の大学4年生に就職活動の状況についてたずねるアンケートを作成します。図3.12は、「無題のフォーム」に調査名を入力し、「フォームの説明」にサブタイトルを入力しています。図3.12の上部に「変更内容をすべてドライブに保存しました」と表示されているように、自動保存されていきます。

次に、質問項目を作成します。図3.12の「無題の質問」に具体的な質問文「就職活動をしていますか。」を入力します（図3.13）。そして、回答形式を選びます。回答形式は図3.13の中央右の「ラジオボタン」をクリックすれば、図3.14のように「記述式」、「段落」、「ラジオボタン」、「チェックボックス」などさまざまな回答形式を選択することができます。回答形式は、**自由回答法**（open-ended question）と**選択回答法**（closed-ended question）の2つに大別することができます。「記述式」、「段落」は自由回答法に該当し、「ラジオボタン」、「チェックボックス」は選択回答法に該当します。

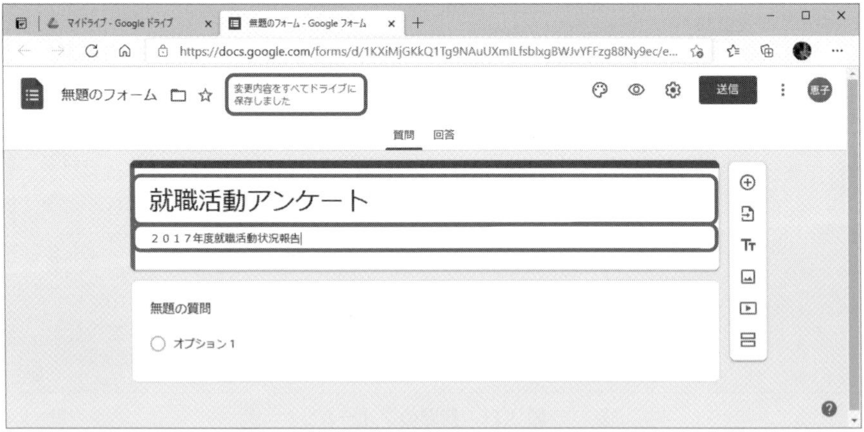

図3.12　フォーム名とフォームの説明の例

図 3.13　質問文の作成

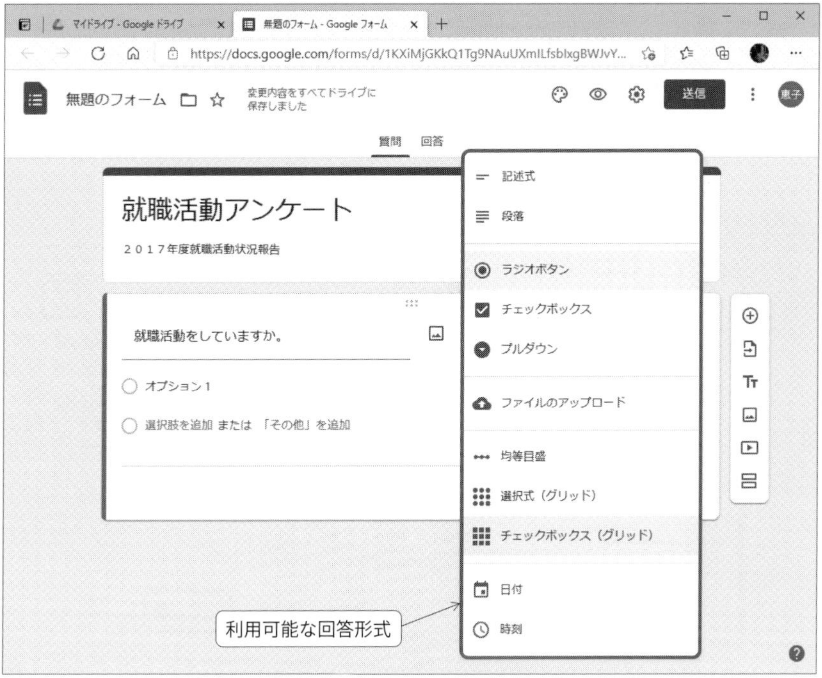

図 3.14　利用可能な回答形式

質問 1 では、就職活動をしているかどうか、選択肢の中から 1 つだけ選択（**単一回答**）してほしいので、回答形式は「ラジオボタン」にします（図 3.15）。

ちなみに、「**ラジオボタン**」は、複数ある選択肢の中から 1 つだけを選ばせたいときに使います。1 つの選択肢を選ぶと、他の選択肢は必ずオフになります。一方、複数ある選択肢の中からいくつ選択してもよい場合（**複数回答可**）には「**チェックボックス**」を使います。言い換えれば、1 つの質問に対して複数の選択肢が用意され、個々の選択肢についてオン／オフで回答させたい（選択肢ごとに該当すればチェックをし、該当しなければチェックをしない）ような場合に「チェックボックス」を使います。

また、必ず回答してほしい項目には、図 3.15 のように、右下の「必須」をオンにし、回答しなければ次に進めないようにすることができます。

新たな質問項目を加えたいときには、調査票の右欄外にある縦のバーの一番上の「質問を追加」にあたる⊕のボタンをクリックします（図 3.15）。

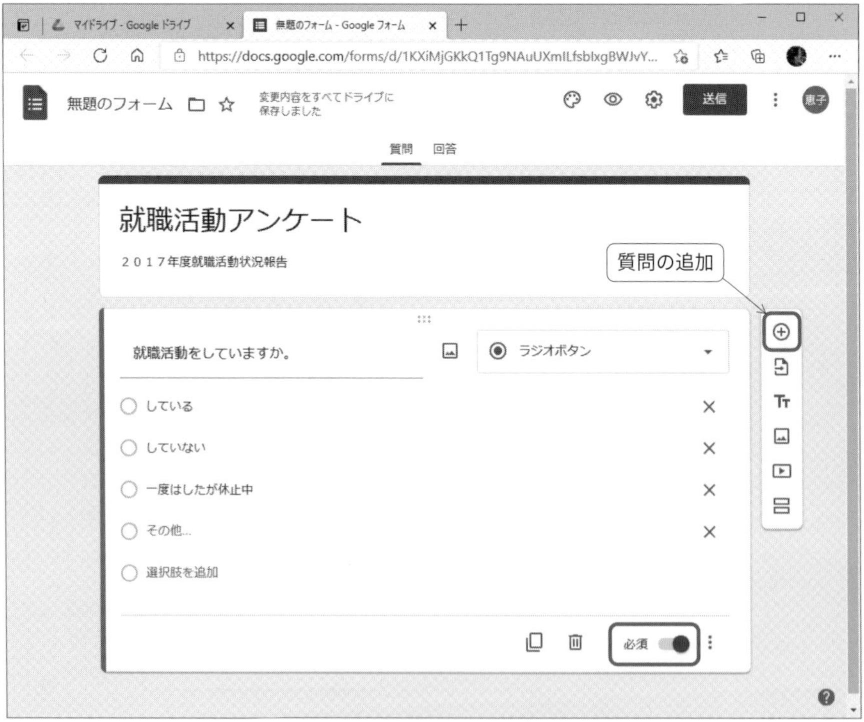

図 3.15　必須項目の作成と質問項目の追加

質問 1 のようなラジオボタンの回答形式のあとに、質問項目を追加したいときには、質問 1 で必要な 3 つの選択肢を入力し、4 つ目の選択肢の追加記入を促すボタン「選択肢を追加　または　『その他』を追加」が残っている状態で、「質問を追加」の⊕ボタンをクリックすれば、質問 1 の選択肢 3 つだけを残し、次の質問が入力できる状態になります。

また、質問 1 で 4 つ目の選択肢「選択肢を追加　または　『その他』を追加」が促されているときに、青字の「『その他』を追加」の部分をクリックすると、図 3.15 のように 4 つ目に「その他」の選択肢ができ、さらに 5 つ目の選択肢に追加記入を促す「選択肢を追加」ボタンが作られますが、この状態で「質問を追加」の⊕ボタンをクリックすれば、図 3.16 のように、質問 1 の選択肢 4 つだけを残し、次の質問が入力できる状態になります。

図 3.16　質問項目の追加とプレビュー

同様にして、質問文と回答欄を作成していきます。実際に送付される調査票を確認したいときには、図3.16の右上の「プレビュー」ボタンをクリックします。また、図3.16の質問文「就職活動をしていますか。」のあとについている赤い星印★は必ず回答しなければならない必須項目であることを意味しています。

質問２では質問文「進学を希望していますか。」に対して単一回答を求める「ラジオボタン」による回答欄を作成し、質問３では質問文「就職活動で困っていることがあれば自由にお書きください。」に対して自由記述を求める「段落」での回答欄を作成しました。自由回答法の回答形式としては、「記述式」と「段落」がありますが、短文回答であれば「記述式」、長文回答であれば「段落」を選択します。

調査票が完成したら、図3.16の画面右上の「送信」ボタンをクリックします。すると、図3.17のような「フォームを送信」画面がポップアップされます。メールで送信したいときは、「送信先」に調査対象者のメールアドレスを入力します。その際、メールの件名やメッセージも必要に応じて入力できます。そして、最後に「フォームを送信」の右下の「送信」をクリックすれば、送信先に送られ、受信者が回答可能になります。

送信者のGoogleアカウントに紐づけされているメールアドレスが、所属する組織に管理されている場合、送信先が同じ組織に管理されているメールアドレスであれば、「回答者の『送信者と同じ所属組織』のメールアドレスを自動的に収集する」にチェックすることで、回答とメールアドレスを自動的に紐づけることができます。FacebookやTwitterで共有したいときには「フォームをFacebookで共有」、「フォームをTwitterで共有」を選択します。

あるいは、フォームのリンクを取得して、リンク先URLをメール送信したり、LINE、Facebook、TwitterなどのさまざまなSNSやWebサイトで共有したりすることができます。リンクの取得には、図3.17の「フォームを送信」画面で、「送信方法」の「リンク」アイコン（図3.18参照）を選択します。すると、図3.18のようにリンクが表示されるので、「コピー」をクリックして、取得したリンク先URLを種々の方法で共有します。

図 3.17　メールを利用したフォームの送信

図 3.18　フォームのリンクの取得方法

❖ 3.3.5　Google フォームへの回答

メールで送信されたフォームは、メールを開けると、図 3.19 のような画面が表示されます。スマートフォン画面でもパソコン画面でも、「フォームに記入する」をクリックすると、図 3.20 のようなアンケート入力画面が表示されます。図 3.20 のアンケート画面に回答していき、最後に「送信」ボタンをクリックします。スマートフォンであれば、図 3.20 左上のアンケート画面を下にスクロールしていけば、右上の画面のように「送信」ボタンがでてきます。

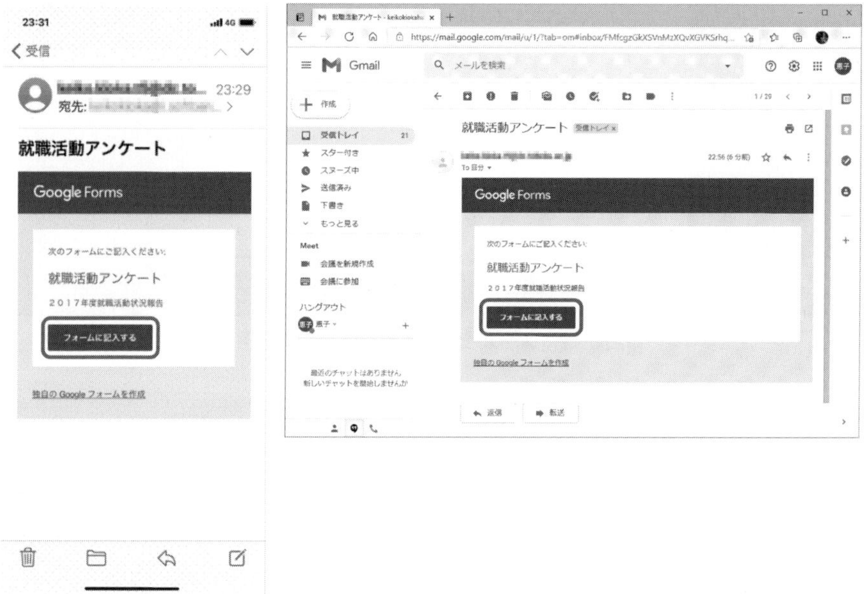

図 3.19　メールで送られてきたフォーム（左：スマートフォン画面、右：パソコン画面）

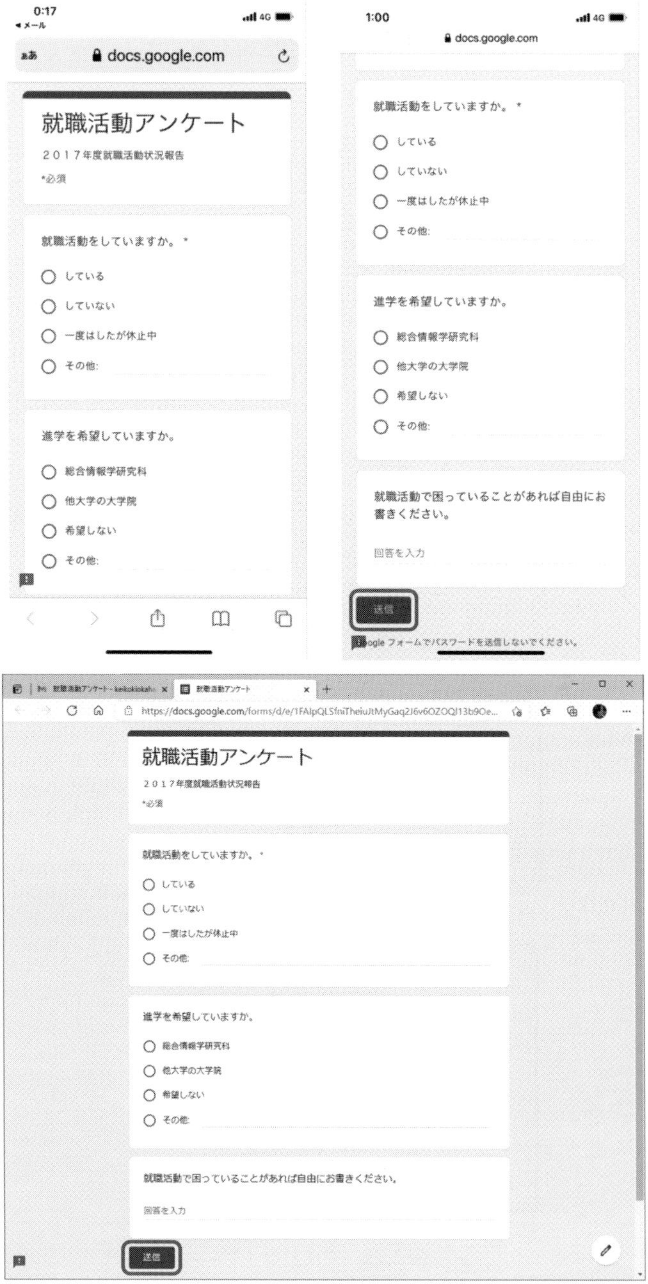

図 3.20　アンケート入力画面（上：スマートフォン画面、下：パソコン画面）

❖ 3.3.6　Google ドライブでの調査票の回収

回答後、送信されたフォームは集計され、その概要を表示することができます。また、回答が入力された「Google スプレッドシート」が得られ、それをExcel ファイルに変換することもできます。

Google ドライブを開くと（図 3.9)、作成した調査票（無題のフォーム）が「マイドライブ」に保存されています（図 3.21)。それをダブルクリックして開けると、図 3.22 のように調査票が表示されます。そのフォーム（調査票）の上部の「回答」の右横の数値は集められた回答者数を表しています。「回答」をクリックすると、図 3.23 のように回答状況が集約されて示されます。質問 1、2 の多肢選択式の回答は円グラフで示され、質問 3 の記述式の自由回答は記述された内容がそのまま表示されます。

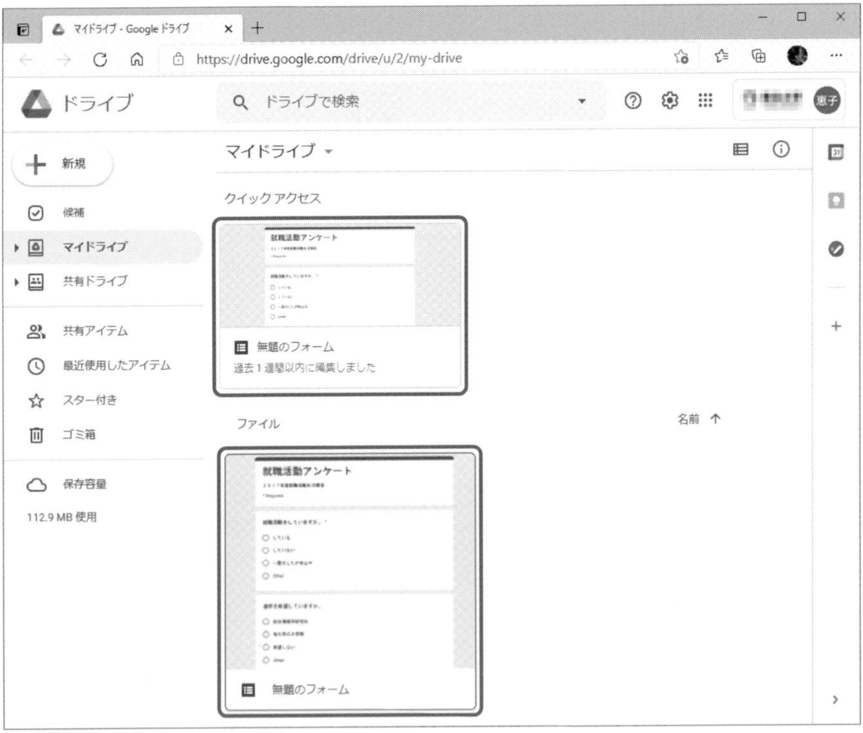

図 3.21　マイドライブ

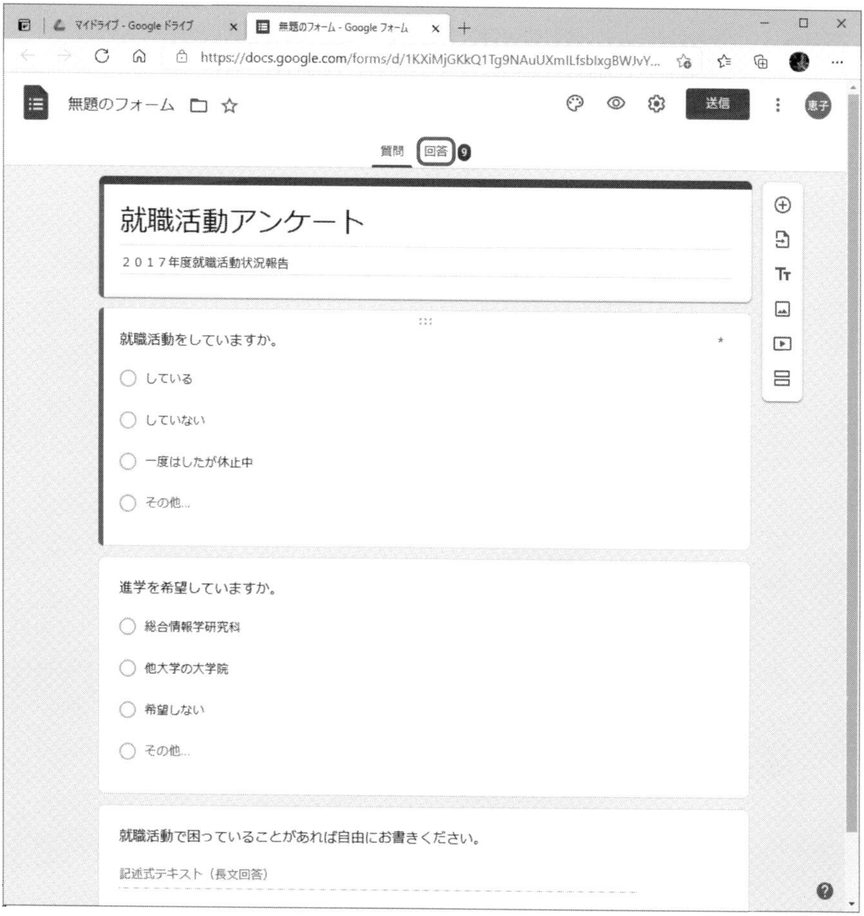

図 3.22　送信済みの Google フォーム

図 3.23 の概要の最上部右上の小さな緑色のボタン「スプレッドシートの作成」をクリックすると、図 3.24 のとおり、各行に 1 人ずつの回答が入力されたスプレッドシートが表示されます。データを加工していく場合は、Excel 形式で保存しておくと便利です。図 3.25 のとおり、「ファイル」タブをクリックし、プルダウンメニューの「ダウンロード」の「Microsoft Excel（.xlsx）」を選択して保存しておくとよいでしょう。

図 3.23　集約された回答結果

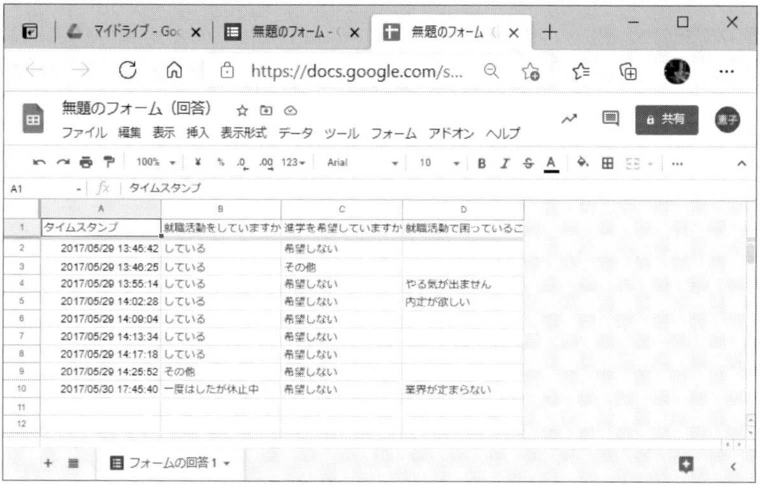

図 3.24　作成されたスプレッドシート

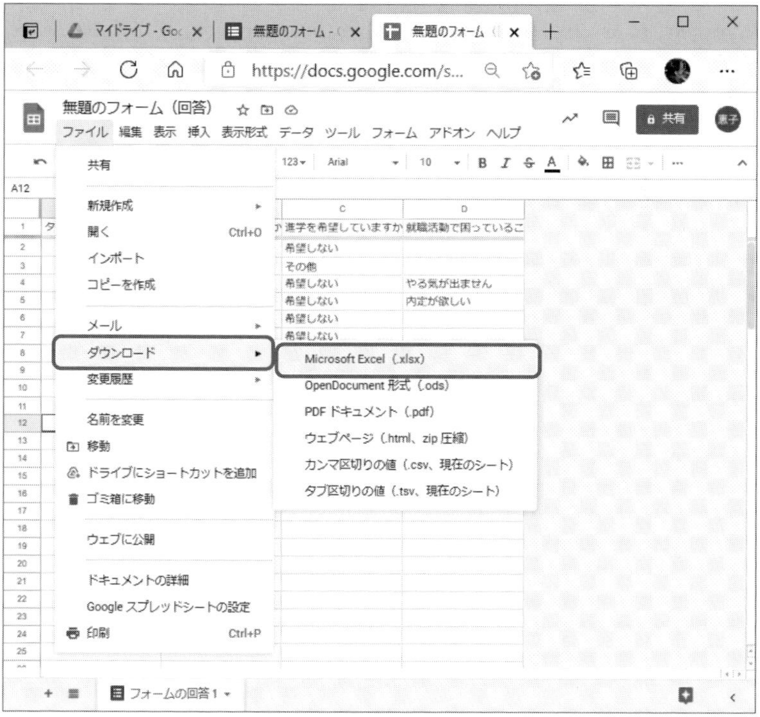

図 3.25　Excel 形式でのダウンロード

引用・参考文献

1)　ベネッセ教育総合研究所（2018）．朝日新聞社共同調査「学校教育に対する保護者の意識調査 2018」ベネッセ教育総合研究所　Retrieved from https://berd.benesse.jp/up_images/research/Hogosya_2018_web_all.pdf（2021 年 5 月 7 日）

2)　早坂清志（2014）．Excel を使ったアンケートの調査・集計・分析がわかる本 2013/2010/2007 対応　秀和システム　pp.107-147.

3)　日本学術会議（2020）．提言「Web 調査の有効な学術的活用を目指して」日本学術会議　社会学委員会　Web 調査の課題に関する検討分科会.

4)　篠原清夫ほか（編著）（2010）．社会調査の基礎－社会調査士 A・B・C・D 科目対応　弘文堂.

5)　鈴木淳子（2011）．質問紙デザインの技法　ナカニシヤ出版.

6)　丹野宏昭（2014）．心理測定尺度の探し方・使い方　宮本聡介・宇井美代子（編著）質問紙調査と心理測定尺度－計画から実施・解析まで　サイエンス社 pp.75-98.

7)　Thurstone, L. L.（1927）. A law of comparative judgment. *Psychological Review*, 34, 273-286. Also in Thurstone, L. L.（1959）. *The measurement of values*. Univ. of Chicago Press（Chapter 3）.

8)　海野道郎（2008）．尺度づくりの精神と技法　新睦人・盛山和夫（編著）社会調査ゼミナール　有斐閣　pp.49-77.

9)　Zieky, M.（2006）. Fairness Reviews in Assessment. In Downing, S. M., & Haladyna, T. M.（Ed.）*Handbook of Test Development*. Mahwah, NJ:Lawrence Erlbaum Associates.

第4章

標本抽出

調査の実施に際しては、調査票の作成段階で念頭においていた調査対象を改めて確認し、明確に定義して、調査票の配付先を決めなければなりません。しかし、調査対象が明確であったとしても、調査対象集団全体にくまなく調査依頼をすることができないことも多々あります。対象集団全体に調査できない場合に、どのくらいの数の調査対象に調査を依頼するのか、どのようにして調査対象を選ぶのかが問題になります。

4.1 全数調査と標本調査

調査対象となっている人や事物の全体集合のことを**母集団**（population）といいます。例えば、日本の高齢者にとっての鉄道の利便性について調査したいので、調査対象を日本に居住する65歳以上の人と定義したとします。実際の調査では「2021年4月1日現在の日本国在住の65歳以上の人」というように、対象者の属性・特性を含めて時間的にも空間的にも明確に規定する必要があります。このように定義した調査対象すべてを母集団といいます。しかし、この場合、調査対象すべてに調査票を配付することは現実的に不可能です。そこで、母集団を代表する一部の調査対象を抽出して、調査を実施します。このように母集団から抽出した一部の調査対象を**標本**（sample）といいます。標本は母集団の真部分集合ともいえます。また、母集団から一部の調査対象を抽出することを**標本抽出**（sampling）といい、その際に用いられる方法を**標本抽出法**（sampling method）といいます。**標本の大きさ**（**サンプルサイズ**、sample size）は一般にn（またはN）で表され、1つの標本の中に含まれる測定値の数（個体数）を意味します。標本の数（number of samples）は大きさnの標本がいくつあるかを意味するので、標本の大きさとは本来意味が異なりますが、実際には「標本の大きさ」の意味で「標本数」という言葉が誤って使われていることがよくあります。

母集団を構成するすべての個体に対して行う調査を**全数調査**（センサス、census）または**悉皆《しっかい》調査**といい、標本に対して行う調査を**標本調査**（sample survey）といいます。

公的調査の中でも、総務省統計局が実施する国勢調査は、日本に住んでいるすべての人と世帯を対象とする全数調査ですが、内閣府が実施する世論調査は全国の 18 歳以上の男女 3,000 人（テーマによっては 5,000 人や 10,000 人の場合あり）を対象とした標本調査です。

4.2　標本誤差と非標本誤差

一般に調査には誤差を伴います。誤差は**標本誤差**（sampling error）と**非標本誤差**（non-sampling error）とに大別することができます。

標本誤差とは、例えば、標本平均値と母集団平均値との差のように、標本調査によって得られた特定の指標の値と母集団が持っている当該指標の真の値との差のことをいいます。したがって、全数調査では標本誤差は存在しませんし、統計的な推測を行う必要がありません。

非標本誤差には、正直に回答しづらい質問や、誤解されやすい質問文によって回答が歪められたり、質問すべてに回答するには労力がかかりすぎて正確に答えられなかったりするなど調査票に起因する誤差や、入力ミス・集計ミスによる誤差などがあります。

4.3　標本抽出法

全数調査が不可能であるとき、あるいは、不可能ではないにしても全数調査に要する時間や労力、費用をかけられないときには、標本調査を行います。標本抽出法は、**確率標本抽出**（probability sampling）と**非確率標本抽出**（non-probability sampling）の 2 つに大別されます。一般には、前者を**無作為抽出**（random sampling）と呼び、後者を**有意抽出**（purposive selection/sampling）と呼びます。

無作為抽出は母集団を構成するすべての個体について、どれも標本として選ばれる確率（機会）が等しく、かつ、どの個体が選ばれたとしても、そのことが他の個体が選ばれる確率に影響を与えない抽出のことをいいます。無作為抽出によって選ばれた標本を**無作為標本**（random sample）といいます。無作為抽出によって、母集団のすべての特性について、母集団を代表する標本が得られることが期待できます。また、標本誤差の推定ができますし、客観的に標本を抽出するので、恣意性を排除することができます。

それに対し、有意抽出は、調査者が母集団を代表すると考える標本を任意に選ぶ方法です。調査対象に関する情報が十分にない場合であっても、容易に標本抽出ができますが、主観的、恣意的に抽出されるため、抽出された標本が母集団を代表するという保証はありません。

❖ 4.3.1　無作為抽出に基づく標本抽出法

(1) 単純無作為抽出法（simple random sampling）

仮に母集団を有限とし、その大きさを N（自然数）として、すべての個体に通し番号（1 ～ N）をつけたとします。また、抽出する標本の大きさを n（自然数＜ N）とします。

単純無作為抽出法は、1 から N までの番号を振った N 個の番号くじから n 個のくじを引くようなものです。N 個の番号くじから n 個を引く組合せ数は、${}_N\mathrm{C}_n$ で表され、いずれの組合せであっても大きさ n の標本が得られる確率は等しく、$\frac{1}{{}_N\mathrm{C}_n}$ となります。例えば、簡単のために、$N=4$、$n=2$ とすると、4 個の個体 A、B、C、D から 2 個の個体を抽出する組合せ数 ${}_4\mathrm{C}_2$ は 6 通りあります（A・B、A・C、A・D、B・C、B・D、C・D の 6 通りのペア）。したがって、単純無作為抽出を行えば、どの組合せも 6 分の 1（$\frac{1}{6}$）の等確率で起こりうることになります。この方法は、同じ番号を複数回引くことはなく、**非復元抽出**（sampling without replacement）と呼ばれます。

それに対して、くじを 1 つ引いたら、そのくじを元に戻し、また、N 個の中から次のくじを引くという方法を、**復元抽出**（sampling with replacement）と呼びます。復元抽出では、同じ番号が複数回引かれる可能性があるため、通常、非復元抽出を行います。

単純無作為抽出法においては、現実的には、くじではなく、乱数を発生させる関数を用いて、抽出する個体を選びます。1 から N までの自然数が得られるようにして、n 回乱数を発生させて、抽出した n 個の自然数（乱数）に対応する個体を調査対象とする方法です。各回において、どの個体が抽出される確率も $\frac{1}{N}$ に等しくなります。しかし、この方法では、同じ番号が2回以上生成される可能性があります。同じ番号が生成された場合は、一般に、その値を無視して改めて乱数を生成させます。つまり、n 個の異なる数が得られるまで乱数を生成することになります。

ExcelのRAND関数やRANDBETWEEN関数を利用すれば容易に乱数を発生させることができます。

例えば、1から5までの自然数の乱数を発生させたければ、セルに半角で「=INT(RAND( )*5+1)」と入力（「 」の中身だけを入力）して「Enter」キーを押せば、1から5までの自然数のいずれかを返します。RAND関数に引数は不要で、「=RAND( )」で0以上1未満の実数をランダムに発生させます。それを5倍して0以上5未満の実数にして、1を加えれば最小値が1になり5も含まれます。最後にINT関数で小数点以下を切り捨てれば1から5までの自然数がランダムに生成されます。

あるいはRANDBETWEEN関数を使って、発生させたい乱数の最小値と最大値を整数で指定して、「=RANDBETWEEN(1, 5)」と入力して「Enter」キーを押すことで、1から5までの整数の乱数を発生させられます。

この方法は母集団を構成する個体を網羅するリストが不可欠であり、すべての個体に通し番号を付与する必要がある抽出法です。

(2) 系統抽出法（systematic sampling）

系統抽出法は等間隔抽出法とも呼ばれ、第1番目の個体だけを無作為に抽出し、第2番目以降の個体は等間隔で抽出していき、n 個の個体を抽出する方法です。この場合も母集団を構成する個体のリストが必要です。

抽出間隔を d とすると、d は、母集団の大きさ N を標本の大きさ n で割ったもの（$d = \frac{N}{n}$）になります。第1番目の個体番号を a_1 とすると、a_1 は1から d までの範囲の自然数から無作為に抽出したものになります。第2番目以降は、1つ前に選ばれた個体番号から d 番目にあたる個体番号を選んでいきます。第 i 番目の個体番号 a_i は、$a_i = a_{i-1} + d$ つまり、第2番目の個体番号は a_1 に d を加え

1 2 3 4 5 6 7 8 9 10 AP

た番号（a_1+d）に、……、第 i 番目の個体番号は $a_1+(i-1)\times d$、……、第 n 番目の個体番号は $a_1+(n-1)\times d$ になります。言い換えれば、初項 a_1、公差 d の等差数列に対応する個体番号のそれぞれに対応する個体を選びます。

d が整数値でない場合は、小数点以下を切り捨て、整数部分を抽出間隔にとり、抽出された個体数が n を超える場合は、取り過ぎた個体数分をランダムに捨てます（鈴木・高橋，1991, p.144）。

例 1） 簡単のために、$N=20$ の母集団から $n=4$ の標本を抽出するために系統抽出法を用いるとします。等間隔で抽出するので、抽出間隔 $d=\frac{20}{4}=5$ となります。

1）　母集団の各個体に 1 から 20 までの番号を振ります。

2）　第 1 番目の個体を無作為に抽出します。抽出間隔 $d=5$ だから、1 から 5 までの自然数の中から、Excel の RAND 関数などを利用して、無作為に 1 つの個体番号 a_1 を選びます。仮に、$a_1=3$ だとします。

3）　第 2 番目の個体番号 a_2 は初期値 a_1 に抽出間隔 5 を足した個体番号 $a_2=a_1+d=3+5=8$ になります。第 3 番目 $a_3=a_2+d=13$、第 4 番目 $a_4=a_3+d=18$ となります。

したがって、ここでは、個体番号 3、8、13、18 の 4 つの個体で構成される標本となります。

系統抽出法では、リストに何らかの規則性がある場合には、その規則性と抽出の間隔が同調しないようにします。例えば、地区大会に参加する全野球チームの名簿をそろえて 1 つのリストにして系統抽出法により標本抽出する場合、各チームの最初に主将の名前を書くことになっていて、どのチームもベンチ入りできる最大人数の 20 人を登録している場合、抽出の間隔を 20 人にすると、標本が全員主将になったり、全く主将が含まれなかったりするため、標本に偏りが生じることになります。リストの規則性と抽出間隔との間に問題がないか事前にチェックしておく必要があります。

(3)　多段抽出法（multistage sampling）

多段抽出法は、母集団のすべての個体の中から直接個体単位で抽出していくのではなく、標本抽出を何段階かに分けて行う方法です。2 段階に分けて抽出するのであれば、**二段抽出法**になります。この方法は、母集団の大きさが膨大で、母集団を構成する全個体のリストを得ることが難しい場合や、あるいは、訪問面接調査のように調査員が対象者のところへ出向かなければならないときに、対象者が広範囲にわたり、全地域をカバーするにはコストがかかり過ぎるような場合などに利用されます。

例えば、全国の成人を調査対象者としたとき、全国の区市町村から全成人の調査対象者の名簿を集めていくことは困難です。各個人を抽出するために利用できる名簿（選挙人名簿または住民基本台帳など）は、全国の各区市町村の選挙管理委員会または住民課、住民登録課など担当の係が厳重に保管しているので、各区市町村長の許可を得なければなりません（鈴木・高橋, 1991, p.156）。そうであれば、母集団である全国の成人を直接抽出するのではなく、まず、全国の区市町村から一部を無作為抽出し、次に抽出された区市町村の名簿から調査対象である成人を無作為抽出するという 2 段階の抽出を行う二段抽出法の方が効率的です。最初に抽出される単位である区市町村を**第 1 次抽出単位**（primary sampling unit, PSU）と呼び、次に各区市町村から抽出される成人を**第 2 次抽出単位**（secondary sampling unit, SSU）と呼びます。

各段階での抽出は、単純無作為抽出法や系統抽出法を用います。抽出の段階が増えるごとに標本誤差は増えるので、抽出段階数はできるだけ増やさないようにします。

二段抽出法において、PSU 間の大きさ（PSU に含まれる個体数）が異なる場合、各個体（SSU）の抽出確率を等しくする方法として、**確率比例抽出法**と**等確率抽出法**があります。

(ア) 確率比例抽出法

確率比例抽出法では、第 1 段階において個々の PSU が抽出される確率を、その PSU の大きさ（個体数）に比例させて無作為抽出を行い、第 2 段階では抽出された PSU それぞれから同数の SSU を無作為抽出するという方法です。各 PSU が抽出される確率は、当該 PSU の個体数を全個体数（母集団の大きさ）で割ったものとなります。

第 1 段階で、同一の PSU が 2 回抽出された場合は、その PSU から 2 倍の SSU（個体）を無作為抽出することになります。

例 2) A ～ G の 7 つの町の高齢者が無料で利用できる駅施設について訪問調査をするとします。7 つの町に住む高齢者全員を母集団とし、町別の高齢者数は表 4.1 のとおりだとして、450 人（$N=450$）で構成される母集団から、45 人（$n=45$）の標本を抽出するとします。7 つの町全体に訪問するにはコストがかかり過ぎるので、確率比例抽出法により第 1 段階で 3 つの町（$m=3$）を抽出し、それぞれの町から 15 人ずつ（$l=15$）を抽出することにしたとします。

1）　母集団の各個体に 1 から 450 までの番号を振ります。

2）　第 1 段階で 3 つの町を選びます。各町の高齢者数の比に対応した確率でそれぞれの町が抽出されるようにします。

- 系統抽出法によれば、抽出間隔を 150（$d=\dfrac{N}{m}=\dfrac{450}{3}$）として、まず、第 1 番目の個体を 1 から 150 までの自然数の中から乱数などを用いて 1 つだけ無作為抽出します。無作為に抽出した個体番号が、仮に 91（$a_1=91$）だとします。個体番号 91 の高齢者は B 町に住んでいますので、B 町が抽出されます。
- 次に第 2 番目の個体番号 a_2 は初期値 a_1 に抽出間隔 150 を足した個体番号 241（$a_2=a_1+d=91+150=241$）の高齢者になり、C 町に住んでいるので、C 町が選ばれます。第 3 番目の個体番号は 391（$a_3=a_2+d=241+150=391$）になり E 町に住んでいるので、E 町が選ばれます。

表 4.1　確率比例抽出法による 2 段抽出

町	高齢者数	開始番号	終了番号	第 1 段階の抽出番号	第 2 段階での抽出数
A	90 人	1	90		
B	85 人	91	175	91	15 人
C	80 人	176	255	241	15 人
D	78 人	256	333		
E	60 人	334	393	391	15 人
F	35 人	394	428		
G	22 人	429	450		
計	450 人				45 人

3)　第2段階では、第1段階で抽出されたB、C、Eの3つの町からそれぞれ15人ずつ同数の高齢者を無作為抽出し、抽出された45人を標本とします。

(イ) 等確率抽出法

等確率抽出法では、第1段階においてPSUの抽出される確率を等確率とします。第2段階において、第1段階で抽出されたm個のPSUのそれぞれの構成比率に対応させた個体数を抽出します。等確率抽出法は、確率比例抽出法に比べて標本誤差が大きくなり、推定精度が下がります（杉野, 2008, p.106）。

例3) 先の例2と同様に、A～Gの7つの町に住む高齢者全員450人を母集団とし、$n=45$の大きさの標本を抽出するために、第1段階で3つの町($m=3$)を抽出することにします。

1)　A～Gの7つの町から3つの町を、等確率で無作為に抽出します。第1段階で、仮にB、C、Eの3つの町が抽出されたとします。
2)　表4.1よりB、C、Eの3つの町の高齢者数はそれぞれ、85人、80人、60人なので、この人数比でB、C、Eから高齢者を無作為抽出し、$n=45$の標本にします。3つの町の高齢者数の合計は225人ですから、B町からは17人($n\times\frac{85}{225}$)、C町からは16人($n\times\frac{80}{225}$)、E町からは12人($n\times\frac{60}{225}$)をそれぞれ無作為抽出し、45人の標本とします。

(4) 層化抽出法（stratified sampling）

層化抽出法は、母集団における特定の属性（性別、年齢、居住地など）の違いが調査に影響すると考えられ、その属性の構成比がわかっている場合に利用できる方法です。母集団を特定の属性やいくつかの属性の組合せに基づいて、複数のグループに分け、グループ別の構成比に比例した個体数をそれぞれのグループから無作為抽出する方法です。標本抽出理論では、ある属性についてグループ分けすることを層化または層別と呼び、各グループを**層**（stratum, 複数形 strata）と呼びます。母集団での各層の個体数N_iを**第i層の大きさ**といいます。母集団における層別構成比に応じて各層からの抽出数を割り当てる方法を**比例割当**といい、各層からそれぞれの割当数分を無作為抽出します。

層化することで標本が特定の層に偏ることを避けることができ、単純無作為抽出法や系統抽出法に比べて、母集団の構成に近い標本が得られるため、推定精度を高めることができます。したがって、調査したい特性について、大きな違いをもたらす可能性のある層に分けることが重要になります。言い換えれば、層間の違いに比べ、層内での違いは相対的に小さく等質になるように層化をします（井上ほか, 1995, p.75）。

例 4) 日本全国の高齢者を性別と年齢段階で層化するとして、男・女別に年齢段階を 65 歳以上 75 歳未満、75 歳以上 85 歳未満、85 歳以上に分け、6 つの層に分けて 10,000 人を標本抽出するとします。総務省統計局のデータに基づいて平成 28 年 9 月 1 日現在の日本に住む高齢者の総人口について層化すると、表 4.2 のような層の大きさになり、その層別構成比に応じて各層から抽出する人数が決められます。各層から表 4.2 の比例割当人数分を無作為抽出します。

表 4.2　日本に住む高齢者の男女別年齢段階別層化と比例割当数

層の性質	層の大きさ〔千人〕	層別構成比〔%〕	比例割当人数〔人〕
65 歳以上 75 歳未満の男性	8,425	24.39	2,439
75 歳以上 85 歳未満の男性	4,984	14.43	1,443
85 歳以上の男性	1,568	4.54	454
65 歳以上 75 歳未満の女性	9,262	26.81	2,681
75 歳以上 85 歳未満の女性	6,688	19.36	1,936
85 歳以上の女性	3,617	10.47	1,047
計	34,544	100.00	10,000

(5) 層化二段抽出法（stratified two-stage sampling）

層化抽出法は多段抽出法と組み合わせて用いられることが多く、特に**層化二段抽出法**は全国規模の調査の多くで採用されています。一般に PSU（第 1 次抽出単位）に対して層化が行われます。例えば、区市町村を PSU として 400 地点を選び、次に 400 地点から SSU として調査対象者の高齢者を合計 6,400 人選ぶとします。その際、PSU を衆議院比例代表制選挙区（比例ブロック）の 11 層と人口規模（区部・20 万人以上の市・10 万人以上の市・10 万人未満の市・郡部）の 5 層で層化し、11 層 × 5 層からの抽出数を比例割当によって、400 地点の PSU を無作為抽出します。次に各地点から SSU である高齢者を 16 人ずつ抽出します

(安河内，2007)。

❖ 4.3.2　有意抽出に基づく標本抽出法

(1) 便宜的抽出法 (convenience sampling) (偶然法、haphazard or accidental sampling)

便宜的抽出法は、母集団を構成する個体の中から比較的容易に調査協力が得られる対象を抽出する方法です。例えば、鉄道のマナー調査をする際に、特定の日時に、特定の駅の改札口から出てきた人に声をかけて、たまたま依頼に応じてくれた人に調査を実施し、必要な標本の大きさに達するまで抽出するような方法です。母集団を代表する標本であるとはいえませんが、コストをかけずに短期間で標本を抽出することができます。

(2) 機縁法・雪だるま方式 (snowball sampling)

機縁法は、例えば、学生が卒業研究で知り合いに頼んで調査に協力してもらうなど、友人や同僚といった身近な人を標本として抽出する方法です。

母集団を構成する個体との接点がない場合などに、知人に調査対象者を紹介してもらい、その調査対象者から、また別の調査対象者を紹介してもらうといった具合に、芋づる式に標本抽出をする方法を特に**雪だるま方式**といいます。雪だるまを転がすとそれが徐々に大きくなっていくように、紹介をつないでいくことで標本の大きさが大きくなっていきます。

(3) 典型法 (typical case sampling)

典型法は、母集団において「典型的」と思われる個体を調査者が意図的に選択する方法です。標本は標準的な平均的な集団になる傾向があります。

(4) 割当法 (quota sampling)

割当法は、層化抽出法と同様に、母集団を複数の層に分け、それぞれの層の大きさに比例させて標本を抽出する方法です。層化抽出法では、各層からの標本抽出を無作為に行いますが、割当法では有意抽出を行います。両者とも抽出された標本は、層化の際に考慮された属性について、母集団の縮図となっていますが、調査したい項目については割当法では母集団を代表するとはいえません。

（5）デルファイ法（delphi method）

デルファイ法は、調査対象者を多数の専門家や有識者とします。直観的・経験的意見を調査・集約し、結果を調査対象者にフィードバックしながら、同一の調査を繰り返し、意見を収斂させていく方法です。技術動向や製品動向といった未来予測に用いられる手法です。

4.4　標本の大きさの決め方[†1]

標本の大きさ（サンプルサイズ、sample size）は、求める精度によって統計的に決定することができます。

本書の第Ⅱ部のデータ解析手法で詳しく解説していますが、調査研究では多くの場合、得られたデータを統計的に記述したり推論したりし、その結果に基づいて研究の成果・結論を示します。統計的推論において、例えば、標本平均から母集団平均を推定する場合、標本誤差が小さい方が望ましいといえます。つまり、標本平均の変動[†2]を表す確率分布（標本分布）の標準偏差を示す標準誤差という指標が小さいことが望まれるわけですが、他の条件が同じであれば標本の大きさ n が大きくなるほど、標準誤差は小さくなります。しかし、時間・費用・労力といったコスト面などさまざまな制約により、標本の大きさを際限なく大きくすることはできないし、また理論的にその必要もありません。目的に応じて、また、統計解析の手法によって、必要最小限の標本の大きさを理論的に求めることが現実的といえるでしょう（盛山ほか，1992）。統計解析手法によって、必要最小限の標本の大きさを手軽に求めることができるソフトウェアもあります（4.5 節参照）。

ここでは、未知なる母平均（母集団の平均）μ と標本平均 $\bar{x}$ との標本誤差の絶対値 $|\bar{x}-\mu|$ を ε 内におさめる確率を $(1-\alpha)$（通常は $\alpha=0.05$ とし、確率 0.95 と設定することが多い）にしたいときの標本の大きさ n の算出方法と、未知なる母比率（母集団の比率：ある事象の出現確率）π と標本比率 p との標本誤差の絶対値 $|p-\pi|$ を ε 内におさめる確率を $(1-\alpha)$ にしたいときの標本の大きさ n の算出方法を紹介します（井上ほか，1995；石村，2006；盛山ほか，1992）。

---

†1　推測統計の知識がない場合は、本節はいったん飛ばして、第Ⅱ部のデータ解析手法を読んだあと、本節に戻ることを勧めます。

†2　大きさ n の標本を無作為抽出するなら、抽出するたびに n 個の標本はさまざまな値をとり、抽出するたびに標本の平均は変動します。

❖ 4.4.1　母平均を推測するときの標本の大きさの決め方[†3]

母平均 μ と標本平均 $\overline{x}$ との標本誤差の絶対値 $|\overline{x}-\mu|$ を ε 内におさめる確率を $(1-\alpha)$ にしたいときの標本の大きさ n は、

$$n \geq \left(\frac{z_{(1-\alpha/2)}}{\varepsilon} \cdot \sigma \right)^2 \tag{4.1}$$

で与えられます。ただし、σ^2 は母分散（母集団の分散）を表します。また、$z_{(1-\alpha/2)}$ は、変数 z が標準正規分布に従うときの上側確率 $\frac{\alpha}{2}$ に対応する z の値になります。言い換えると、z の値が $z_{(1-\alpha/2)}$ より大きな値をとる確率が $\frac{\alpha}{2}$ となります[†4]。式（4.1）の導き方については例5のあとで解説します。

例5） 新駅名をAとするかBとするかについて地域住民の意向を調査するため、「Aに賛成」2点、「どちらかといえばAに賛成」1点、「どちらともいえない」0点、「どちらかといえばBに賛成」–1点、「Bに賛成」–2点の5段階で評価してもらうことにしました。この評価の母平均 μ と標本平均 $\overline{x}$ との標本誤差の絶対値 $|\overline{x}-\mu|$ を ε 内におさめる確率を $(1-\alpha)$ にしたいときの標本の大きさ n は式（4.1）から求めることができます。ここでは $\alpha = 0.05$ とし、$|\overline{x}-\mu|$ を ε 内におさめる確率を0.95と設定します。また、標本誤差の絶対値 $|\overline{x}-\mu|$ を ± 0.02 におさえたいとして、$\varepsilon = 0.02$ と設定します。

過去の類似の調査結果から、母分散 σ^2 の推定値 $\widehat{\sigma^2}$（「シグマ2乗ハット／シグマハットの2乗」と読む）を 1^2（$\widehat{\sigma^2} = 1^2$）と仮定したとき、標本の大きさ n をどの程度にすればよいでしょうか。

1）　$\alpha = 0.05$ なので、$z_{(1-\alpha/2)}$ は標準正規分布表（巻末付録の数表1）より、$z_{.975} = 1.96$ となります。標準正規分布の上側確率0.025に対応する z の値で、z の値が、$z_{.975} = 1.96$ より大きくなる確率が0.025であることを表し

---

†3　統計学の知識が全くない場合は標本の大きさを求めるための式（4.1）と例だけを読んで、式（4.1）の導き方についての解説部分【式（4.1）の導き方】は飛ばしてもよいです。第Ⅱ部のデータ解析手法を読んでからここに戻ることを勧めます。

†4　対称的に、$z_{\alpha/2}$ は、下側確率 $\frac{\alpha}{2}$ に対応する z の値になります。言い換えれば、z の値が $z_{\alpha/2}$ より小さな値をとる確率が $\frac{\alpha}{2}$ となります。

ます。

2)　式（4.1）に $\varepsilon = 0.02$ と $z_{(1-\alpha/2)} = z_{.975} = 1.96$ と $\widehat{\sigma^2} = 1$ を代入すると、

$$n \geq \left(\frac{z_{(1-\alpha/2)}}{e} \cdot \sigma \right)^2 = \left(\frac{1.96}{0.02} \cdot 1 \right)^2 = 9604$$

となるので、9,604 人以上の地域住民を無作為抽出しなければならないことがわかります。ちなみに、$\widehat{\sigma^2} = 0.5^2 = 0.25$ とし、他の条件がすべて同じであれば、

$$n \geq \left(\frac{z_{(1-\alpha/2)}}{\varepsilon} \cdot \sigma \right)^2 = \left(\frac{1.96}{0.02} \cdot 0.5 \right)^2 = 2401$$

となり、2,401 人以上の地域住民を無作為抽出すればよいことになります。

【式（4.1）の導き方】　式（4.1）を導くために、「母平均が μ、母分散が σ^2 である変数 X の母集団から、標本の大きさ n の無作為標本 $\{X_1, X_2, \ldots, X_n\}$ を抽出して求めた標本平均 $\bar{X}$ の分布は、n が十分大きくなると、平均 μ、分散 $\frac{\sigma^2}{n}$ の正規分布 $N\left(\mu, \frac{\sigma^2}{n}\right)$ に近似できる。」という中心極限定理を用います。これを利用すると、標本の大きさ n の標本平均 $\bar{X}$ を標準化した統計量 z、

$$z = \frac{\bar{X} - (\text{平均値})}{\text{標準偏差}} = \frac{\bar{X} - (\text{平均値})}{\sqrt{(\text{分散})}} = \frac{\bar{X} - \mu}{\sqrt{\frac{\sigma^2}{n}}}$$

の分布は、平均 0, 分散 1 の標準正規分布 $N(0, 1)$ に近似することができます。

$z = \frac{\bar{X} - \mu}{\sqrt{\frac{\sigma^2}{n}}}$ の値が、下側確率 $\frac{\alpha}{2}$ に対応する z の値 $z_{\alpha/2}$ 以上、上側確率 $\frac{\alpha}{2}$ に対応する z の値 $z_{(1-\alpha/2)}$ 以下の範囲にある確率は $(1-\alpha)$ であることを数式で表すと、$P(z_{\alpha/2} \leq z \leq z_{(1-\alpha/2)}) = 1 - \alpha$ となります†5。この式に、$z = \frac{\bar{X} - \mu}{\sqrt{\frac{\sigma^2}{n}}}$ を代入すると次式のようになります。

---

†5　ここでの $P(\ )$ は括弧内の条件を満たす確率(Probability)を表しています。$P(a \leq z \leq b)$ は「$a \leq z \leq b$（z が a 以上 b 以下）である確率」を意味します。

$$P\left(z_{\alpha/2} \leq \frac{\bar{x}-\mu}{\sqrt{\dfrac{\sigma^2}{n}}} \leq z_{(1-\alpha/2)} \right) = 1-\alpha$$

この ( ) 内の不等式を整理すると、

$$z_{\alpha/2}\sqrt{\frac{\sigma^2}{n}} \leq \bar{x}-\mu \leq z_{(1-\alpha/2)}\sqrt{\frac{\sigma^2}{n}}$$

となります。この式を変形すると、

$$|\bar{x}-\mu| \leq z_{(1-\alpha/2)}\sqrt{\frac{\sigma^2}{n}}$$

となります。左辺の $|\bar{x}-\mu|$ は標本平均と母平均との標本誤差の絶対値で、この値が右辺の $z_{(1-\alpha/2)}\sqrt{\frac{\sigma^2}{n}}$ の大きさ以下におさまっている確率が $(1-\alpha)$ であることを示しています。この誤差の絶対値の最大値を ε として、標本誤差の絶対値を ε 以下にしたいのであれば、

$$\varepsilon \geq z_{(1-\alpha/2)}\sqrt{\frac{\sigma^2}{n}}$$

となり、両辺を 2 乗して変形すると、式（4.1）が得られます。

$$n \geq \left(\frac{z_{(1-\alpha/2)}}{\varepsilon} \cdot \sigma \right)^2 \tag{4.1}$$

母分散が予測できるときは、σ^2 にその値を代入して、標本の大きさ n を算出します。通常は母分散が未知であるので、過去の類似の調査や予備調査の結果から推定された分散を利用します。

❖ 4.4.2　母比率を推測するときの標本の大きさの決め方[†6]

母比率 π と標本比率 p との標本誤差の絶対値 $|p-\pi|$ を ε 内におさめる確率を $(1-\alpha)$ にしたいときの標本の大きさ n は、

$$n \geq \frac{1}{4}\left(\frac{z_{(1-\alpha/2)}}{\varepsilon}\right)^2 \qquad (4.2)$$

で与えられます。ただし、$z_{(1-\alpha/2)}$ は、変数 z が標準正規分布に従うときの上側確率 $\frac{\alpha}{2}$ に対応する z の値になります。式（4.2）の導き方については例 6 のあとで解説します。

例 6） 新駅名を A 駅とするか B 駅とするかについて地域住民の意向を調査するため、A 駅か B 駅か二者択一で投票してもらうことにしました。A 駅に賛成する割合としての母比率 π と標本比率 p との標本誤差の絶対値 $|p-\pi|$ を ε 内におさめる確率を $(1-\alpha)$ にしたいとき、標本の大きさ n は式（4.2）から求めることができます。ここでは $\alpha=0.05$ とし、$|p-\pi|$ を ε 内におさめる確率を 0.95 と設定します。また、標本誤差の絶対値 $|p-\pi|$ を ± 0.02 におさえたいとして、$\varepsilon=0.02$ と設定します。標本の大きさ n をどの程度にすればよいでしょうか。

1）　$\alpha=0.05$ なので、$z_{(1-\alpha/2)}$ は標準正規分布表（巻末付録の数表 1）より $z_{(1-\alpha/2)}=1.96$ となります。

2）　式（4.2）に ε と $z_{(1-\alpha/2)}$ の値を代入すると、

$$n \geq \frac{1}{4}\left(\frac{z_{(1-\alpha/2)}}{\varepsilon}\right)^2 = \frac{1}{4}\left(\frac{1.96}{0.02}\right)^2 = 2401$$

となるので、2,401 人以上の地域住民を無作為抽出しなければならないことがわかります。

【式（4.2）の導き方】　ある事象が出現する確率を π（未知の母比率）として、確率試行を n 回行ったときに、その事象が出現する回数を x とすると、確率変

†6　統計学の知識が全くない場合は標本の大きさを求めるための式（4.2）と例だけを読んで、式（4.2）の導き方についての解説部分【式（4.2）の導き方】は飛ばしてもよいです。第Ⅱ部のデータ解析手法を読んでからここに戻ることを勧めます。

数 X は2項分布、

$$P(X=x)=\begin{pmatrix} n \\ x \end{pmatrix}\pi^{x}(1-\pi)^{n-x}$$

に従うことがわかっています。なお、$\begin{pmatrix} n \\ x \end{pmatrix}=\dfrac{n!}{x!(n-x)!}$ であり、$0!=1$ となります。2項分布の平均は $n\pi$、分散は $n\pi(1-\pi)$ です。2項分布は、n が大きければ、標本比率 $p=\dfrac{x}{n}$ の分布を、平均 π、分散 $\dfrac{\pi(1-\pi)}{n}$ の正規分布に近似することができます。つまり、$z=\dfrac{\frac{x}{n}-\pi}{\sqrt{\frac{\pi(1-\pi)}{n}}}$ を平均0、分散1の標準正規分布に近似することができます。したがって、ここからは式（4.1）と同様にして、式（4.2）に導くことができます。

$z=\dfrac{\frac{x}{n}-\pi}{\sqrt{\frac{\pi(1-\pi)}{n}}}$ の値が、下側確率 $\dfrac{\alpha}{2}$ に対応する $z_{\alpha/2}$ 以上、上側確率 $\dfrac{\alpha}{2}$ に対応する $z_{(1-\alpha/2)}$ 以下の範囲にある確率は $(1-\alpha)$ であるので、$P(z_{\alpha/2}\leq z\leq z_{(1-\alpha/2)})=1-\alpha$ と表せます[†7]。$z=\dfrac{\frac{x}{n}-\pi}{\sqrt{\frac{\pi(1-\pi)}{n}}}$ であることから、次式のように表せます。

$$P\left(z_{\alpha/2}\leq\frac{\frac{x}{n}-\pi}{\sqrt{\frac{\pi(1-\pi)}{n}}}\leq z_{(1-\alpha/2)}\right)=1-\alpha$$

上式の左辺の不等式の部分を、標本比率 $p=\dfrac{x}{n}$ と母比率 π との誤差について解くと、次のようになります。

$$P\left(z_{\alpha/2}\sqrt{\frac{\pi(1-\pi)}{n}}\leq\frac{x}{n}-\pi\leq z_{(1-\alpha/2)}\sqrt{\frac{\pi(1-\pi)}{n}}\right)=1-\alpha$$

さらに変形すると、次式のようになります。

$$P\left(\left|\frac{x}{n}-\pi\right|\leq z_{(1-\alpha/2)}\sqrt{\frac{\pi(1-\pi)}{n}}\right)=1-\alpha$$

†7　ここでの $P(\ )$ は括弧内の条件を満たす確率（Probability）を表しています。標本比率の p とは異なります。

このとき、標本比率 $p=\dfrac{x}{n}$ と母比率 π との標本誤差の絶対値 $\left|\dfrac{x}{n}-\pi\right|$ の最大値を ε とすれば、

$$\varepsilon \geq z_{(1-\alpha/2)}\sqrt{\frac{\pi(1-\pi)}{n}}$$

となるように n を求めなければなりません。そこで、両辺を 2 乗して変形していくと次式が得られます。

$$n \geq \left(\frac{z_{(1-\alpha/2)}}{\varepsilon}\right)^2 \pi(1-\pi) \tag{4.3}$$

母比率 π が予測できるときは式（4.3）にその値を代入して、標本の大きさ n を算出します。しかし、母比率が予測できないときには $\pi(1-\pi)$ が $\pi=\dfrac{1}{2}$ のときに最大となるので、式（4.3）に $\pi=\dfrac{1}{2}$ を代入すればよいことになります。なぜなら、$\pi(1-\pi)$ は下の式のように変形することができるからです。

$$\begin{aligned}\pi(1-\pi) &= \frac{1}{4}-\left(\frac{1}{4}-\pi+\pi^2\right)\\ &= \frac{1}{4}-\left(\frac{1}{2}-\pi\right)^2 \leq \frac{1}{4}\end{aligned}$$

したがって、母比率がわからないときは、$\pi=\dfrac{1}{2}$ を式（4.3）に代入して得られた以下の式（4.2）を用います。

$$n \geq \frac{1}{4}\left(\frac{z_{(1-\alpha/2)}}{\varepsilon}\right)^2 \tag{4.2}$$

4.5　G*Power を利用した標本の大きさの決め方[†8]

標本の大きさを決めるために、**G*Power** という検定力分析ソフトウェアが利用できます。ハインリッヒ・ハイネ大学（通称、デュッセルドルフ大学）の心理学科が無償で提供しているフリーウェアです。利用する統計的仮説検定の手法に

† 8　推測統計の知識がない場合は、本節はいったん飛ばして、第Ⅱ部のデータ解析手法を読んだあと、本節に戻ることを勧めます。

応じて、必要最小限の標本の大きさを求めることができます。この G*Power をダウンロードして標本の大きさを決める方法を紹介します。

① "G*Power" というキーワードで検索して、「G*Power - Universität Düsseldorf: Psychologie」という項目を選択すれば、ハインリッヒ・ハイネ大学（Heinrich-Heine-Universität Düsseldorf）の G*Power の Web ページに移れます。URL は以下のとおりです。
https://www.psychologie.hhu.de/arbeitsgruppen/allgemeine-psychologie-und-arbeitspsychologie/gpower

② 移動先の G*Power の Web ページをスクロールしていくと、ダウンロードの項目があるので、Windows 版または Mac 版を選択してダウンロードします（図 4.1）。ここでは、Windows 版を選んで、G*Power_3.1.9.7 版[†9]をダウンロードします。

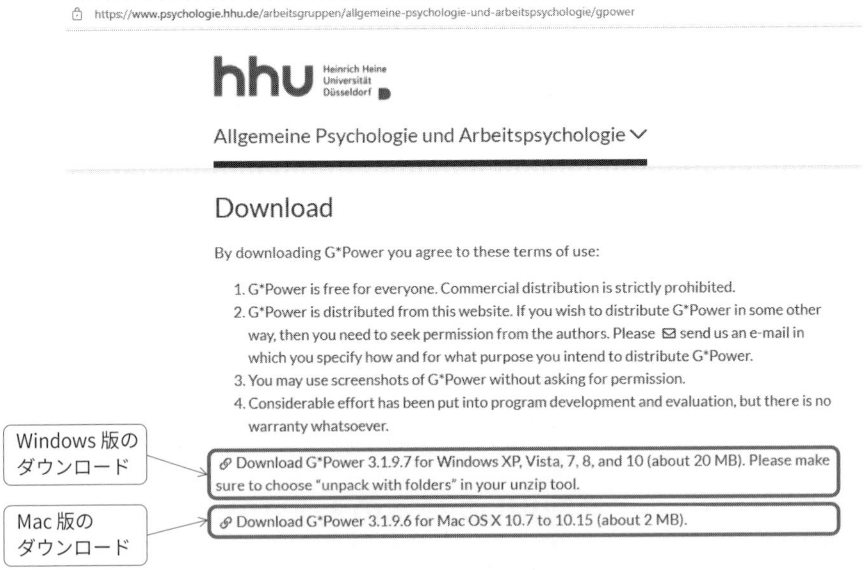

図 4.1　G*Power のダウンロード

† 9　2021 年 6 月 20 日現在のバージョン。

③　GPower_3.1.9.7 フォルダの中の GPowerSetup.msi（Windows インストーラパッケージ）をダブルクリックして、画面の指示に従ってインストールを実行します。インストール完了の画面がでてきたら、「Close」をクリックして終了します（図 4.2）。

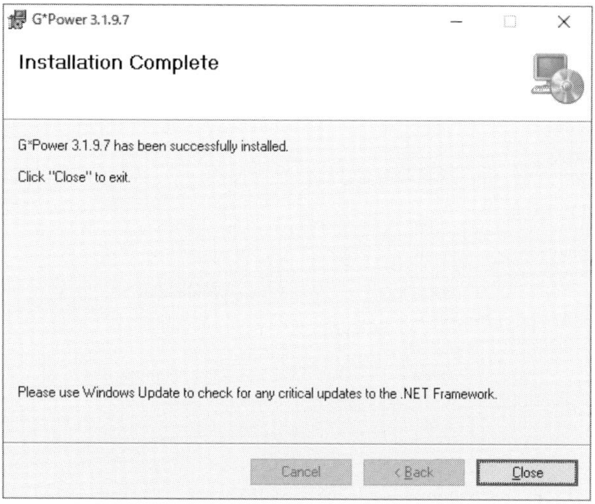

図 4.2　G*Power のインストール完了画面

④　デスクトップに G*Power のアイコン（図 4.3）ができるので、それをダブルクリックすると、初期画面が立ち上がります（図 4.4）。

図 4.3　G*Power アイコン

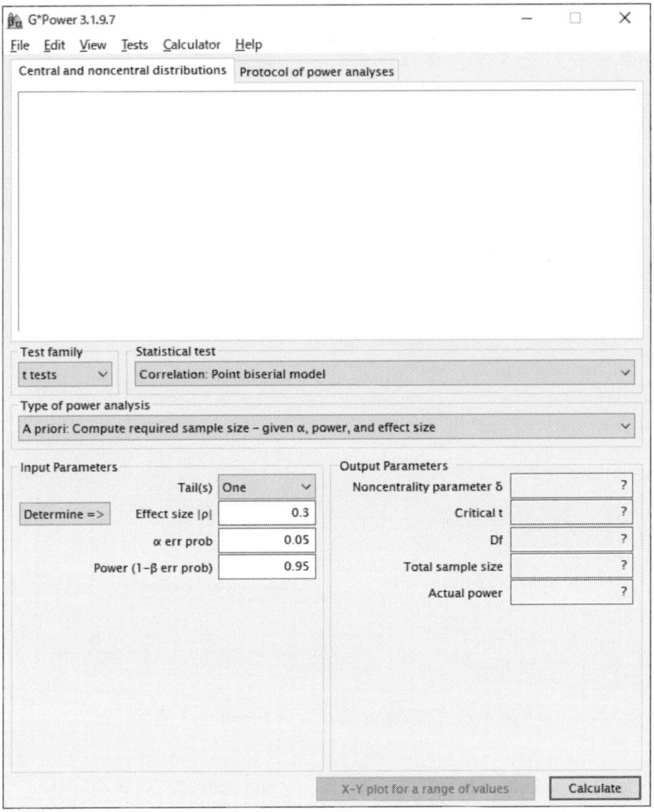

図 4.4　G*Power の初期画面

⑤　まず、どのような分析を行うかを指定します。ここでは、例として、独立な 2 群の平均値に差があるといえるかどうかについて t 検定を行うものとして進めます[†10]。そうであれば、「Test family[†11]」（検定族）についてはデフォルトのまま「t tests」（ティ検定）を選択し、「Statistical test」（統計的検定）においてはプルダウンメニューから「Means: Difference between two independent means（two groups）」（独立 2 群の平均値差）を選択します

† 10　詳しくは第 II 部のデータ解析手法を参照のこと。統計解析の知識がない人は、データ解析手法を学習してから、ここへ戻ってくることを勧めます。

† 11　分布型や分布のパラメタを問題としないノンパラメトリックな検定（Exact）にするのか、分布の型を仮定するパラメトリック検定にするのかを考えます。パラメトリック検定であれば、エフ分布、ティ分布、カイ二乗分布、正規分布のいずれを仮定するかによって、それぞれ「F tests」、「t tests」、「χ^2 tests」、「z tests」のいずれかを選びます。

（図 4.5）。

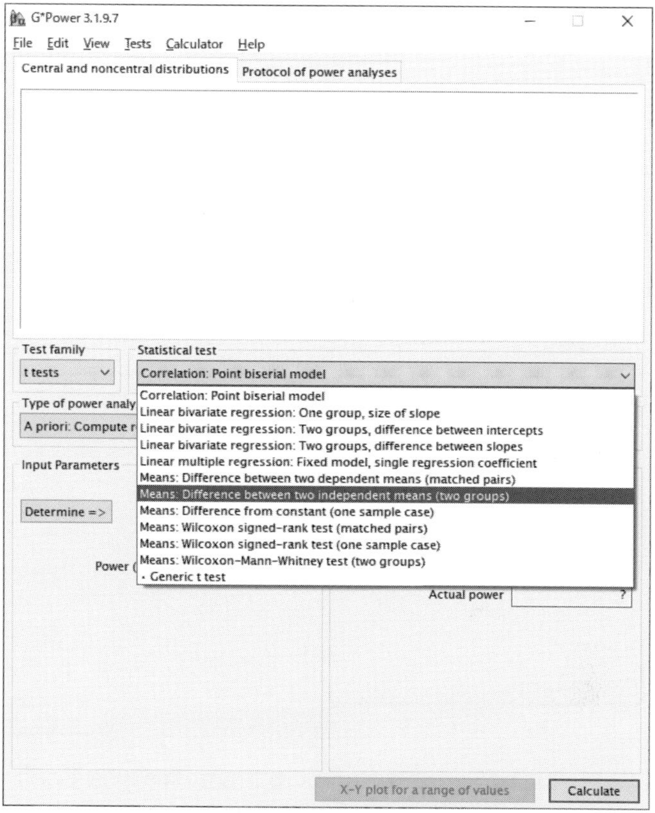

図 4.5　G*Power の “Statistical test” の選択肢

⑥「Type of power analysis」（検定力分析のタイプ）については、デフォルトの「A priori: Compute required sample size – given α, power, and effect size」（有意水準 α、検定力、効果量が与えられたときに、先験的に必要な標本の大きさの算出）を選択します（図 4.6）。

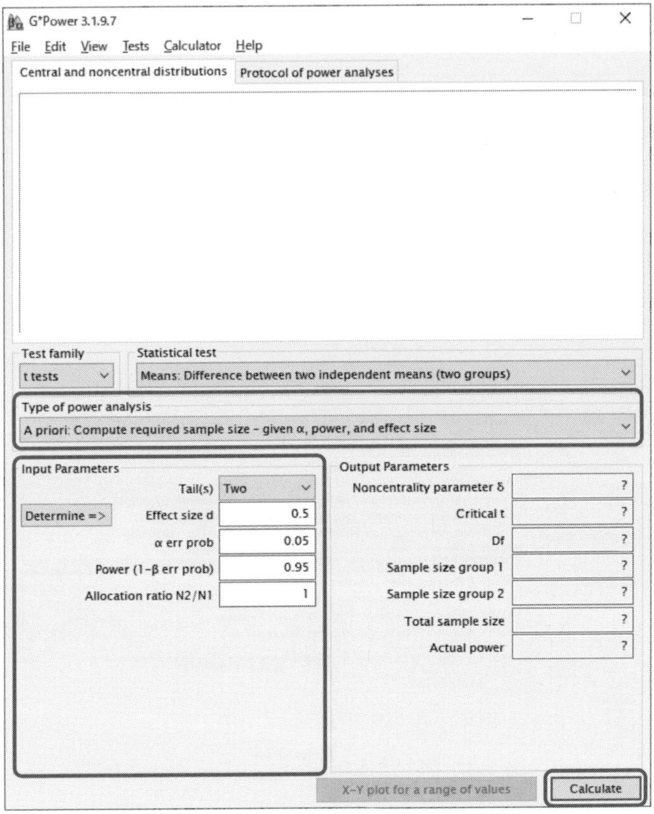

図4.6　G*Powerによる標本の大きさの算出のための設定（独立2群の平均値差の検定を行う場合）

⑦「Input Parameters」（入力パラメタ）を 1 つずつ決定していきます（図 4.6）。

a)　Tail(s)：片側検定か両側検定かを選択します。片側検定であれば「One」を、両側検定であれば「Two」をプルダウンメニューから選択します。ここでは、両側検定を想定して「Two」を選びました。

b)　Effect size d：効果量 d[† 12] の大きさを決めます。ここでは中程度の効果

† 12　独立 2 群の平均値差を検討する場合は d 族の効果量を用います。相関係数や分散の説明力を検討する場合は r 族の効果量を用います。効果量については、10.4 節を参照してください。

として、0.5 を用いることにします[†13]。

c）α err prob：第 1 種の過誤[†14]の確率 α を設定します。統計的仮説検定の手順において、合理的な棄却域を設定する際に用いられる有意水準 α と同じです。通常 0.05 にすることが多いので、ここでもデフォルト値の 0.05 に設定します。

d）Power（1-β err prob）：検定力（検出力）を設定します。第 2 種の過誤[†15]の確率 β は小さい方が望ましく、1 から β を引いた検定力 $(1-\beta)$ は大きい方が望ましいことになります。ここでもデフォルト値の 0.95 を設定することにします。

e）Allocation ratio N2/N1：2 群の標本の大きさの割り当て比を設定します。2 群の標本の大きさをそろえるなら、デフォルト値の 1 を設定します。

⑧　上記⑤～⑦の設定が完了して、右下の「Calculate」をクリックすると（図 4.6)、結果が出力されます（図 4.7)。「Sample size group 1」（群 1 の標本の大きさ）は 105、「Sample size group 2」（群 2 の標本の大きさ）も 105、「Total sample size」（2 群を合計した標本の大きさ）は 210 となりました。

ここでは、独立 2 群の平均値差の検定の場合に必要な標本の大きさを求めましたが、それ以外にもさまざまな統計的仮説検定に対して、必要な標本の大きさを算出してくれます。

---

† 13　独立 2 群の差の D 族の母効果量として、標準化された母平均の群間の差を表す標準化効果量 $\delta = \frac{\mu_1 - \mu_2}{\sigma}$（ただし、$\sigma$ は両群に共通の母標準偏差）を検討する場合、Cohen (1969) は効果量の大きさの目安として、$\delta = 0.2$ を小さな効果とし、$\delta = 0.5$ を中程度の効果とし、$\delta = 0.8$ を大きな効果としました。

† 14　10.1.1 項を参照のこと。

† 15　10.1.1 項を参照のこと。

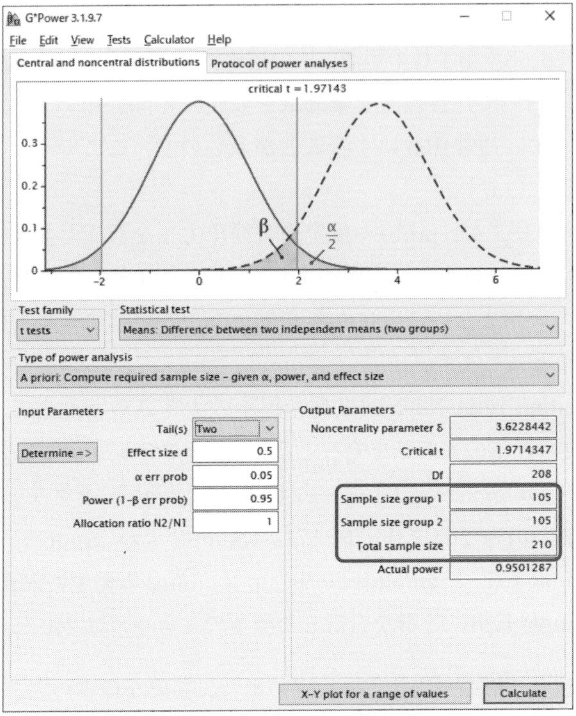

図 4.7　G*Power による標本の大きさの出力結果（独立 2 群の平均値差の検定を行う場合）

引用・参考文献

1）Cohen, J. (1969). *Statistical Power Analysis for the behavioral Sciences.* New York: Academic Press.

2）井上文夫ほか（1995）．よりよい社会調査をめざして　創元社　pp.75, 77–78.

3）石村貞夫（2006）．入門はじめての統計解析　東京図書　pp.128–131.

4）盛山和夫・近藤博之・岩永雅也（1992）．社会調査法（放送大学教材　53746-1-9211）放送大学教育振興会　p.93.

5）杉野勇（2008）．統計的調査のためのサンプリング　新睦人・盛山和夫（編著）社会調査ゼミナール　有斐閣　pp.106, 111–112.

6）鈴木達三・高橋宏一（1991）．標本抽出の計画と方法（放送大学教材　56503-1-9111）放送大学教育振興会　p.144, 156.

7）安河内恵子（2007）．サンプリングの考え方と方法　森岡清志（編著）ガイドブック 社会調査 第 2 版　日本評論社　pp.121–122.

第5章

調査の実施

納得のいく調査票ができ、適切な標本の大きさを算出し、母集団を代表する標本抽出が行われたなら、調査票の配付と回収方法を決め、いよいよ調査を実施します。しかし、どの方法で調査票を配付したとしても、対象者[†1]が調査に協力してくれなければ調査研究は進みません。

大学や研究所などの所属機関に倫理委員会が設けられている場合は、調査を実施する前に、調査計画書を委員会に提出し、まずは調査の実施について倫理委員会の承認を得る必要があります。承認が得られれば、調査計画書に則って、対象者に調査に関する説明を行います。そして、インフォームド・コンセント（説明に基づく同意）が得られた対象者に対して調査を実施することができます。

5.1 実施方法

調査票（質問紙）を用いた**データ収集法**（data collection method）には、対象者自身が回答を記入する**自記式（自計式）調査**と、調査員（調査者）が回答を聞き取って記入する**他記式（他計式）調査**の2種類があります。

自記式調査には、集合調査法、留め置き調査法、郵送調査法、インターネット調査法などの調査の実施方法があり、他記式調査には電話調査法、構造化面接法などがあります（篠原ほか，2010）。

どの実施方法を選ぶかは、経費や労力などのコスト、期待される調査票回収率、得られる個票（各個体の回答済調査票）の信頼度などを考慮して総合的に判断します（盛山ほか，1992）。

---

†1　調査対象となる個体は、人であったり、企業や組織であったりしますが、本章では、人を対象とし、調査対象者を単に「対象者」と呼ぶことにします。対象者は実際にその調査に回答する人で、悉皆調査であれば母集団全体であり、標本調査であれば標本抽出された人になります。

❖ 5.1.1　集合調査法

集合調査法（group administration）は、対象者を同時に同じ場所に集めて、調査を一斉に行う方法です。対象者が特定の地域の住民であったり、特定の施設の利用者であったり、特定の学校の児童・生徒であったり、地理的に限定された場所にいる場合に利用されます。

メリットは、1回の調査で多くの対象者に実施できることです。つまり、少ない調査員（調査者やその依頼を受けて調査を実施する人）で短時間に実施できることから対象者1人当たりの実施コストは低く抑えられます。学校や職場での調査であれば、回収率が高くなり、有効回答数も多くなります。また、回答のしかたや質問文の意味がわからなければ、対象者が調査員に直接きくことができるので、個票の信頼性も高まります。

デメリットは、調査会場や調査員の確保、対象者への連絡などの事前準備に手間がかかる点、回答時間に個人差があるにもかかわらず調査時間が決められている点、回答が調査会場の雰囲気や偶然の質問に影響されやすい点などがあります。

❖ 5.1.2　留め置き調査法

留め置き調査法（placement method）は、調査員が対象者の自宅などを訪れ、調査の趣旨や方法を説明して調査票を配付し、一定期間ののちに再度訪問して回収する方法です。配付から回収までに通常1〜2週間をあけ、回答者はその間に回答しておきます。調査員は回収時に対象者から質問を受けたり、記入漏れのチェックをしたりします。従来、国勢調査はこの方法で実施されていました（現在は、インターネット調査が中心で、紙の調査票を配付した場合も調査員による回収以外に、一部市町村を除いて郵送提出も可能になっています）。

メリットは、比較的高い回収率が見込まれる点、対象者の都合のよいときに、対象者のペースで回答ができる点、調査員が回答には立ち会わないのでプライバシーに関する質問項目に対しても回答が得られやすい点、調査票の留め置き期間が十分あれば書類を調べたり家族と相談したりしないと回答できない質問項目に対しても回答が得られやすい点などがあげられます。

デメリットは、1人の対象者に対して調査員が二度訪問するので経費や労力がかかる点、対象者本人が回答したという保証がない点、対象者自身が回答したとしても、対象者の周りの人の意見が回答に影響を与える可能性がある点などがあげられます。

❖ 5.1.3 郵送調査法

郵送調査法（mail survey, postal survey）は、対象者に調査票、返信用封筒、依頼状などを郵送し、一定期間の間に回答・返送してもらう方法です。調査票を郵送し、回収は調査員が訪問して行う場合を郵送回収調査法として、郵送調査法と区別することがあります。また、逆に調査票を調査員が訪問して渡し、回収を郵送で行う場合もあります。

メリットは、対象者が地理的に広範囲に分散している場合に低コストで調査を実施できる点、自宅に不在がちの対象者でも調査票を受け取ることができる点、無記名であれば匿名性が高いので、対象者のプライバシーが守られやすく本音を引き出しやすい点、また、留め置き調査法と同様、都合のよいときに自身のペースで回答ができる点、書類を調べたり家族と相談したりしないと回答できない質問項目に対しても回答が得られやすい点などがあげられます。

デメリットは、一般に回収率が低くなる点、実際に回収できるのは、調査内容に興味がある特定の人になり、回答者の属性に偏りが生じる可能性がある点、また、留め置き調査法と同様、対象者本人が回答したという保証がない点、対象者自身が回答したとしても、対象者の周りの人の意見が回答に影響を与える可能性がある点などがあげられます。

❖ 5.1.4 インターネット調査法

インターネット調査法（internet survey）は、オンライン調査法（online survey）や単にネット調査法などとも呼ばれていて、パソコンや携帯電話、スマートフォンなどを用いて、インターネットを通じて、調査者が調査票を提示し、対象者が回答を入力する方法です。インターネット調査法には電子メール調査法（electronic mail survey）やWeb調査法（web survey）などがあります。電子メール調査法は、調査票を対象者にメールまたはメールの添付ファイルで送ります。対象者は都合のよいときに回答を入力し、メールで返信します。Web調査法では、対象者がインターネットのWebページ上で質問項目に回答していく方法です。

平成27年度の国勢調査では、調査員が、インターネット用回答IDを配付し、全国的にインターネット調査法を展開しています。インターネット調査の期間終了後、インターネットでの回答がなかった世帯にのみ調査票を配付し、従来どおり留め置き調査法や郵送調査法を組み合わせて実施しています。

メリットは、インターネットが利用可能であれば、地理的、時間的制約がない点、したがって、多数の対象者に対して短期間で調査を実施でき、留め置き調査法や郵送調査法と同様、対象者の都合のよいときに、対象者のペースで回答ができる点、印刷費・郵送費および調査員の交通費・教育費が不要である点、対象者の不適切な回答にストップをかけたり修正を促す警告を示したりすることができ、結果的に個票の信頼性を高められる点、回答の回収・入力・集計などの作業を自動化することができ、さまざまな手間を省ける点、調査に動画や静止画、音声を高品質で組み込むことができる点などがあげられます。

デメリットは、対象者がインターネット利用の可能な人に限られる点、対象者になりすましが可能で、対象者本人かどうかの確認が困難である点、ディスプレイ上の画面については対象者のネット環境に依存するため、正しく表示されなかったり、送信できなかったりするなどのネットトラブルが生じる可能性がある点、個人情報が流出する危険性があるためセキュリティ対策を必要とする点などがあげられます。

インターネット調査会社に委託する場合は、各社に自主的にモニター登録した多数の人たちが対象者となるため、モニターの属性（例えば、性別、年代など）で層化を容易に行うことはできますが、想定している母集団からの適切な標本を抽出できているという保証がないので検討を要します。

❖ 5.1.5　電話調査法

電話調査法（telephone survey）は、調査員が対象者に電話をかけ、本人であることを確認し、調査依頼をして調査協力の承諾が得られれば、電話で質問を行います。対象者の回答を、調査員が記入する他記式調査です。

従来、標本抽出の台帳として電話帳を利用してランダムに対象者を選択していましたが、最近は、電話調査会社による調査では、コンピュータによってランダムに作られた固定電話の電話番号に自動的に電話をする**ランダム・デジット・ダイアリング法**（**RDD法**：Random Digit Dialing method）を用いることが多いようです（井上ほか, 1995）。電話帳を抽出台帳とする場合、電話帳に掲載されている世帯しか調査できませんが、RDD 法を用いれば電話帳に電話番号を掲載していない世帯も調査できます。

メリットは、対象者が地理的に分散していても、インターネット調査と同様、多数の対象者に対して短期間で調査を実施できる点、印刷費・郵送費および調査員の交通費が不要である点、双方向のコミュニケーションが可能なので、対象者からの質問や不適切な回答に調査員が対応できる点などがあげられます。

デメリットは、想定している母集団からの適切な標本を抽出できているという保証がない点、対象者になりすましが可能で、対象者本人かどうかの確認が困難である点、音声のみでのコミュニケーションであるため、質問量が多かったり質問が長過ぎたり複雑だったりすると聞き違いや誤解が起こりやすくなる点などがあげられます。

❖ 5.1.6 構造化面接法

心理学における面接（interview）は、「一定の場所において、人と人とが特定の目的をもって直接顔を合わせ、主として会話を通してその目的を達成しようとすることであり、目的によっては非言語的要素も加味される。」（中島ほか, 1999）と定義されています。面接法（interview method）は、臨床的面接法と調査的面接法の 2 つに大別されます。臨床的面接法は、クライエントの問題の解決に援助を与えることを目的としますが、調査的面接法は、何らかの現象を解明するためにデータを収集することを目的としています（松浦・西口, 2008）。ここでの面接は、目的から後者の調査的面接法になります。

また、面接法には、構造化の程度で、**構造化面接法**（structured interview）、**半構造化面接法**（semi-structured interview）、**非構造化面接法**（unstructured interview）の 3 つに分けることができます。構造化面接法は、調査に先立ってシナリオ（面接調査票）を作成し、調査者はシナリオに従って対象者に面接を行う方法です。半構造化面接法は、構造化面接と同様、シナリオを作成し、シナリオに従って面接を行いますが、対象者の状況や回答に応じて、質問を変更したり追加したりすることができる自由度があります。非構造化面接法では、シナリオは用意せず、大まかな質問事項はあっても、質問内容や質問順序は臨機応変に変更していき、対象者に自由に語ってもらう方法です。

調査的面接法としての構造化面接法は、調査員が面接者として、事前に作成した面接調査票に従って質問をし、対象者の回答を記入していく他記式調査です。

メリットは、直接、対象者本人であることを確認できる点、対面しているので複雑な質問が可能である点、電話調査と同様、双方向のコミュニケーションが可能なので、対象者からの質問や不適切な回答に調査員が対応できる点、シナリオに従って調査を進めるので、調査員による影響は少ない点などがあげられます。

デメリットは、対象者が多ければ調査員も多く必要で、そのトレーニングや交通費、謝金などの費用がかかる点、調査者と対面しているので、収入・貯蓄や思想信条、性的行動などのプライバシーに関わる質問に対しては建前的な回答になりやすい点などがあげられます。

5.2　予備調査

調査票を作成し、実施計画が練られたうえで、目的の調査（**本調査**）を実施する前に、小規模の**予備調査**（pilot survey）を行って、調査方法や調査内容に問題がないかを確認することが望まれます。調査の対象者の中からごく少数でも予備調査を実施できるとよいのですが、それが難しい場合も、調査票を作成した当事者や調査メンバー以外の第三者を対象にして予備調査を実施し、調査の手順や、調査項目の質問文と回答形式・選択肢などに問題がないか、調べたいことが調べられる調査となっているのかを確認します。目的と照らし合わせて、不要な項目を削除し、不足する項目を加え、質問文や選択肢が意図した意味に捉えられていなければ修正し、質問の順序が論理的で心理的に自然な流れになっていなければ適切な順に構成し直します。書式やレイアウトがわかりやすいものか、調査項目の量が適切かなども確認します。

5.3　本調査

予備調査の結果を踏まえて、調査方法や調査内容を改善したのち、本調査を実施します。

調査の実施にあたっては、対象者の**インフォームド・コンセント**（informed consent）が必要です。調査者は、対象者が調査に協力するかしないかを判断するための材料を提供しなければなりません。対象者はそれらに基づいて、協力するか否かの判断をします。

調査主体である調査者以外に、別途調査員を養成して調査を実施する場合は、調査員の教育や調査マニュアルの作成が事前に必要です。それらによって、実施のしかたを統一し、調査員の言動が対象者の回答に影響を与えないように留意すべき点や遵守すべき倫理規程、倫理ガイドラインを明らかにしなければなりません。

5.4　インフォームド・コンセント

調査におけるインフォームド・コンセントとは、対象者が、調査に協力するか否かについて判断ができる情報の提供と説明を受け、納得して調査協力に同意することです。対象者への説明が十分になされているか、倫理規定などに違反していないかをチェックする必要があります。対象者には、依頼書や説明書といった書面をもって、説明者が口頭で説明します。なお、調査者が対象者に提供すべき情報には次のようなものがあります。

①　調査内容に関する情報：調査の目的・背景・概略など。

②　調査対象者として選ばれた理由：標本抽出の方法や抽出に使用した名簿など。

③　調査者に関する情報：調査者の氏名・所属・連絡先など。

④　データの取扱いに関する情報：プライバシー・個人情報・人権などがどのように保護されているかの具体的な情報。例えば、統計的な処理を行い、個人が特定されない形で分析をすることなど。

⑤　調査結果の報告・公表に関する情報：調査の結果をどのような形で対象者

にフィードバックするのか、どのように公表するのかなど。

⑥　データの保管に関する情報：保管方法や保管期間、廃棄方法の設定など。紛失、漏洩、取り違えなどを防ぐために、紙媒体によるデータの保管には施錠できる場所を利用し、電子媒体による保管の場合にはアクセスできる者を限定していることなど。

⑦　調査への助成に関する情報：調査を助成する機関があれば、助成機関名と助成内容など。

⑧　謝礼・謝品に関する情報：謝礼・謝品の有無。ある場合はその内容など（鈴木, 2011）。

⑨　調査協力によるベネフィットとリスクに関する情報：ベネフィットとしては、調査協力で得られる有用な知識やフィードバック情報、謝礼・謝品など。リスクとしては、プライバシーに立ち入られたり、不快にさせられたりする質問がある可能性など。

⑩　倫理性の審査に関する情報：倫理審査の承認を得ていることなど。

⑪　対象者の権利に関する情報：調査に協力するかしないかは対象者自身の判断に委ねられていること、自由意思による同意と同意撤回の自由、同意撤回の方法・時期など。

上記のような情報が提供され、対象者が説明を理解したうえで、調査（研究）への参加に同意をすれば、同意書の記入（入力）をお願いします。図5.1は同意書のフォーマットの一例です。

また、図5.2と図5.3はそれぞれ英文での説明書と同意書の例です。

同意書

〇〇大学大学院〇〇研究科
□□　□□　殿

　私は、「◇◇◇◇に関する研究」について、別紙の調査依頼書をもとに説明者から、以下の内容について説明を受けました。

理解した項目の□にチェック（✓）を入れてください。

□　1.　研究の背景や目的について
□　2.　研究の対象となる方について
⋮
⋮
⋮
□　11.　自由意思による同意と同意撤回の自由、同意撤回の方法・時期について

上記チェック項目について理解し、納得しましたので、本研究への参加に同意します。

【研究参加者署名欄】
同意日：　　　　年　　　月　　　日
参加者署名：

【説明者署名欄】
説明日：　　　　年　　　月　　　日
説明者署名：

研究代表者
〇〇大学大学院〇〇研究科
（役職）（氏名）
連絡先：〇〇大学大学院〇〇研究科〇〇研究室
電話：　　　　　　　e-mail：

図 5.1　同意書のフォーマット例

THE SURVEY OF OPINIONS REGARDING HIGHLY AUTOMATED TRAINS
PARTICIPANT INFORMATION SHEET

You are being invited to take part in research on opinions regarding automated trains. Keiko KIOKA, associate professor at Toyo University in Japan is leading this research. Before you decide to take part it is important you understand why the research is being conducted and what it will involve. Please take time to read the following information carefully.

What is the purpose of the study?

The purpose of the study is to expose to what extent passengers accept highly automated trains.

Are there any risks associated with taking part?

There are no significant risks associated with participation.

Do I have to take part?

No – it is entirely up to you. If you do decide to take part, please complete the Informed Consent Form to show that you understand your rights in relation to the research, and that you are happy to participate. If you start the survey, you can always change your mind and stop at any time. A decision to withdraw, or not to take part, will not affect you in any way.

What will happen if I decide to take part?

You will be asked a number of questions regarding automated trains. The questionnaire will take place in a safe environment at a time that is convenient to you. The questionnaire should take around 10 minutes to complete.

Data Protection and Confidentiality

Your data will be processed in accordance with the General Data Protection Regulation 2016 (GDPR) and the Data Protection Act 2018. All information collected about you will be kept strictly confidential. Your data will only be viewed by the research team. All electronic data will be stored on a password-protected computer file. The lead researcher will take responsibility for data destruction and all collected data will be destroyed on or before 30th of April, 2025.

What will happen with the results of this study?

The results of this study may be summarised in published articles, reports and presentations. Quotes or key findings will always be made anonymous in any formal outputs.

Keiko KIOKA
Associate Professor
Department of Information Sciences and Arts
Faculty of Information Sciences and Arts
Toyo University
Email:

図 5.2 「鉄道における高度な自動運転に関する意識調査」の説明書（英文）

Informed Consent to Participate in Research:
THE SURVEY OF OPINIONS REGARDING HIGHLY AUTOMATED TRAINS

You are invited to take part in this research study for the purpose of collecting data on opinions regarding automated trains.

Before you decide to take part, you must **read the accompanying Participant Information Sheet**.

If you are happy to participate, please confirm your consent by circling YES against each of the below statements and then signing and dating the form as participant.

1	**I confirm that I have read and understood the Participant Information Sheet for the above study**	**YES**	**NO**
2	**I understand my participation is voluntary and that I am free to withdraw at any time, without giving a reason.**	**YES**	**NO**
3	**I understand that all the information I provide will be held securely and treated confidentially**	**YES**	**NO**
4	**I am happy for the information I provide to be used anonymously in academic papers and other formal research outputs**	**YES**	**NO**
5	**I agree to take part in the above study**	**YES**	**NO**

Thank you for your participation in this study. Your help is very much appreciated.

Participant's Name	**Date**	**Signature**
Researcher	**Date**	**Signature**

図 5.3 「鉄道における高度な自動運転に関する意識調査」への参加同意書（英文）

5.5　個人情報の保護

個人情報保護法第 2 条第 1 項第 1 号では、「『個人情報』とは、生存する個人に関する情報であって、当該情報に含まれる氏名、生年月日その他の記述等により特定の個人を識別することができるもの」と定義されています。個人情報保護委員会による**個人情報保護法ガイドライン**（通則編）（個人情報保護委員会，2021）によると、「個人情報に該当する事例」として、以下の 7 つの事例があげられています。

事例 1） 本人の氏名

事例 2） 生年月日、連絡先（住所・居所・電話番号・メールアドレス）、会社における職位又は所属に関する情報について、それらと本人の氏名を組み合わせた情報

事例 3） 防犯カメラに記録された情報等本人が判別できる映像情報

事例 4） 本人の氏名が含まれる等の理由により、特定の個人を識別できる音声録音情報

事例 5） 特定の個人を識別できるメールアドレス（kojin_ichiro@example.com 等のようにメールアドレスだけの情報の場合であっても、example 社に所属するコジンイチロウのメールアドレスであることが分かるような場合等）

事例 6） 個人情報を取得後に当該情報に付加された個人に関する情報（取得時に生存する特定の個人を識別することができなかったとしても、取得後、新たな情報が付加され、又は照合された結果、生存する特定の個人を識別できる場合は、その時点で個人情報に該当する。）

事例 7） 官報、電話帳、職員録、法定開示書類（有価証券報告書等）、新聞、ホームページ、SNS（ソーシャル・ネットワーク・サービス）等で公にされている特定の個人を識別できる情報

調査者が、個人情報保護法に基づく義務を負う**個人情報取扱事業者**[†2]に相当しない場合であっても、個人情報保護法の観点から、個人情報を取得する際には、以下の①～④が基本的なルールとなります（経済産業省，2015）。

① 利用目的の特定

② 利用目的の範囲内での取扱い

③ 適正な方法での個人情報の取得

④ 利用目的の通知・公表等

調査の場合は、3.1 節の「調査票の構成」において調査票の表紙例で示したように、表紙に利用目的と、その範囲内で個人情報を取り扱うことを明記し、本人の同意を得て個人情報（調査票への回答）を取得することで①～④のルールを守れます。

5.6　データの管理

収集されたデータは、安全に管理されなければなりません。秘密を守ることが基本で、データは人目に触れない安全な場所に保管されなければなりません。

個人情報保護法では、取り扱う個人情報が「**個人データ**」に該当する場合には、「安全管理措置」を実施することが必要になります。「個人データ」とは、個人情報のうち、紙媒体、電子媒体を問わず、特定の個人情報を検索できるように体系的に構成したもの（個人情報データベース等）に含まれる個人情報のことをいい、安全管理措置には、「組織的」、「人的」、「物理的」、「技術的」の４つの側面があります（経済産業省，2015）。

---

†2　「個人情報取扱事業者」とは、個人情報データベース等を事業の用に供している者（個人情報保護法第２条５項）のことをいいます。情報処理やソフトウェア開発等をしている会社ばかりが対象ではなく、例えば、次のような個人情報データベースを業務に使っている会社は「個人情報取扱事業者」となります。

・メールソフトのアドレス帳、仕事で使う携帯電話の電話帳、ソフトウェア等でリスト化された従業者や顧客台帳

・五十音順に整理し、インデックスを付してファイルしている登録カード

法人に限定されず、営利か非営利かも問われないため、個人事業主やNPO・自治会等の非営利組織であっても、「個人情報取扱事業者」となります。ただし、例外規定があり、学術研究機関等が学術研究の用に供する目的で個人情報を取り扱う場合は、義務規定の適用除外となります（経済産業省，2015）。

調査者や調査員を含む調査関係者に対しても同様の安全管理措置が求められるべきでしょう。

(1) 組織的安全管理措置

例えば、安全管理措置に関する規程等を整備し、それに従った運用をします。データ管理の責任者を決め、データの保管場所、保管期間、廃棄の手続き、管理責任者の設置、管理簿による一元管理などが求められます。

(2) 人的安全管理措置

例えば、関係者に対して内部規程等の周知・教育・訓練などを行います。個人情報を流出させないこと、利用目的以外には使用しないことなど周知徹底させる必要があります。個人データの取扱いを委託する場合は、委託先の監督を適切に行わなければなりません。

(3) 物理的安全管理措置

例えば、個人データを取り扱う業務は、入退室管理を実施している物理的に保護された室内に限定します。回答済みの調査票は、施錠できる保管庫に保管します。

(4) 技術的安全管理措置

例えば、必要最小限の調査関係者しか回答を扱わないようにし、ID・パスワードを個人認証やアクセス許可に利用し、データへのアクセス権限を管理します。また、不正ソフトウェア対策として、ウイルス対策ソフトウェアなどを導入します。

5.7　プライバシーの保護

プライバシーには、「個人や家庭内の私事・私生活。個人の秘密。また、それが他人から干渉・侵害を受けない権利。」（小学館　大辞泉）という意味があります。

社会調査士および専門社会調査士資格の認定を行っている一般社団法人**社会調査協会**では、**倫理規程**を定め、以下のように、その第5条に「調査対象者のプライバシーの保護」を謳っています。

- 第５条　会員は、調査対象者の**プライバシーの保護**を最大限尊重し、調査対象者との信頼関係の構築・維持に努めなければならない。社会調査に協力したことによって調査対象者が不利益を被ることがないよう、適切な予防策を講じなければならない。

  http://jasr.or.jp/jasr/documents/rinrikitei.pdf

例えば、年収や貯蓄額、飲酒量や喫煙の有無などについて知られたくない人は少なくないでしょうし、いじめや性に関する調査項目にはなかなか回答しにくいものがあります。このような他人には知られたくない、回答しづらい項目はプライバシーに関わるため、不可欠というわけでなければ極力削除します。

また、プライバシーに関わる項目には「差し支えなければお答えください。」という一言を加えたり、インフォームド・コンセントを得るための説明の中で、回答するかしないかの選択権が対象者にあることを知らせたりします。

5.8　匿名性の保障

調査結果の公表に際しては、調査に協力した回答者に不利益が生じないよう、また、個人情報やプライバシーの保護の観点からも、**匿名性**を保障する必要があります。

そのためには、回答を求める際に無記名にすることが原則です。しかし、パネル調査のように、同一の対象者に継続的に複数回の調査協力を求める場合などには、記名回答にならざるをえないことがあります。その場合には、あらかじめ、調査票の表紙に「回答していただいた内容は統計上の処理を行い、個人が特定できる形で公表することはございません。」(3.1.1 項「表紙」参照) などと、公表の際にどのように匿名性が保障されるかについて明記する必要があります。

また、自由回答の公表に際しては、回答者の言葉をそのまま公表するのではなく、**デモグラフィックな情報**（例えば、性別や年齢、住所、職業、勤務場所、家族）など個人を特定されかねない情報は削除したり、主旨だけを抽出して公表したりするなど、回答者が不利益を被ることがないように細心の注意を払います。特に回答者が少ない場合は注意を要します。

引用・参考文献

1） 井上文夫・井上和子・小野能文・西垣悦代（1995）．よりよい社会調査をめざして　創元社.

2） 経済産業省（2015）．「個人情報」の「取扱いのルール」　経済産業省　Retrieved from http://www.meti.go.jp/policy/it_policy/privacy/downloadfiles/01kaiseikojinjohopamphlet.pdf（2017年7月9日）（現在、以下のURLで閲覧できます。https://warp.da.ndl.go.jp/info:ndljp/pid/11488271/www.city.higashimurayama.tokyo.jp/faq/kurashi/shiminkatsudo/jichikai/jitikai_meibo.files/01kaiseikojinjohopamphlet.pdf（2021年10月3日））

3） 個人情報保護委員会（2021）．個人情報の保護に関する法律についてのガイドライン（通則編）個人情報保護委員会　Retrieved from https://www.ppc.go.jp/files/pdf/210101_guidlines01.pdf（2021年10月3日）

4） 松浦均・西口利文（編）（2008）．観察法・調査的面接法の進め方　ナカニシヤ出版　pp.49-51.

5） 中島義明・安藤清志・子安増生・坂野雄二・繁桝算男・立花政夫・箱田裕司（編）（1999）．心理学辞典　有斐閣.

6） 盛山和夫・近藤博之・岩永雅也（1992）．社会調査法（放送大学教材 53746-1-9211）　放送大学教育振興会.

7） 篠原清夫・清水強志・榎本環・大矢根淳（編著）（2010）．社会調査の基礎－社会調査士A・B・C・D科目対応　弘文堂.

8） 鈴木淳子（2011）．質問紙デザインの技法　ナカニシヤ出版　p.80.

第 II 部

データ解析手法

第6章

データ入力と集計

調査票の回収が終わると、回収した調査票を点検し、データを入力し、さらにデータを整斉してから集計を行います。

3.3 節で紹介した「Google フォームによる Web 調査」であれば、データ入力は省略できます。Google アプリのスプレッドシートに回答が自動的に入力されるので、それを、Excel ファイル形式でダウンロードすれば、データの集計や分析が容易に行えるようになります。しかし、データ入力が済めばすぐに集計や統計解析に入れるわけではありません。自動入力後であっても、データの確認・整斉を行う必要があります。データが整えられてはじめて集計や統計解析に進めます。

ここでは、表計算ソフトとして一般によく利用されている Excel を使ってデータ入力・整斉を行ったうえで、集計を行います。なお、本章では Excel 2016 を使用しています。

6.1 データ入力

データ入力の基本は、調査票の回答を忠実に入力することです。しかし、回収された調査票には、回答者の誤解や調査員の誤り、調査票の不備などにより、さまざまな**非標本誤差**が含まれることがあります。そのため、データ入力の前に、回収した回答済み調査票が有効なものかを点検し、記入漏れや不完全な回答があれば必要に応じて再調査を行ったり、調査員に確認したり、削除したりすることがあります。そして、有効な回答済み調査票のみを入力します。

❖ 6.1.1 回答済み調査票の点検・整備

(1) 編集・修正作業

まず、回答済み調査票を 1 票ずつ点検していきます。この点検による編集・修正作業を**エディティング**（editing、検票）といいます。点検項目としては以下のようなものがあります。

- 無記入が多い調査票や、実質的な回答がなされていない調査票は無効票として取り除きます。1つの調査票に含まれる無効回答数が少なければ、該当項目のみ欠損値として処理し、有効な調査票として扱えます。どの程度の無効回答があれば調査票全体を無効票として取り除くかをあらかじめ決めておくとよいでしょう。
- すべて同じ番号の選択肢を選んでいるような規則性のある回答済みの調査票などでは、常識的に矛盾が生じていることを確認できれば、取り除きます。
- 論理的に矛盾する回答を検出し、該当する問いに答えられる人に問い合わせをして訂正したり、論理エラーによる欠損値として扱ったりします。例えば、通勤・通学時の交通手段に関する問い（複数回答可）において、「徒歩のみ」と「鉄道・電車」の組み合わせで選んだ場合や、本人の年収が世帯の年収よりも高い場合は論理エラーといえます。
- 調査対象者を限定している場合には、条件に該当しない調査票を取り除きます。スクリーニング項目を用意していれば、その回答を確認します。
- 誤字、脱字、記入ミスについては明らかなものは修正することもありますが、回答者の意図が調査者に伝わっていないだけのこともあるので、原則的には回答者の回答を尊重します。
- 入力者が入力時に困らないように、判読しにくい文字は、判読後の文字を読みやすく併記しておくとよいでしょう。

(2) 通し番号の付与

有効な調査票だけを残し、それらにIDを付与する意味で、通し番号をつけていきます。この作業を**ナンバリング**（**numbering**）といいます。そうすることで、無記名の調査票であっても、調査票の匿名性を確保しつつ、有効な調査票を1票ずつ識別できるので、入力データとの対応付けができます。入力ミスの確認などが必要なときに役立ちます。また、有効な調査票の数を確認することができるので、この時点で有効回答票数を求めることができます。

(3) コード化作業

文字情報での選択肢や自由記述の回答をそのまま文字で入力するよりも、それそれの選択肢や自由記述の分類ごとに数値や記号をコードとして割り当てて入力した方が労力を減らし、その後の分析も容易になることがあります。このように非数量的な回答を数値や記号に割り当てたり、連続量をいくつかの範囲に区切って分類し、各カテゴリーに数値や記号を割り当てたりすることを**コーディング**（**coding**）といいます。

例えば、学歴に関する質問項目の選択肢として「中学校卒業相当」、「高等学校卒業相当」、「大学卒業・大学院修了相当」の3つを用意していた場合、それぞれを文字で入力するよりも、「中学校卒業相当」を1、「高等学校卒業相当」を2、「大学卒業・大学院修了相当」を3として割り当てて入力する方が労力を減らすことができます。使用する統計解析ソフトウェアによっては、文字データを数値化しないと解析ができないものがあるので、そのような場合には数値化が必須になります。

また、例えば、高校生の1日のスマートフォンでのアプリケーションソフトウェア（アプリ）の利用時間を、連続量として回答を求めた場合であっても、1時間未満、1～3時間未満、3～6時間未満、6～9時間未満、9～12時間未満、12～15時間未満、15時間以上などと区切ってそれぞれ、1、2、3、4、5、6、7と数値を割り当てることがあります。

回答と数値や記号との対応付けをコーディングルールといいます。なお、調査実施後のコーディングを**アフター・コーディング**（**after coding**）と呼び、調査実施前の調査票の作成段階でのコーディングを**プリ・コーディング**（**pre-coding**）と呼びます。

❖ 6.1.2 入力方法

エディティング、ナンバリング、コーディングの作業を終え、調査票が整備されたところで、データ入力作業になります。データ入力は、身近な表計算ソフトウェアを用いて行います。Excelがパソコン上にインストールされていれば、Excelによる入力をお勧めします。Excelで入力しておけば、集計や簡単な統計解析ができますし、Excel以外のソフトウェアで統計解析を行う場合でも、多くの場合は、Excelファイルをそれぞれのソフトウェアに合った形式に変換することが可能です。

(1) 一般的なデータ入力形式

入力は整備された調査票に従って、忠実に入力していきます。図 6.1 のように、原則として、1 行目に変数名（質問項目内容）を入力し、2 行目から 1 行ずつ 1 調査票（1 人）分の回答を、変数に対応させて入力していきます。通常、通し番号順に入力します。図 6.2 は Excel を利用したときの画面です。

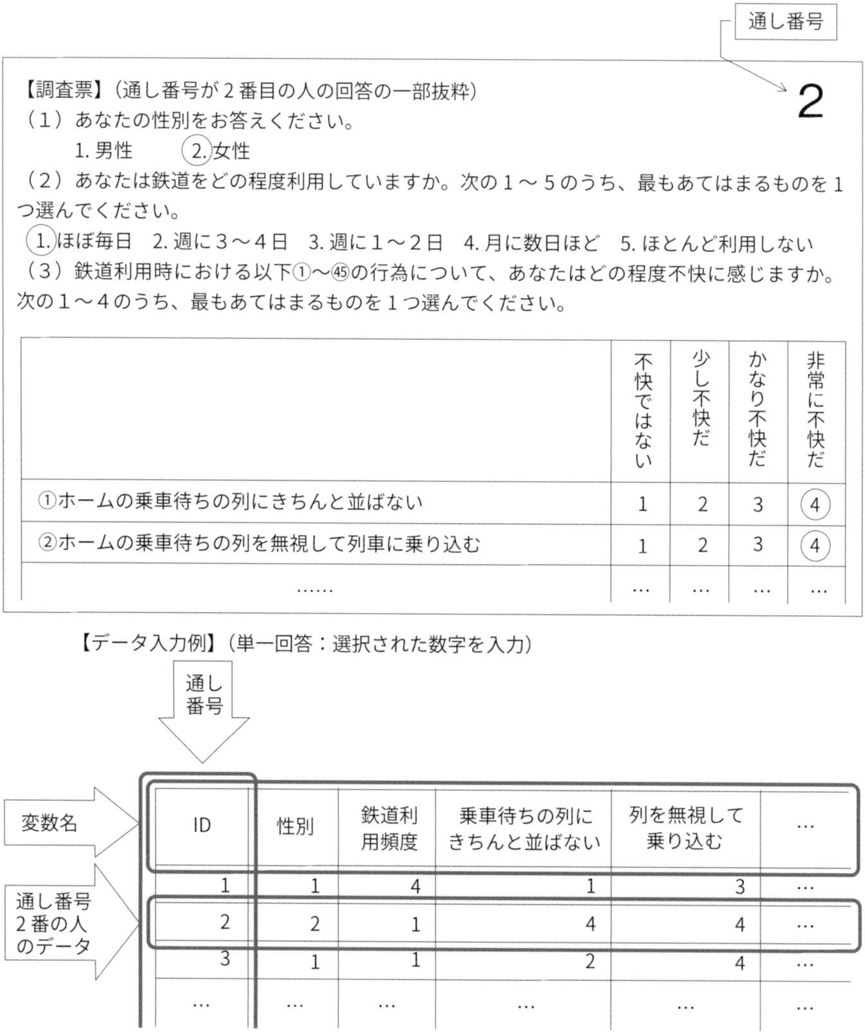

【調査票】（通し番号が 2 番目の人の回答の一部抜粋）　2

（1）あなたの性別をお答えください。

1. 男性　　2. 女性

（2）あなたは鉄道をどの程度利用していますか。次の 1 ～ 5 のうち、最もあてはまるものを 1 つ選んでください。

1. ほぼ毎日　2. 週に 3 ～ 4 日　3. 週に 1 ～ 2 日　4. 月に数日ほど　5. ほとんど利用しない

（3）鉄道利用時における以下①～㊺の行為について、あなたはどの程度不快に感じますか。次の 1 ～ 4 のうち、最もあてはまるものを 1 つ選んでください。

	不快ではない	少し不快だ	かなり不快だ	非常に不快だ
①ホームの乗車待ちの列にきちんと並ばない	1	2	3	4
②ホームの乗車待ちの列を無視して列車に乗り込む	1	2	3	4
……	…	…	…	…

【データ入力例】（単一回答：選択された数字を入力）

ID	性別	鉄道利用頻度	乗車待ちの列にきちんと並ばない	列を無視して乗り込む	…
1	1	4	1	3	…
2	2	1	4	4	…
3	1	1	2	4	…
…	…	…	…	…	…

図 6.1　調査票（一部抜粋）とデータ入力例（単一回答の場合）

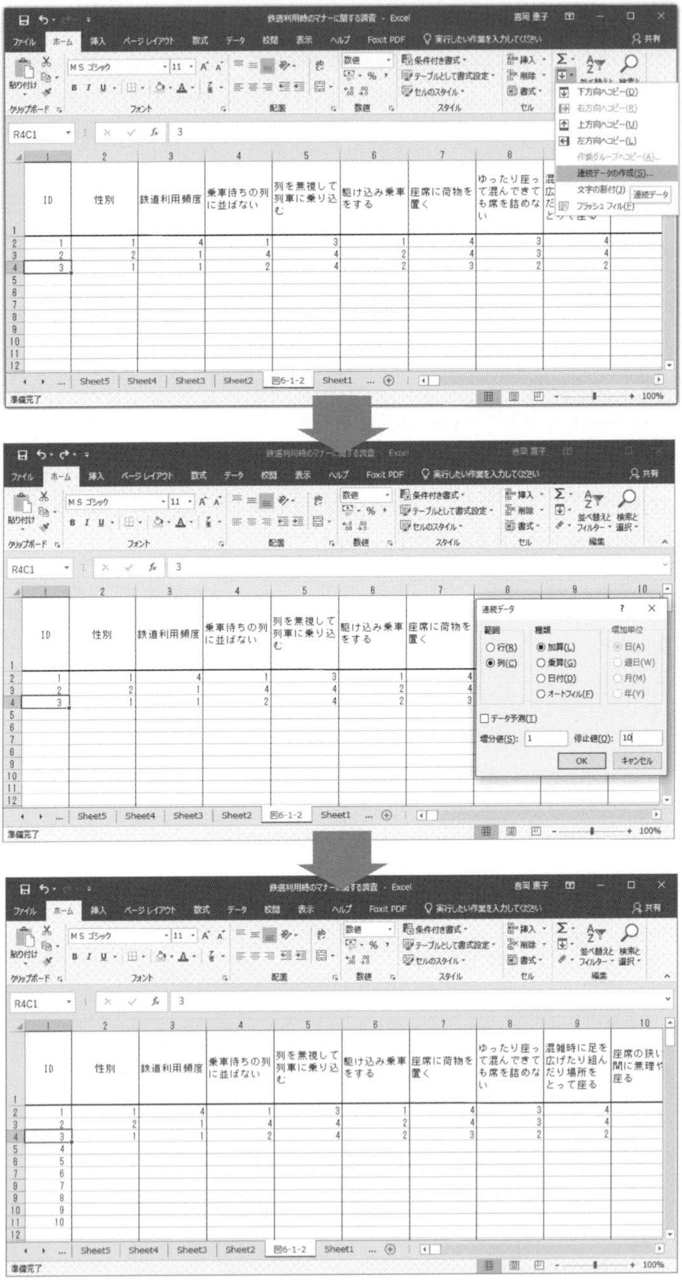

図 6.2　Excel でのデータ入力画面（一部抜粋）

入力の際には、1列目に通し番号をあらかじめ入力しておくとよいでしょう。1行1列目のセルに「ID（通し番号）」などと変数名を入力し、その下（2行1列目）に1から有効回答票数分、Excelのオートフィルオプションの連続データの作成機能を用いて入力します。その後、IDに対応する調査票ごとに1行分ずつ、変数（質問項目）順に回答を左から右に入力していきます。

1から有効回答票数までの整数を1列に並べるには、フィル機能を使用することもできます。図6.2（上）では、4行1列のセルを選んで（クリックして）アクティブにし、「ホーム」タブの「フィル」ボタンをクリックしてプルダウンメニューから「連続データの作成」を選びます。「連続データ」ダイアログボックスが表示されますので（図6.2（中））、「範囲」を「列」にし、「停止値」に有効回答票数を入力します（ここでは「10」を入力しています）。そのほかはデフォルトどおりで、「種類」は「加算」、「増分値」は「1」になります。「OK」をクリックすると、図6.2（下）のように1列目にIDとして、10までの番号が振られます。

1つの質問項目につき1つの回答を求める単一回答方式の場合、変数名と回答が1対1で対応するので問題ありませんが、複数回答可の質問項目については、図6.3のように選択肢すべてを変数名として列挙し、選ばれている選択肢に「1」を、選ばれていない選択肢に「0」を入力すると分析しやすくなります。また、選択肢の中から上位3位まで選択するような場合は、図6.4のように選択肢すべてを変数名として列挙し、選ばれた選択肢には順位を入力し、選ばれなかった選択肢には「0」を入力します。

データ入力においても、入力ミスにより、**非標本誤差**が入りうることがあります。入力ミスを減らす方法の1つとして、Excelの「データ」タブにある「データの入力規則」の利用があげられます。データの範囲を設定することができ、範囲外のデータを入力した場合には警告音とともに、データが入力規則の制限を満たしていないこと、すなわち範囲外の値であることを示す警告メッセージが表示されます。

【調査票】（通し番号が2番目の人の回答の一部抜粋）
（4）どのような旅行をしたいですか。あてはまるものすべてにチェック☑してください。
☑鉄道に乗る　☑名所旧跡を巡る　☑温泉でくつろぐ　□自然を満喫する
□アウトドア・スポーツを体験する　□遊園地・テーマパークに行く
□水族館・動物園（サファリパーク）に行く　□芸術鑑賞をする　□イベント・祭りに行く
☑その他（食べ歩き　　　　　　　　　　）

【データ入力例】（複数回答：選択肢をすべて変数として入力し、チェックのある項目に「1」を、チェックのない項目に「0」を入力）

ID	性別	鉄道利用頻度	…	鉄道	名所旧跡	温泉	自然	アウトドア・スポーツ	遊園地・テーマパーク	水族館・動物園	芸術鑑賞	イベント・祭り	その他	その他（ ）内	…
1	1	4	…	1	0	0	1	1	1	0	0	0	0		…
2	2	1	…	1	1	1	0	0	0	0	0	0	1	食べ歩き	…
3	1	1	…	0	0	0	0	0	1	1	0	1	0		…
…	…	…	…	…	…	…	…	…	…	…	…	…	…	…	…

図6.3　調査票（一部抜粋）とデータ入力例（複数回答の場合）

【調査票】（通し番号が2番目の人の回答の一部抜粋）
（4）どのような旅行をしたいですか。したいことを3つ選び、順位をつけてください。
第1位　3　　第2位　1　　第3位　10
1. 鉄道に乗る　2. 名所旧跡を巡る　3. 温泉でくつろぐ　4. 自然を満喫する
5. アウトドア・スポーツを体験する　6. 遊園地・テーマパークに行く
7. 水族館・動物園（サファリパーク）に行く　8. 芸術鑑賞をする
9. イベント・祭りに行く　10. その他(食べ歩き　　　　　　　　　　)

【データ入力例】（順位法：選択肢をすべて変数として入力し、該当する順位を入力、4位以下の選択肢には「0」を入力）

ID	性別	鉄道利用頻度	…	鉄道	名所旧跡	温泉	自然	アウトドア・スポーツ	遊園地・テーマパーク	水族館・動物園	芸術鑑賞	イベント・祭り	その他	その他（ ）内	…
1	1	4	…	1	0	0	0	3	2	0	0	0	0		…
2	2	1	…	2	0	1	0	0	0	0	0	0	3	食べ歩き	…
3	1	1	…	0	0	0	0	0	3	2	0	1	0		…
…	…	…	…	…	…	…	…	…	…	…	…	…	…	…	…

図6.4　調査票（一部抜粋）とデータ入力例（順位法の場合）

(2) 欠損値の取り扱い

無記入が多い調査票や、実質的な回答がなされていない調査票は無効票として取り除きましたが、1つの調査票に含まれる無効回答数が少なければ、該当項目のみ**欠損値**として処理し、有効な調査票として扱います（6.1.1 項（1））。

Excel で入力する場合、無回答などの無効な回答に対しては、何も入力せず空欄のままにします（図 6.5 左下）。空欄のセルはカウントされないので、統計解析の際に特に問題になることはありません。

【調査票】（通し番号が 1 番目の人の回答の一部抜粋）
（5）海外旅行をしたいですか。　(1.) したい　2. したくない
⇒「1. したい」と答えた方に聞きます。
（5_s）海外旅行で最も行きたい国はどこですか。
1. アメリカ　2. カナダ　3. イギリス　4. フランス　5. ドイツ　6. イタリア
7. エジプト　8. 中国　9. 韓国　10. オーストラリア　11. その他（　　　）

← 無回答

【調査票】（通し番号が 2 番目の人の回答の一部抜粋）
（5）海外旅行をしたいですか。　1. したい　(2.) したくない
⇒「1. したい」と答えた方に聞きます。
（5_s）海外旅行で最も行きたい国はどこですか。
1. アメリカ　2. カナダ　3. イギリス　4. フランス　5. ドイツ　6. イタリア
7. エジプト　8. 中国　9. 韓国　10. オーストラリア　11. その他（　　　）

← 非該当

【調査票】（通し番号が 3 番目の人の回答の一部抜粋）
（5）海外旅行をしたいですか。　(1.) したい　2. したくない
⇒「1. したい」と答えた方に聞きます。
（5_s）海外旅行で最も行きたい国はどこですか。
1. アメリカ　2. カナダ　3. イギリス　4. フランス　5. ドイツ　6. イタリア
7. エジプト　8. 中国　9. 韓国　10. オーストラリア　(11.) その他（日本　　）

← 不正回答

【データ入力例 1】
欠損値：入力せず空欄のまま

ID	性別	鉄道利用頻度	…	海外旅行の希望	海外旅行先	その他（　）内	…
1	1	4	…	1			…
2	2	1	…	2			…
3	1	1	…	1	11	日本	…
…	…	…	…	…	…	…	…

【データ入力例 2】
欠損値：「無回答」＝99、「非該当」＝0
「不正回答」＝−1

ID	性別	鉄道利用頻度	…	海外旅行の希望	海外旅行先	その他（　）内	…
1	1	4	…	1	99		…
2	2	1	…	2	0		…
3	1	2	…	1	−1	日本	…
…	…	…	…	…	…	…	…

図 6.5　欠損値の取り扱い

無効な回答をひとまとめにして、有効な値と重複しない値として、「9」や「99」といったコードを割り当てることがあります。無効な回答をいくつかに区別したいときには、例えば、「無回答」には「9」や「99」を、「非該当」には「0」や「8」あるいは「98」を、「不正回答」には「−1」を割り当てるなどします。

図6.5右下のように、ID = 1の人は（5）で海外旅行をしたいと回答しているので、（5_s）にも回答しなければなりませんが、回答していないので、「99」（無回答）を入力しています。ID = 2の人は（5）で海外旅行をしたくないと回答しているので、（5_s）に回答する必要はなく、「0」（非該当）を入力しています。ID = 3の人は（5）で海外旅行をしたいと回答しており、（5_s）では「その他（日本）」と回答していますが、海外旅行先をたずねているので、「日本」は回答として不適切なため、「-1」（不正回答）と入力しています。

データ解析ツールとして、大学の文系学部などでよく利用されるSPSSを用いる場合、欠損値をシステム欠損値とユーザー指定の欠損値に分けて利用することができます。数値型変数であれば、セルにデータがない場合、「システム欠損値」として扱われ、データエディタには「.」（半角ピリオド）が表示されます。それ以外にユーザーが特定の値を欠損値として設定すれば、「ユーザー指定の欠損値」としてさまざまな統計解析から削除されます（竹中，2014）。

❖ 6.1.3　入力後のファイルの整斉

データ入力後、入力ミスのチェックをします。また、必要に応じてデータの変換を行います。

(1) 入力ミスのチェック

入力ミスがないかどうかの確認作業を、**データクリーニング**といいます。データクリーニングのための方法には、次のようなものがあります。

- 同じ調査票の束を2人で別々に入力し、両者に違いがないかを確認する方法
- 調査票と入力データを照合していく方法（目視検査）
- 項目ごとに度数分布表を作成して、選択肢にない値や不自然な値がないかなどを確認する方法

そして、誤りを発見したら、すぐに調査票と照合して正しい値を入力し直します。

(2) 逆転項目の取り扱い

個人の、ある特性の大小を測定するときなど、その特性に関係する複数の質問項目を用意し、それらの項目に対して同一の回答形式で、あてはまりの程度の大小や行動頻度の多少などをたずねることがあります。例えば、現在の気分をたずねるために複数の項目を用意してそれぞれ、「1：あてはまらない」、「2：どちらかというとあてはまらない」、「3：どちらかというとあてはまる」、「4：あてはまる」の4件法で回答を求めるとします。その際、気分の項目として、「自信がある」とするのか「自信がない」とするのか、「落ち着いている」とするのか「まごついている」とするのか、ポジティブな方向にきく場合とネガティブな方向にきく場合とがあります。調査票の中での問い方は、目的に応じて方向性は変わりますが、ポジティブな方向とネガティブな方向を混在させることがあります。そのとき、得点の大きさをポジティブ方向またはネガティブ方向のどちらかに統一しておかなければ意味をなさない指標があります。得点の大きさをポジティブな方向に統一するなら、ネガティブな方向で質問した項目の回答の得点の向きを逆転させる変換をします。変換式は次のようになります。

〔変換後の得点〕=〔最小得点〕+〔最大得点〕−〔変換前の得点〕

このように得点の方向性を統一するために、得点の方向性を逆向きに変換する項目を、**逆転項目**（**反転項目**）といいます。この変換は必須ではありませんが、信頼性係数として α 係数を算出するときなどには、方向性をそろえる必要があります。統計解析を進めながら、変数変換の必要性が出てきたところで変換すればよいのですが、逆転項目の存在を忘れないようにしなければなりません。

図6.6では、質問項目①、③はマナーがよい方が高い得点になり、②はマナーが悪い方が高い得点になります。そこで、②を逆転項目として、マナーがよい方が高い得点になるように変換（(変換後の得点)＝1＋4－(変換前の得点)）しています（図6.6右下【データ入力例2】）。

【調査票】（通し番号が2番目の人の回答の一部抜粋）
（6）鉄道利用時における以下①～㊺の行為について、あなたの行動頻度に最も近いものを、次の1～4から1つ選んでください。

	まったくない	たまにある	ときどきある	よくある
①ホームの乗車待ちの列にきちんと並ぶ	1	2	3	④
②ホームの乗車待ちの列を無視して列車に乗り込む	1	②	3	4
③優先席では、体の不自由な人に席を譲る	1	2	3	④
……	…	…	…	…

【データ入力例1】
（解答どおりの入力）

ID	性別	鉄道利用頻度	⋮	①乗車待ちの列に並ぶ	②列を無視して乗り込む	③優先席で席を譲る	⋮
1	1	4	…	4	**3**	2	…
2	2	1	…	4	**2**	4	…
3	1	1	…	3	**1**	2	…
…	…	…	…	…	…	…	…

【データ入力例2】
（逆転項目②を変換：（1＋4）－（回答した数値）

ID	性別	鉄道利用頻度	⋮	①乗車待ちの列に並ぶ	②列を無視して乗り込む	③優先席で席を譲る	⋮
1	1	4	…	4	**2**	2	…
2	2	1	…	4	**3**	4	…
3	1	1	…	3	**4**	2	…
…	…	…	…	…	…	…	…

図6.6　逆転項目の取り扱い

6.2　データの性質

データ入力・整斉が完了したら、データの集計や解析を行いますが、質問内容や回答形式により、データの性質が異なるため、データとしては同じ1、2、…といった整数が入力されていても、集計や解析のしかたが異なることがあります。各変数に入る値がどのような性質のものか把握しておきましょう。

❖ 6.2.1 尺度の水準

対象や現象の特性に対して数値を割り当てる基準のことを尺度といいます（石塚, 1984）。数値データの基準となる尺度には、名義尺度、順序尺度、間隔尺度、比尺度の4つの水準があり、水準ごとにデータの性質は異なります。

(1) 名義尺度

名義尺度（**nominal scale**）の数値は異なる回答を区別するためのコードであって、数値の持つ順序性や大きさ、比は利用できません。性別や出身地の分類などに用いられる数値が名義尺度に該当します。例えば、男性を「1」、女性を「2」とするような場合です。男性を「1」、女性を「0」に割り当てても構いませんし、男性を「11」、女性を「1」としても構いません。要は男性と女性に異なる数値が割り当てられていれば問題ないわけです。

名義尺度の満たすべき公準は、同一性の公準と呼ばれ、異なる個体・個体群に同じ数値を割り当てないことと、同じ個体・個体群に異なる数値を割り当てないことが求められます（石塚, 1984）。

(2) 順序尺度

順序尺度（**ordinal scale**）の数値は順位性や大小関係を示します。例えば、好きなスポーツを順に3つあげなさいという質問に対して、1位野球、2位サッカー、3位水泳としたときの順位が順序尺度になります。ただし、野球とサッカーの比較では、わずかに野球の方が好きだといえるが、サッカーと水泳では、圧倒的にサッカーの方が好きで、1位・2位・3位の好きの度合いが等間隔であるとは限りません。

また、学歴は、「中卒」より「高卒」、「高卒」より「大卒」の方が学歴は高いといえるので、この順序を保つように数値を割り当てます。「中卒」を「1」、「高卒」を「2」、「大卒」を「3」とすれば、学歴を順序尺度で表したことになります。この場合、中卒（1）と高卒（2）の差と、高卒（2）と大卒（3）の差が同じであることを意味するわけではありません。数値の差は同じ1ですが、2つの差の大きさが等しいとは限りません。また、大卒は中卒の3倍の学歴であるわけでもありません。

3つの対象A、B、Cの、ある特性に対してそれぞれ順序尺度上の値 a、b、c が与えられているとき、順序尺度は $a<b$ かつ $b<c$ ならば、$a<c$ であると

いう順位性の公準を満たします。また、同一性の公準も満たします。しかし、$b-a=c-b$であっても、AとBとの当該特性の差が、BとCとの差に等しいことはいえません（石塚, 1984）。

評定法などにおける数値の割り当ては、後述する間隔尺度として取り扱われることが多いですが、厳密には順序尺度といえます。例えば、図6.1、図6.2のマナー違反に対する不快感について、「不快ではない」に「1」を、「少し不快だ」に「2」を、「かなり不快だ」に「3」を、「非常に不快だ」に「4」を割り当てています。この場合、「不快ではない（1）」と「少し不快だ（2）」との差の大きさ1と、「少し不快だ（2）」と「かなり不快だ（3）」との差の大きさ1とでは、同じ1でも不快度の差に違いがあるかもしれません。また、「かなり不快だ（3）」が「少し不快だ（2）」の1.5倍の不快さであるとは想定していません。ただし、順序は「不快ではない」よりも「少し不快だ」の方が不快度は大きく、「少し不快だ」よりも「かなり不快だ」の方が不快度は大きく、「かなり不快だ」よりも「非常に不快だ」の方が不快度は大きくなり、数値の割り当て方は順位性を保っています。

(3) 間隔尺度

間隔尺度（**interval scale**）の数値は、順位性だけでなく、差の大きさにも意味があります。間隔尺度は、同一性、順位性の公準に加えて、等単位性の公準を満たします。3つの対象A、B、Cの、ある特性に対してそれぞれ間隔尺度上の値a、b、cが与えられているとき、$b-a=c-b$であれば、AとBとの当該特性の差と、BとCとのそれが等しいといえます（石塚, 1984）。ただし、原点と単位が任意なので、AとBの特性の比を、$a:b$で表すことはできません。

間隔尺度の例としてよくあげられるのは、摂氏や華氏で示される温度です。1気圧下で水が凍りだしたり氷が溶けだしたりする温度（水の凝固点、氷の融解点）は、摂氏では0度、華氏では32度です。水の沸点は摂氏では100度、華氏では212度です。摂氏の温度（C）を華氏（F）に変換する式は、$F=1.8C+32$になります。摂氏も華氏も寒暖の度合いを定量的に表すもので、値が大きくなるほど暖かいことを表し、順位性が満たされています。さらに、摂氏も華氏もそれぞれの尺度上のどこでも1度の上昇は同じ物理量の変化を示し、等単位性を満たします。例えば、一昔前によく使われた水銀体温計は、水銀の熱膨張を利用した液体温度計で、わきの下に挟むと体の熱が体温計の水銀に伝導し、水銀が膨張し、体積が増加します。その目盛りは等間隔で振られており、36℃と37℃の差と、37℃と38℃の差は、同じ物理量の変化を表しています。しかし、気温が10℃から30℃に変化したとしても、気温あるいは暑さが3倍になったとはいいません。

学力テストの得点などは等単位性を満たすように作成され、通常、間隔尺度とみなして分析します。

(4) 比尺度

比尺度（**ratio scale**）は、同一性、順位性、等単位性の公準を満たし、かつ、絶対原点が存在する尺度です（石塚, 1984）。例えば、身長や体重、年収などが比尺度になります。絶対原点である「0」は「ない」ということを意味します。年収が「0」であれば、年収が「ない」ことになります。また、年収が100万円から200万円になれば、年収が2倍になったといえます。年収が500万円から1,000万円になっても、年収が2倍になったといえます。

温度は摂氏や華氏であれば間隔尺度ですが、絶対温度（熱力学温度）であれば比尺度です。絶対温度の0度（0ケルビン）は分子運動が制止する状態に相当します。

❖ 6.2.2　質的データと量的データ

名義尺度や順序尺度のデータは、A、B、C、…や優、良、可、…などでも表すことができ、必ずしも数値で表す必然性はありません。しかし、間隔尺度や比尺度は数値によってその性質を表します。そのようなことから、名義尺度や順序尺度によるデータを**質的データ**（**qualitative data**）、それを扱う変数を**質的変数**（**qualitative variable**）、間隔尺度や比尺度によるデータを**量的データ**（**quantitative data**）、それを扱う変数を**量的変数**（**quantitative variable**）と呼ぶことがあります（森・吉田, 1990）。ただし、順序尺度の中には、間隔が一定であるとみなして、量的変数として扱われることがあります（篠原ほか, 2010）。

量的変数は、さらに**離散変数**（discrete variable）と**連続変数**（continuous variable）に分けられます。離散変数は、例えば兄弟姉妹の人数（0、1、2、…）や、ある工場である期間に生産された製品のうち不良品であった製品の個数（0、

1、2、…）のように、とびとびの値しかとらない変数をいい、連続変数は、例えば身長や体重、100 m 走のタイムのように、ある区間に属するすべての実数値をとりうる変数のことをいいます。

6.3　単純集計

データの性質を理解したうえで、入力され整斉されたデータの分析を行います。はじめに、項目（変数）ごとの**単純集計**を行います。単純集計とは、1つの項目について選択肢ごとの選択件数（選択者数）を算出したり、自由記述であれば分類されたカテゴリーごとにあてはまる回答数を算出したり、連続変数であればいくつかの階級（区間）に区切って階級（区間）ごとの度数（該当数）を算出したりして表にまとめます。さらに、それをグラフにすることで視覚化して、おおよその回答状況をつかみます（第7章）。そうすることで、ありえない数値を発見するなど、入力ミスや不正回答のチェックにもなります。面倒でも最初に項目ごとの単純集計を行い、報告書の巻末資料としてまとめておくと便利です。複雑な統計解析の結果に疑問が生じたときなど、単純集計結果が解決のヒントを与えてくれることがあります。

小さなデータであれば、数え上げることもできますが、ここではExcelを利用して単純集計を行い、すべての項目の回答状況を把握します。

Excelを利用した単純集計の方法は1つだけではありません。ここでは、ピボットテーブルによる方法、Excel関数による方法、分析ツールによる方法の3つの方法を紹介します。

❖ 6.3.1　ピボットテーブルによる単純集計

まず、データがあるExcelファイルを開き、データ内の任意のセルをクリックし、アクティブセル（選択中のセル）にします。図6.7ではC5セルがアクティブセルになっています。

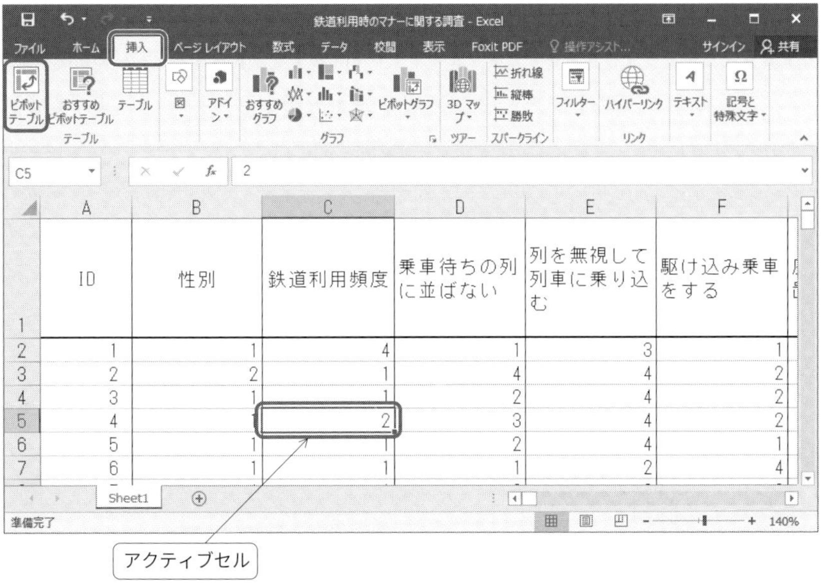

図 6.7　ピボットテーブルによる単純集計（1）

次に、Excel の「挿入」タブを開いて、「**ピボットテーブル**」ボタンをクリックすると（図 6.7）、図 6.8 のようなダイアログボックスが表示されます。

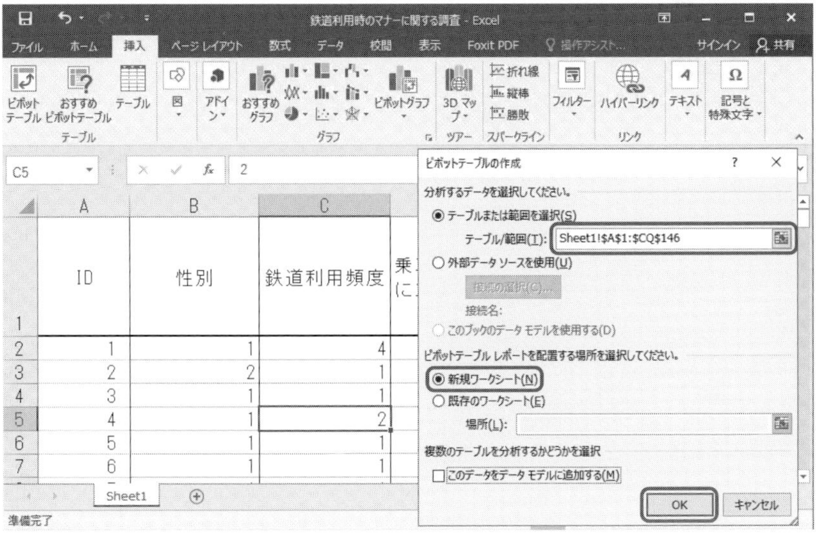

図 6.8　ピボットテーブルによる単純集計（2）

「ピボットテーブルの作成」ダイアログボックスの「テーブルまたは範囲を選択」をクリックして、「テーブル/範囲」に分析対象となるデータの範囲を指定します。通常はデフォルトでExcelが適切な範囲を指定してくれていますが、直接範囲を入力したり、マウスをドラッグ（範囲の始点にマウスポインタを合わせ、マウスの左ボタンを押しながらマウスを動かし、終点で左ボタンを離す操作）して範囲を指定したりすることができます。範囲について悩む場合は、入力したデータ全体を選択しておけば問題ありません。「ピボットテーブルレポートを配置する場所を選択してください。」についてはデフォルトで「新規ワークシート」が選ばれていますが、自身で指定することもできます。

「OK」ボタンをクリックすると、図6.9のように「ピボットテーブルレポートの範囲」と、「ピボットテーブルのフィールドリスト」の作業ウィンドウが表示されます。IDは通し番号なので、分析対象とはなりませんので、それを除いた最初の調査項目である「性別」について単純集計を行うなら、図6.10のようにフィールドセクションの「性別」のチェックボックスをクリックして、チェックを入れます。すると、値領域に「合計/性別」と表示され、ピボットテーブルレポートの範囲には「合計/性別」の下に「172」という値が表示されます。このデータでは、男性を1、女性を2で入力されているため、それを単純に合計した値が算出されてしまいました。しかし、知りたいのは男性と女性のそれぞれの人数であって、「性別」の列の値の単純合計（1＋2＋1＋1＋1＋1＋……＝172）ではありません。

図 6.9　ピボットテーブルによる単純集計（3）

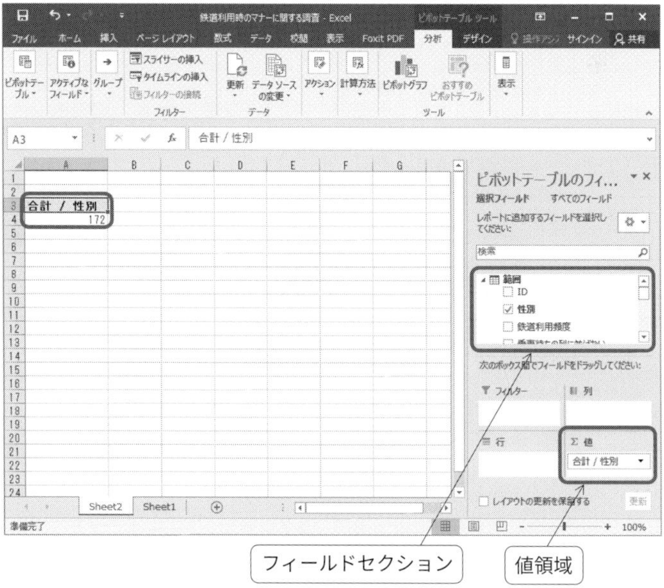

図 6.10　ピボットテーブルによる単純集計（4）

男性と女性の人数を求めるためには、値領域の「合計/性別」を変更しなければなりません。そこで、値領域の「合計/性別」をクリックして、図6.11のようなプルダウンリストを表示させ、最も下の行の「値フィールドの設定」を選択します。そうすると、図6.12のような「値フィールドの設定」ダイアログボックスが表示されるので、「合計」ではなく、「データの個数」を選択して、「OK」をクリックします。その結果、図6.13のように値領域の「合計/性別」は「カウント/性別」になり、ピボットテーブルレポートの範囲の「合計/性別」も「カウント/性別」になり、その下の「172」は入力調査票の枚数である「145」になります。

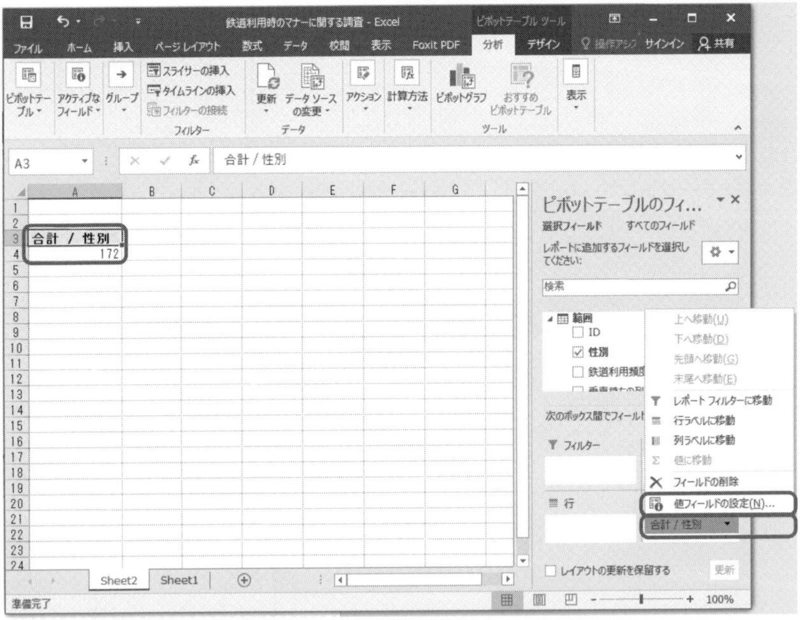

図6.11　ピボットテーブルによる単純集計（5）

図 6.12　ピボットテーブルによる単純集計（6）

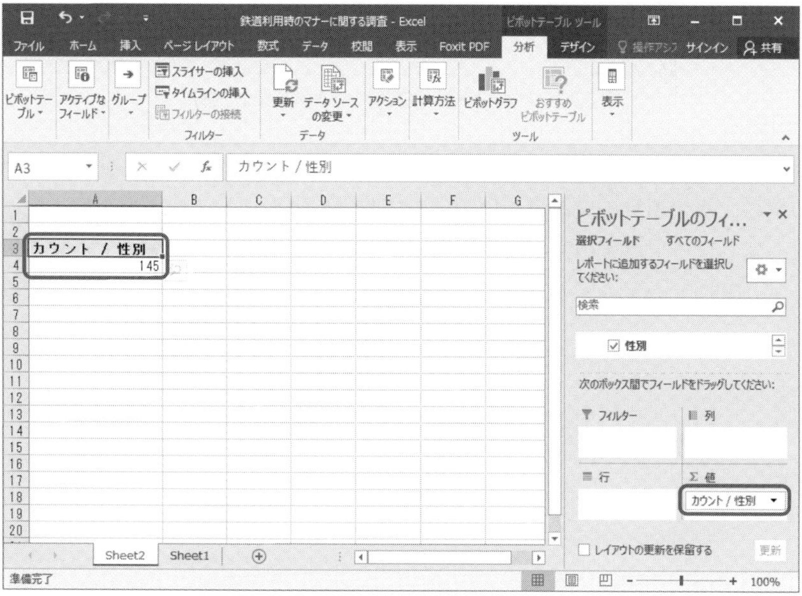

図 6.13　ピボットテーブルによる単純集計（7）

次にフィールドセクションの「性別」をドラッグして、行ラベル領域にドロップすると、図 6.14 のようにピボットテーブルレポートの範囲に性別のピボットテーブルができ、男性（1）118 名、女性（2）27 名であったことがわかります。

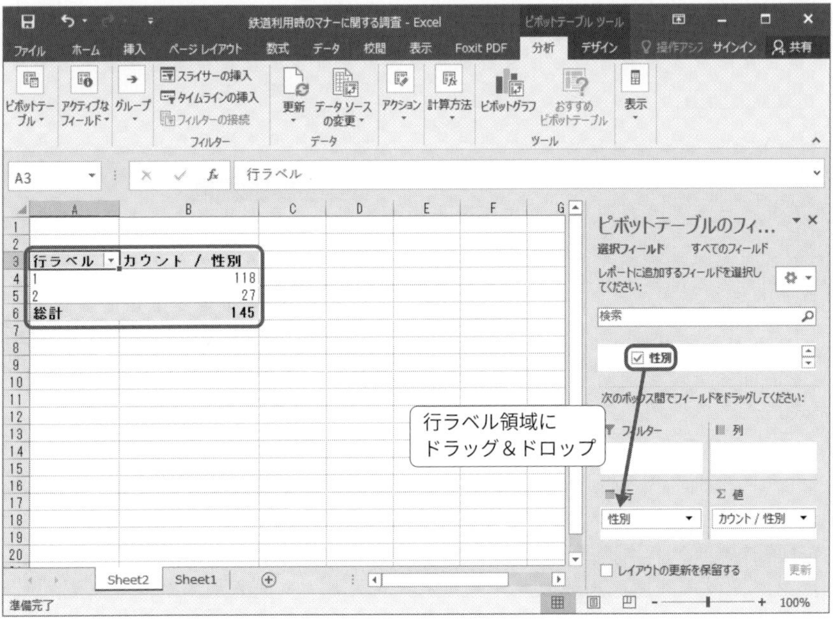

図 6.14　ピボットテーブルによる単純集計（8）

引き続き、次の項目の単純集計を行います。「性別」に関するピボットテーブルの下に、次の項目の「鉄道利用頻度」に関するピボットテーブルを載せたい場合は、新しいテーブルの左上のセルの位置を決め、そこをアクティブにします。図 6.15 のように A8 セルをアクティブにすると、ピボットテーブルのフィールドリストウィンドウが閉じられます。

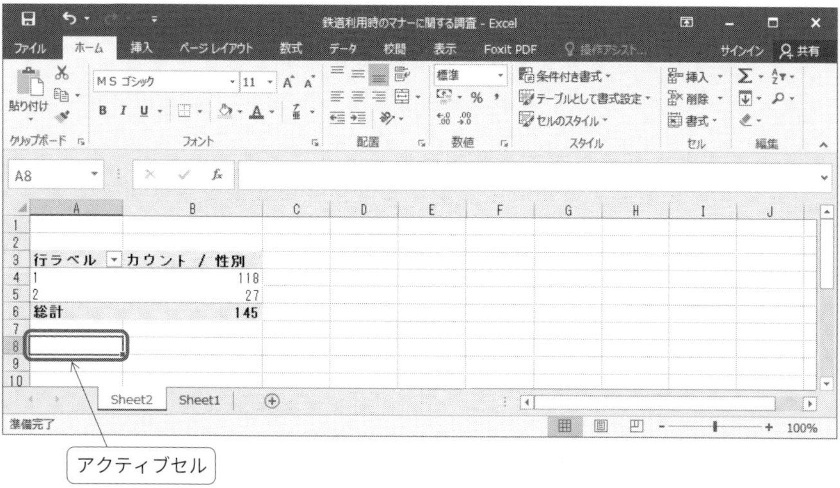

図 6.15　ピボットテーブルによる単純集計（9）

また、Excelの「挿入」タブを開いて、「ピボットテーブル」ボタンをクリックします。すると、図 6.16 のように「ピボットテーブルの作成」ダイアログボックスが表示されるので、分析するデータが「このブックのデータモデルを使用する」になっているか、ピボットテーブルレポートを配置する場所が、正しく入力されているかを確認し、間違っている場合は修正します。そして、「OK」をクリックします。

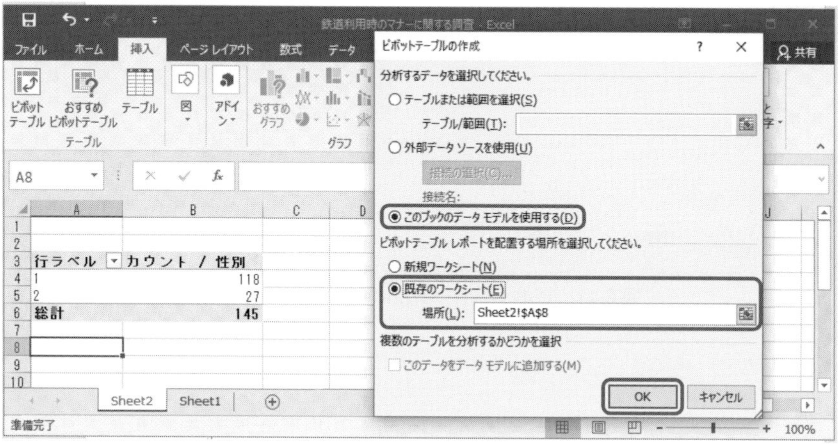

図 6.16　ピボットテーブルによる単純集計（10）

フィールドセクションに「範囲」しか表示されていない場合は、「範囲」をクリックすると、その下に変数名が表示されます。慣れてきたら、フィールドセクションの「鉄道利用頻度」をドラッグ＆ドロップで行ラベル領域に持っていき（図 6.17）、次にフィールドセクションの「鉄道利用頻度」をドラッグ＆ドロップで値領域に持っていき（図 6.18）、それから図 6.11、図 6.12、図 6.13 の手順を繰り返しても単純集計をすることができます（図 6.19）。値領域の「合計/鉄道利用頻度」をクリックして、図 6.11 のようなプルダウンリストを表示させ、最も下の行の「値フィールドの設定」を選択します。図 6.12 のような「フィールドの設定」ダイアログボックスが表示されるので、「合計」ではなく、「データの個数」を選択して、「OK」をクリックすれば単純集計結果がピボットテーブルの形式で作成されます。

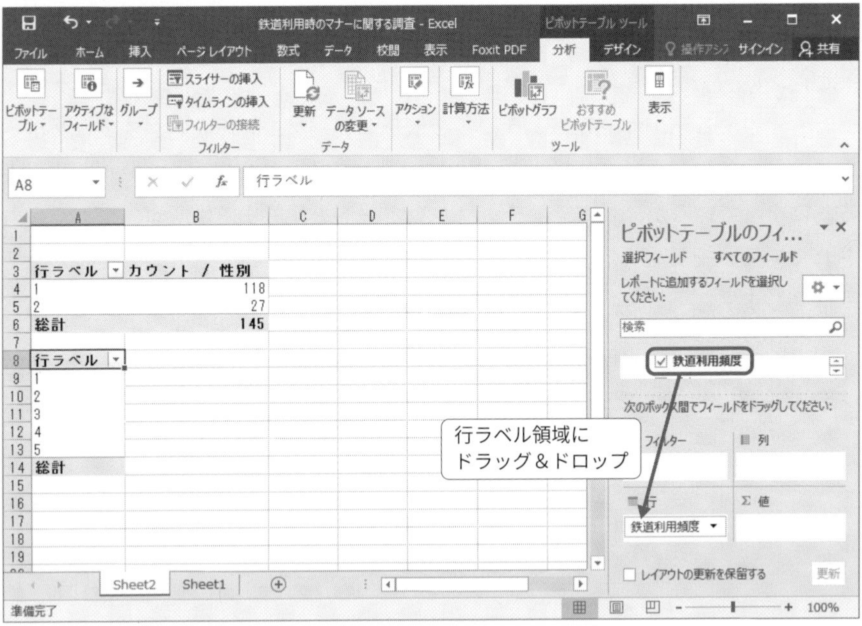

図 6.17　ピボットテーブルによる単純集計（11）

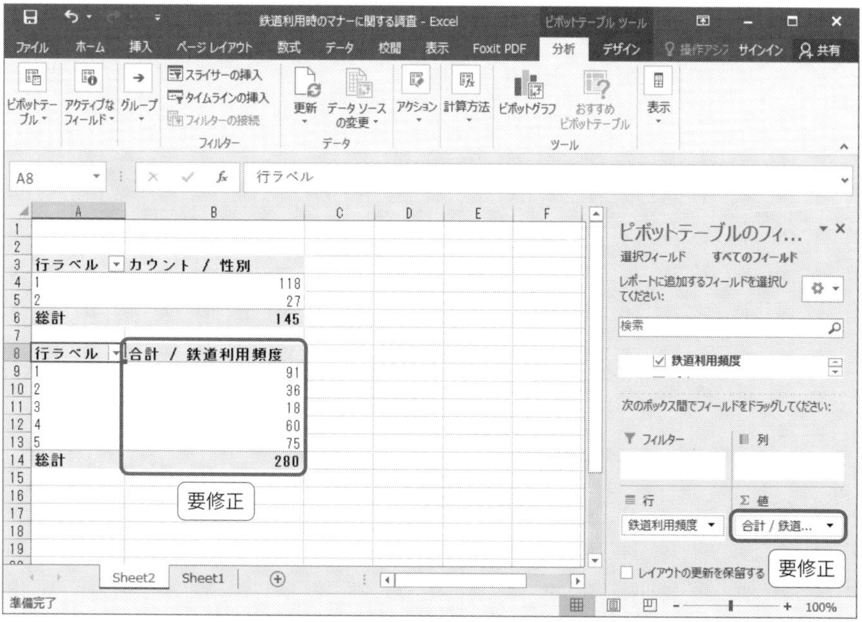

図 6.18　ピボットテーブルによる単純集計（12）

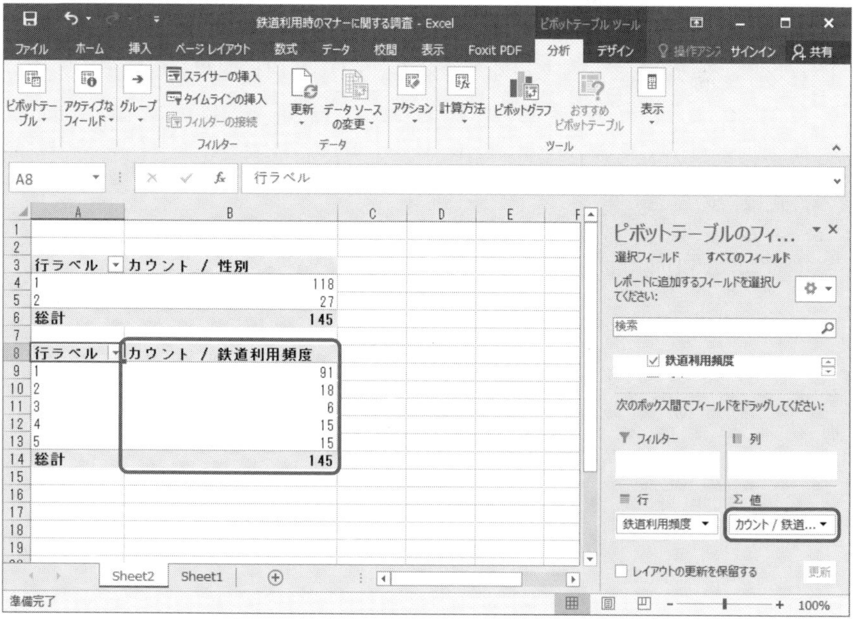

図 6.19　ピボットテーブルによる単純集計（13）

資料として報告書に掲載する場合は、ピボットテーブルの出力のままではなく、表をわかりやすく書き換えたり（図 6.20）グラフ化したり（第 7 章参照）します。

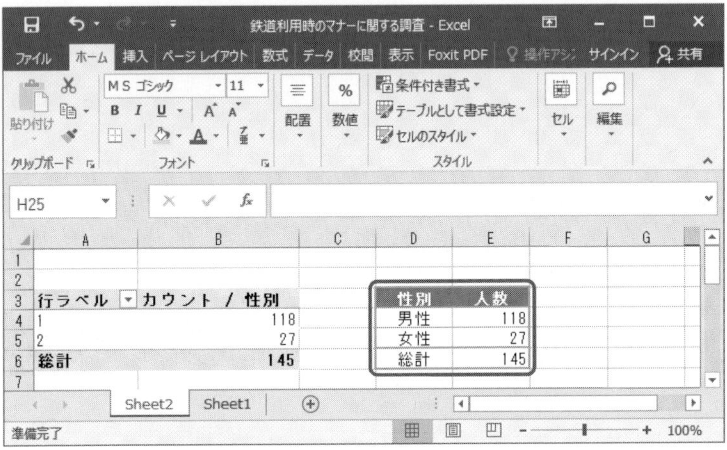

図 6.20　ピボットテーブルによる単純集計（14）

❖ 6.3.2　Excel 関数による単純集計

Excel 関数を利用して単純集計を行う場合、**COUNTIF 関数**を用います。その際、図 6.21 のように、あらかじめ単純集計表の枠組みを作成しておき、あとは集計結果の数値のみ入れれば表が完成するようにしておきます。COUNTIF 関数の書式は次のとおりです。

=COUNTIF(範囲，検索条件)

「範囲」で指定したデータの中から、「検索条件」に合うセルの個数を数えます。

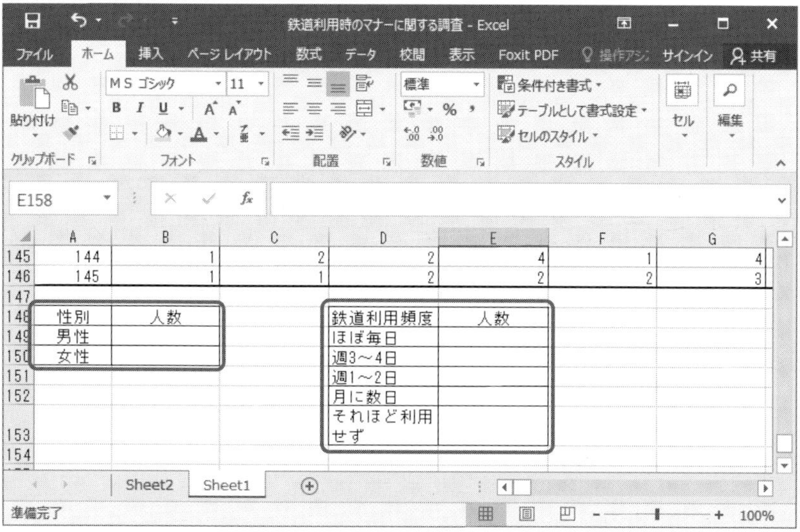

図 6.21　Excel 関数による単純集計（1）

「6.3.1　ピボットテーブルによる単純集計」で利用したデータと同じものを使って、男女の人数を求めるには、男性の人数を記入したいセル（図 6.21 では B149 セル）に、すべて半角で、

=COUNTIF(B2:B146, 1)

と入力し、「Enter」キーを押し、続いて、女性の人数を記入したいセル（図 6.21 では B150 セル）に、すべて半角で、

=COUNTIF(B2:B146, 2)

と入力し、「Enter」キーを押します。

「範囲」にはセル範囲を指定します。性別のデータは B2 セルから B146 セルまでに入力されていますので、「B2:B146」のように最初のセルと最後のセルの間に「:」（半角のコロン）を入れて「範囲」を指定します。B2 や B146 のようにセル番地を指定して、該当するセルに書かれた内容を参照することを**セル参照**といいます。

「検索条件」には男性の人数を求める場合は男性のコード「1」を、女性の場合には女性のコード「2」を入力することになります。

図 6.22 は、男性の人数を記入したいセルに、数式を入力しているところです。**数式バー**にも同様の数式が示されます。

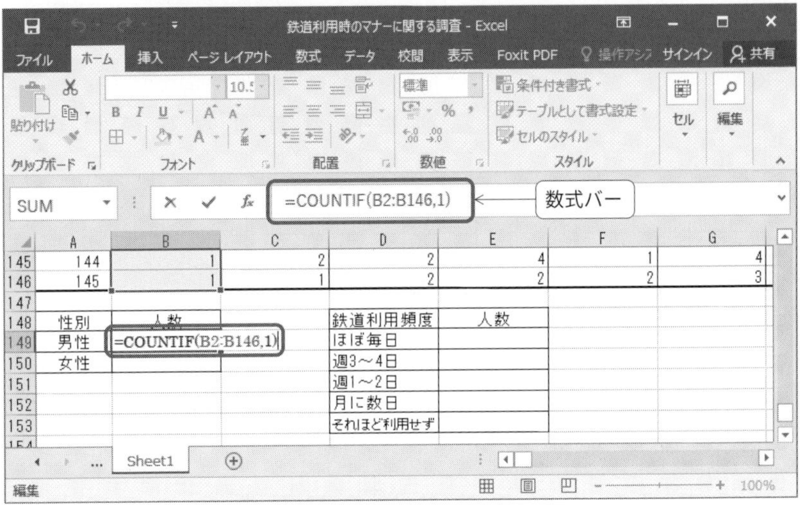

図 6.22　Excel 関数による単純集計（2）

COUNTIF 関数の数式の「検索条件」には、数値ではなく、セル番地を指定することもできます。図 6.23 では C156 セルに「=COUNTIF($B$2:$B$146, B156)」と入力しており、「検索条件」部分には「1」ではなく、男性を指定する「1」の数値が入ったセル番地「B156」を指定しています。

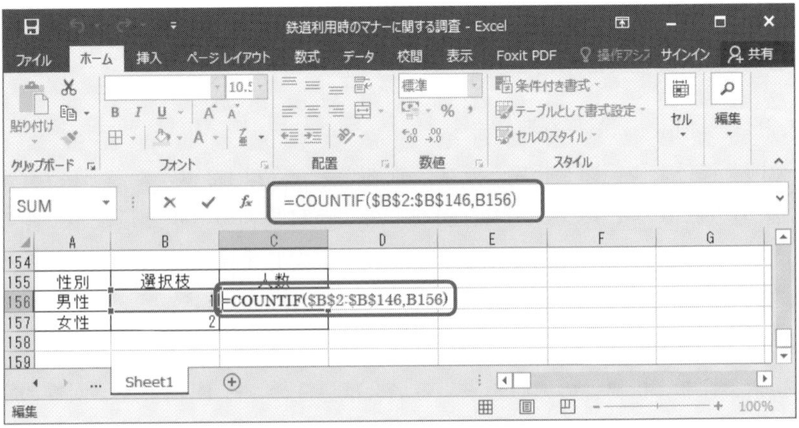

図 6.23　Excel 関数による単純集計（3）

そして、「範囲」の指定を「B2:B146」ではなく、「$B$2:$B$146」と指定しておくと、数式をコピーして使うときに便利です。セル番地の行番号・列記号の前に「$」(半角のドル記号)をつけるとそのセル番地が固定されます。この固定されたセル番地を参照することを**絶対参照**といいます。それに対して、「B2:B146」のように＄記号のついていないセル番地を参照することを**相対参照**といいます。なお、行か列の一方だけを固定して参照することを**複合参照**といいます。複合参照には、行だけを固定して参照する**絶対行参照**と、列だけを固定して参照する**絶対列参照**があります。

セル番地の入った数式をコピーして別の場所で使用しようとすると、相対参照では、コピー元の参照セルに合わせて、コピー先での行番号と列番号を変化させますが、絶対参照では、行番号と列番号は固定されていて変化しません。

男性の人数を求めるために使用した数式をコピーして、女性の人数を求めるために使用する場合、「範囲」は男性と同じで、「検索条件」は女性を示すセル番地「B157」に変更させたいので、男性の人数を求める数式は、「範囲」を絶対参照、「検索条件」を相対参照、または絶対列参照にしておきます。

＄記号を手入力することもできますが、セル番地を入力した数式全体を選択して「F4」キーを押すと容易に入力ができます。「F4」キーを押すごとに、すべてのセル番地が「絶対参照→絶対行参照→絶対列参照→相対参照」の順に変化します。

なお、図6.23では、「選択肢」を「選択枝」としています。「肢」には手足のイメージが強く不適切だとする人たちは「枝」を使います。

セルに入力した数式は、確定すると計算結果(数値)しか表示されないので、数式を確認する場合は、当該セルをアクティブにして(選択して)数式バーで確認することができます(図6.24)。

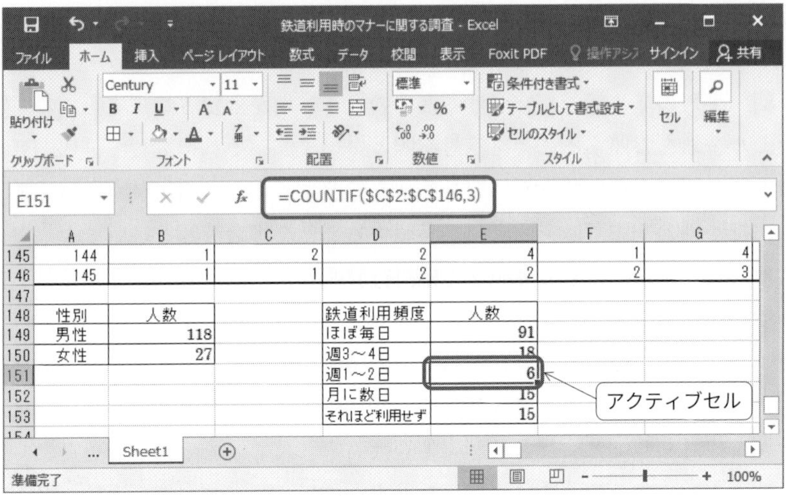

図 6.24　Excel 関数による単純集計（4）

❖ 6.3.3　分析ツールによる単純集計

分析ツールは Excel のアドインプログラムです。**アドイン**とは、プログラムに拡張した機能を追加装備させることです。「データ」タブの「分析」グループに「**データ分析**」が表示されない場合（図 6.25）は、分析ツールアドインプログラムを読み込む必要があります。

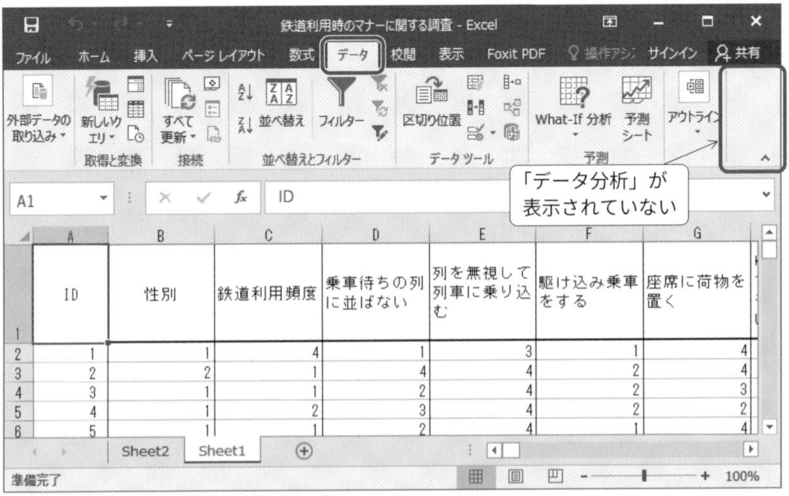

図 6.25　分析ツールの読み込み（1）

分析ツールの読み込み方は、次のとおりです。

①「ファイル」タブを開き、「オプション」をクリックします（図 6.26）。

図 6.26　分析ツールの読み込み（2）

②「Excel のオプション」ダイアログボックスが表示されるので、「基本設定」の「アドイン」をクリックします（図 6.27）。

図 6.27　分析ツールの読み込み（3）

③「アドイン」画面が表示されるので、「管理」ボックスの一覧から「Excel アドイン」を選択し、「設定」をクリックします（図6.28）。

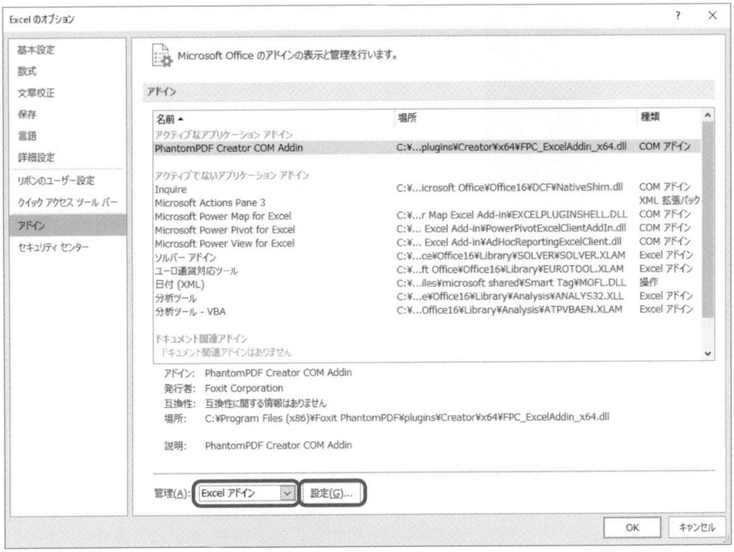

図6.28　分析ツールの読み込み（4）

④「アドイン」ボックスが表示されるので、「分析ツール」のチェックボックスをオンにし、「OK」をクリックします（図6.29）。

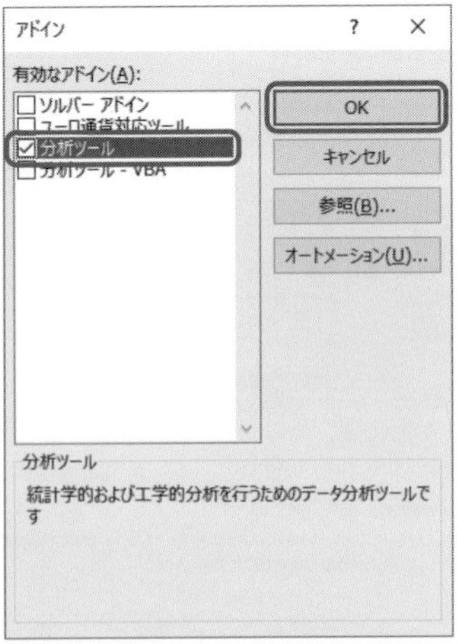

図6.29　分析ツールの読み込み（5）

そうすると、Excelの「データ」タブに「分析」グループとして「データ分析」が追加されます（図6.30）。

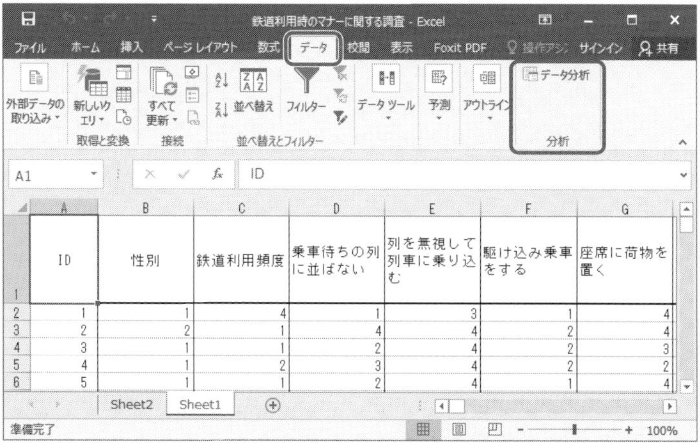

図6.30　分析ツールの読み込み（6）

追加された分析ツールの「データ分析」を使って単純集計を行います。「データ分析」で単純集計を行うためには、あらかじめ「**データ区間**」を指定しなければなりません。「データ区間」というのは、度数分布表を作成するときの各階級の範囲のようなもので、各階級の最大値を昇順に並べます。「性別」の集計では男性「1」と女性「2」の値を区別してそれぞれの人数を求めたいので、図6.31のようにデータ区間として上の行に「1」を、下の行に「2」を配置して、昇順に並べます。

図6.31　分析ツールによる単純集計（1）

図 6.31 の「データ分析」ボタンをクリックすると、図 6.32 のような「データ分析」ダイアログボックスが表示されるので、「**ヒストグラム**」を選択して、「OK」をクリックします。

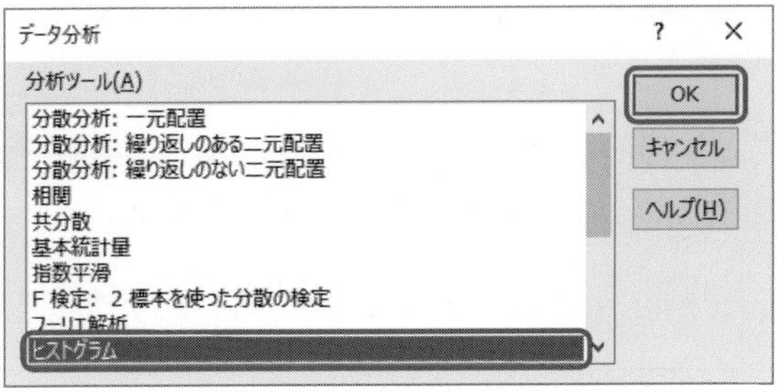

図 6.32　分析ツールによる単純集計（2）

図 6.33 のような「ヒストグラム」ダイアログボックスが表示されたら、「入力範囲」に対象となるデータの範囲を入力するか、マウスをドラッグして範囲を選択します。図 6.33 の「入力範囲」では、マウスをドラッグして、「性別」データの B2 から B146 までを選択したところ、絶対参照の形式で「$B$2:$B$146」が指定されています。

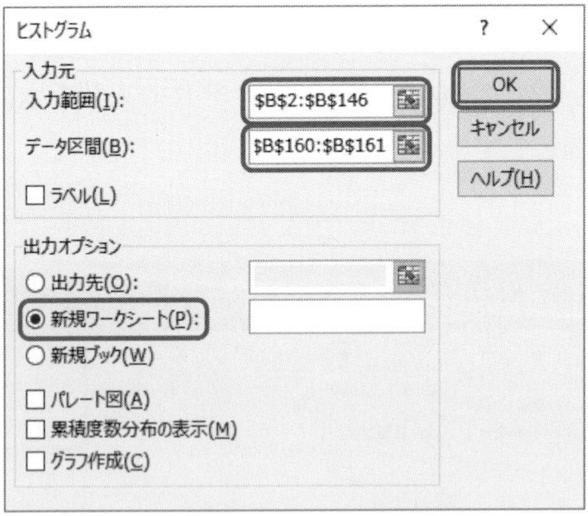

図 6.33　分析ツールによる単純集計（3）

「データ区間」は図 6.31 の B160 から B161 までを選択すると、図 6.33 のように「$B$160:$B$161」と指定されます。

「出力オプション」は、「新規ワークシート」を選択し、「OK」をクリックすると、図 6.34 のように新しいシートに結果が出力されます。**頻度**は**度数**であり、ともに **frequency** の訳であり、この場合は人数を示します。

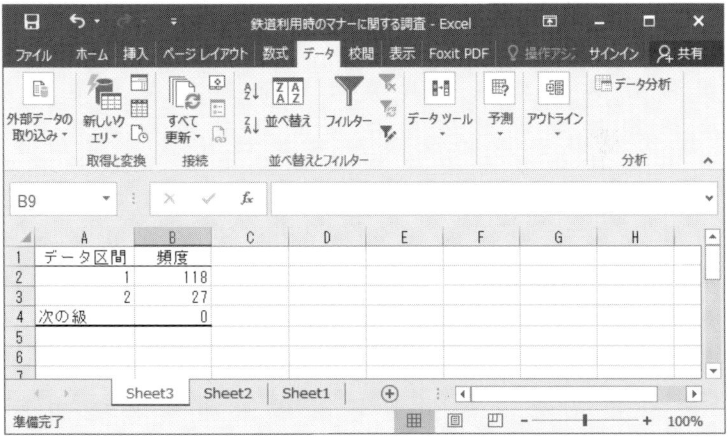

図 6.34　分析ツールによる単純集計（4）

6.4　クロス集計

前節の単純集計は 1 変数（項目）の分布を示すものでしたが、**クロス集計**は 2 変数（項目）の関係性を示す同時分布を表します。調査目的に沿った分析の前に、2 変数間の関係性をみることは必ずしも求められていません。しかし、不正回答がないかの確認のために利用されることがあります。例えば、先述の「海外旅行をしたいか」という質問に「したい」と回答した人だけが、次の質問の「海外旅行で最も行きたい国はどこか」に答えるよう指示されているとします。海外旅行は「したくない」と回答した人が「海外旅行で最も行きたい国はどこか」に回答してしまっていないかを確認するときなどにクロス集計は役立ちます。

Excel を利用したクロス集計の方法として、ピボットテーブルによる方法を紹介します。

例として「性別」の項目と「ミニスカートで足を広げて座る」という行動の頻度をたずねる項目とのクロス集計をとってみます。国内の調査であれば、男性がスカートをはいて列車に乗車するとは考えにくいので、「ミニスカートで足を広げて座る」という行動の頻度をたずねる質問に対して、男性は「全くない」の「1」を回答すると考えられます。想定どおりの結果になるでしょうか。

ピボットテーブルによるクロス集計の手順は以下のとおりです。①〜⑤は単純集計と同様です。

① データ内の任意のセルをクリックして、アクティブセルにします（図6.7）。
② Excelの「挿入」タブを開いて、「ピボットテーブル」をクリックします（図6.7）。
③ 「ピボットテーブルの作成」ダイアログボックスの「テーブルまたは範囲を選択」のボタンをクリックして、「テーブル/範囲」に分析対象となるデータの範囲を指定します（図6.8）。あるいは、分析するデータとして「このブックのデータモデルを使用する」を選択します（図6.16）。
④ ピボットテーブルレポートを配置する場所は、単純集計とは分けて、「新規ワークシート」を指定して、「OK」をクリックします（図6.8）。あるいは、「既存のワークシート」を選んで場所を指定して、「OK」をクリックしても構いません（図6.16）。
⑤ 「ピボットテーブルレポートの範囲」と、「ピボットテーブルのフィールドリスト」の作業ウィンドウが表示されるので（図6.9）、フィールドセクションの「性別」をドラッグして、行ラベル領域にドロップします（図6.35）。

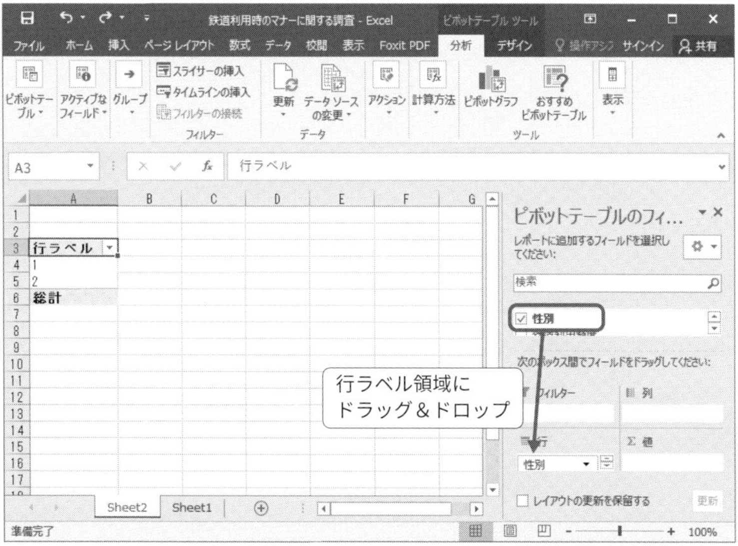

図 6.35　ピボットテーブルによるクロス集計（1）

⑥　次に、フィールドセクションの「ミニスカートで足を広げて座る（頻度）」をドラッグして、列ラベル領域にドロップします（図 6.36）。

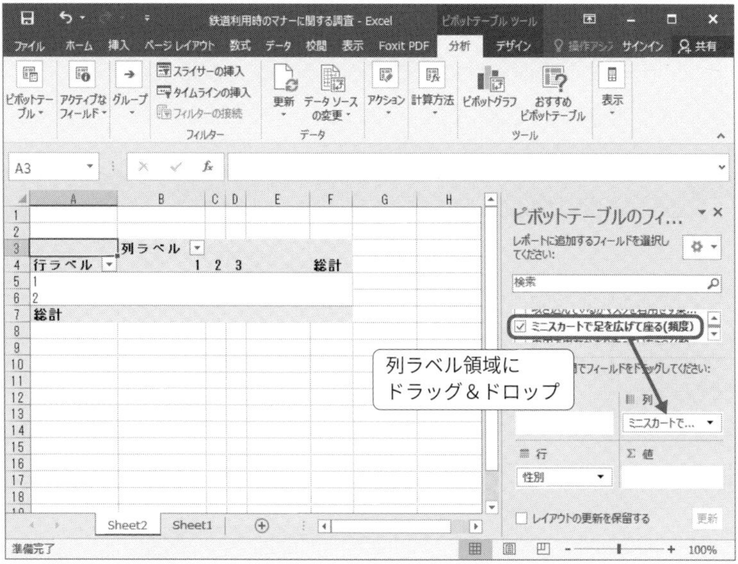

図 6.36　ピボットテーブルによるクロス集計（2）

⑦　さらに、フィールドセクションの「ミニスカートで足を広げて座る（頻度）」をドラッグして、値領域にドロップします（図6.37）。そうすると、クロス集計の結果が表示されます（図6.37）。

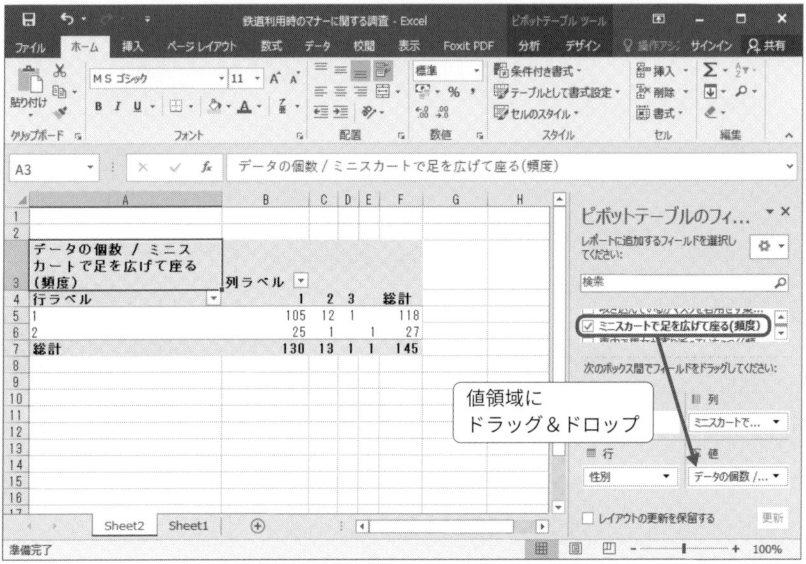

図 6.37　ピボットテーブルによるクロス集計（3）

できれば、もうひと手間かけて、ピボットテーブルの結果を利用して、よりわかりやすい表に書き換えておくとよいでしょう（図6.38）。

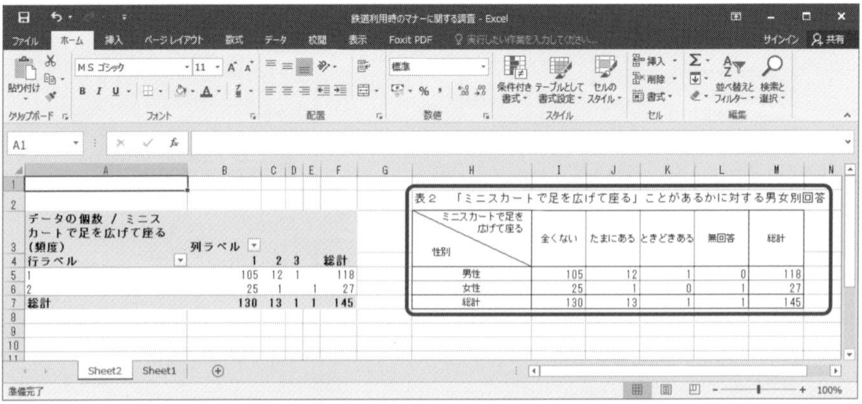

図 6.38　ピボットテーブルによるクロス集計（4）

クロス集計の結果をみると、「ミニスカートで足を広げて座る」ことがあるかという質問に対して、男性では、「全くない」が105名で大多数だが、「たまにある」が12名、「ときどきある」が1名いました。質問は「自身がしたことがあるか」をたずねていますが、「そういった状況に遭遇したことがあるか」などと質問を誤解している可能性がありそうです。前者よりも後者の質問の方が常識的なので、この場合は質問文に問題があったといえるかもしれません。

引用・参考文献

1) 石塚智一（1984）.「尺度」「順序尺度」「間隔尺度」 芝祐順・渡部洋・石塚智一（編） 統計用語辞典 新曜社 p.105, 114, 39.

2) 竹中一平（2014）. データ整理 宮本聡介・宇井美代子（編著） 質問紙調査と心理測定尺度－計画から実施・解析まで サイエンス社 pp.122-150.

3) 森敏昭・吉田寿夫（編）（1990）. 心理学のためのデータ解析テクニカルブック 北大路書房 p.5.

4) 篠原清夫ほか（編著）（2010）. 社会調査の基礎－社会調査士A・B・C・D科目対応 弘文堂 p.195.

第7章

データのグラフ化

データの集計結果を表にまとめるだけでも分布の状況を把握することはできますが、さらにグラフを作成して視覚化しておけば分布は一目瞭然で、あとの分析や考察に役立てられます。Excelで度数分布表やクロス集計表を作っておけば、グラフ化は容易です。ここでは、主としてExcel 2016を使用しています。

7.1 通常のグラフとピボットグラフ

通常の表や**テーブル**に変換した表（以下「テーブル」とする）ではなく、**ピボットテーブル**で作成した表（以下「ピボットテーブル」とする）をグラフ化する場合は、ピボットテーブルをそのまま使って**ピボットグラフ**を容易に描くことができます。しかし、ピボットテーブルは複雑な機能を持っているので、慣れていないと、体裁を整えようとして知らないうちに意図しない変更をしてしまって収拾がつかなくなることもあるので、ここでは、通常の表を、通常のグラフ化によってデータを視覚化します。通常の表をグラフ化し、体裁を整えることに慣れれば、ピボットグラフの体裁も容易に整えられるようになるはずです。

ここでは、「鉄道利用頻度」についてピボットテーブルで集計した結果をコピーして、通常の表として値を貼り付けてから、通常のグラフを作成し、体裁を整えていくことにします。手順は以下のとおりです（図7.1）。

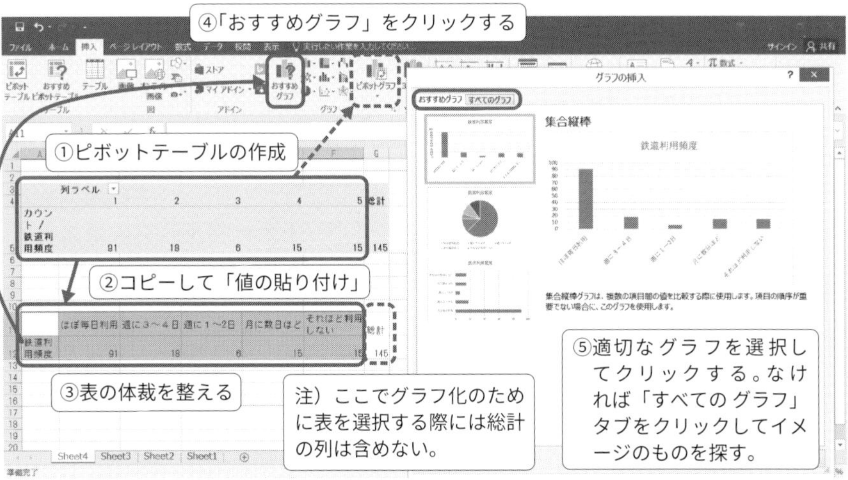

図 7.1　ピボットテーブルを通常の表に書き換えてグラフ化する手順

①　ピボットテーブルで集計します。

②　ピボットテーブルをコピーして、「値の貼り付け」をします（図 7.2）。具体的な数値の入った通常の表が作成されます。

①ピボットテーブルをコピーします。

②通常の表として貼り付けたい場所（表の左上のセルの位置）をクリックしてアクティブにします。

③左図のように「ホーム」タブの「貼り付け」ボタンの▼をクリックしてプルダウンメニューを表示させます。

④「値の貼り付け」の「値」をクリックします。

図 7.2　値の貼り付け

③　②で作成した表の体裁を整えます。

a）ピボットテーブルでは、選択肢が1、2、3、4、5の数値でコード化されていたので、**ディコード（decode）化**して内容がわかるように「ほぼ毎日利用」、「週に3～4日」、「週に1～2日」、「月に数日ほど」、「それほど利用しない」に書き換えます。

b）「列ラベル」や「カウント」などのピボットテーブル特有の用語を書き換えます。ここでは、「列ラベル」を消去し、「カウント/鉄道利用頻度」の部分は変数名（項目名）である「鉄道利用頻度」だけを残しました。

④　体裁を整えた表からグラフにしたい範囲を選択して、グラフを描きます。ここでは、表の総計の列を除いて範囲を指定しています。特にどんなグラフにするかを決めていない場合などは「挿入」タブの「おすすめグラフ」をクリックしてみるとよいでしょう。

⑤　「グラフの挿入」ダイアログボックスに表示された「おすすめグラフ」の中に適切なグラフがあればそれを選択します。適切なグラフがなければダイアログボックスの中の「すべてのグラフ」タブをクリックしてイメージするグラフを探します。どのようなグラフを選択するかについては次節で解説します。

7.2　グラフの種類

Excelでは、縦棒、横棒、折れ線、円、ヒストグラムなど、さまざまなグラフが用意されています。例えば、縦棒グラフを選べば、さらに、集合縦棒、積み上げ縦棒、100%積み上げ縦棒があり、目的に合わせて選択することができます。先に示したように、表を選択して「挿入」タブの「おすすめグラフ」というボタンを使えば、表に合わせたグラフをExcelの方で見繕ってくれます。ただし、「おすすめグラフ」が必ずしも目的に叶った最適なグラフであるとは限らないので、それぞれのグラフの特徴を理解したうえで、より適切なグラフを選択します。

❖ 7.2.1　円グラフ

円グラフは、1 変数（1 項目）について、全体を 1 としたときの各選択肢（とりうる値）の構成比を示します。

例えば、図 7.1 で示した「鉄道利用頻度」を問う項目について、各選択肢の構成比を円グラフで表してみましょう。「挿入」タブの「おすすめグラフ」をクリックすると、「グラフの挿入」ダイアログボックスが表示され、図 7.1 のように集合縦棒グラフ、円グラフ、集合横棒グラフを勧められます。縦棒や横棒は互いの選択肢の度数の大きさの比較には有効ですが、各選択肢の全体に占める割合をみたいのであれば、円グラフが適切です。選択肢数が多すぎるときはグラフが見にくくなるので、値の小さな複数の選択肢をまとめて「その他」としたり、補助円グラフ付き円グラフにしたりするとよいでしょう。ここでは、選択肢数が 5 ということで多くはないので、特に加工する必要はありません。

図 7.3 のように円グラフを選択し、「OK」をクリックします。そうすると、図 7.4 のように、シンプルな円グラフが描かれます。グラフがアクティブになっていれば、「グラフツール」の「デザイン」タブが開かれているので、その中の「グラフスタイル」を利用したり、直接グラフエリア内に加筆修正をしたりして、より目的に合ったグラフにしていきます。

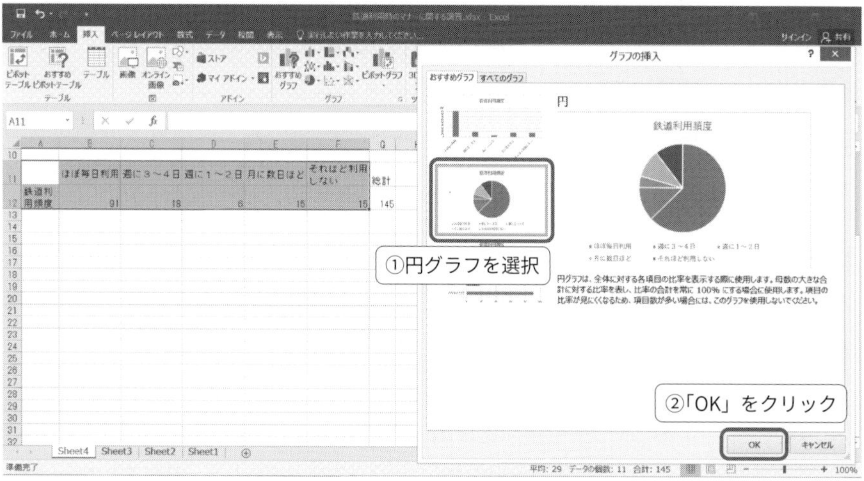

図 7.3　円グラフの作成（1）

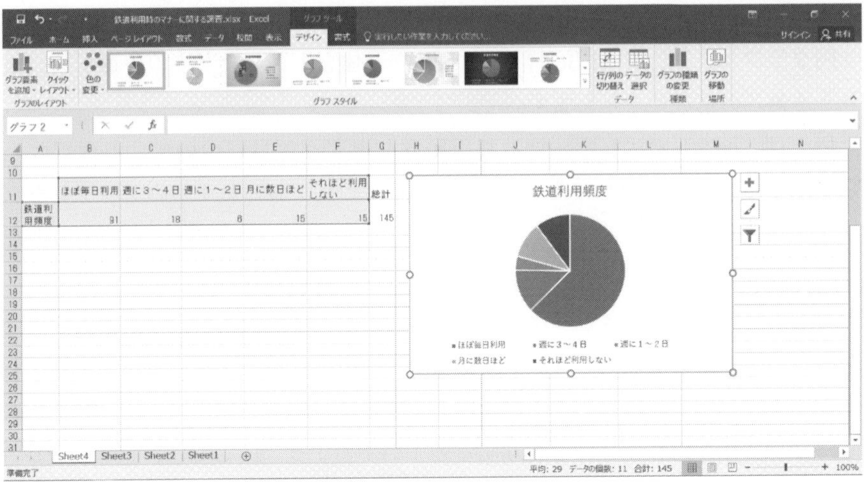

図 7.4　円グラフの作成（2）

❖ 7.2.2　縦棒グラフ

(1)　1 変数の単純集計表からのグラフ化

1 変数の単純集計結果を**縦棒グラフ**で表す場合、棒の高さは各選択肢（とりうる値）の量の大小を示します。棒グラフの場合は選択肢を目的に応じて並べ替えることができます。ヒストグラムとは異なるので注意してください。ちなみに、ヒストグラムは連続量の変数を区切って、離散的にそれぞれの区間の量の大きさを棒の面積で示していて、棒の並びを入れ替えることはできません。

図 7.1 のように「鉄道利用頻度」についての単純集計表（度数分布表）を使用して「挿入」タブの「おすすめグラフ」をクリックすると、「グラフの挿入」ダイアログボックスが表示されます。今度は、円グラフではなく集合縦棒グラフを選択して、「グラフツール」の「デザイン」の「グラフスタイル」の中から「スタイル 4」を選択すると、図 7.5 のような各棒に度数が記入された集合縦棒グラフ[†1]が作成されます。

---

†1　この場合は、各選択肢が利用頻度大から小へと並べられており、一見ヒストグラム的に扱えそうに見えますが、大まかな目安が選択肢として示されているにすぎず、連続量を隙間なく区切っているわけではなく、選択肢の幅が目安の利用頻度に応じて厳密に決められるわけでもありません。したがって、ヒストグラムにはなりえません。

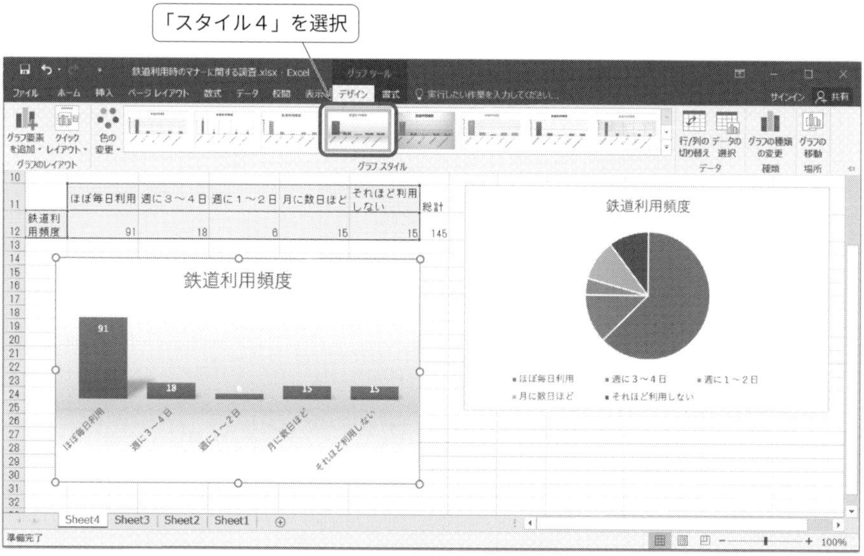

図 7.5　集合縦棒グラフの作成

図 7.6 の 2 つのグラフは、運輸安全委員会の「鉄道事故の統計」から 2015 年の鉄道事故分類[†2]ごとの事故件数を集合縦棒グラフにしたものです。

図 7.6 の左のグラフは、鉄道事故等報告規則（昭和 62 年 2 月 20 日運輸省令第 8 号）による鉄道運転事故の分類順に基づいてカテゴリを並べたものです。一方、図 7.6 の右のグラフは、件数の多い方から降順になるようにカテゴリを並べ替えています。

† 2　鉄道人身傷害事故は鉄道事故等報告規則上、人の死傷が列車衝突事故、列車脱線事故、列車火災事故、踏切障害事故または道路障害事故によって発生した場合には、これらの事故に包含され、鉄道人身障害事故の扱いとはなりません。また、主要因が明らかに自殺（飛び込み）である場合は列車・車両の運転を行ったことが原因で起きた事故とは解されないことから鉄道人身障害事故とならず、国土交通省への報告義務はありません（この場合は輸送障害となる）。その結果、2015 年の鉄道人身傷害事故件数は 1 件のみです。

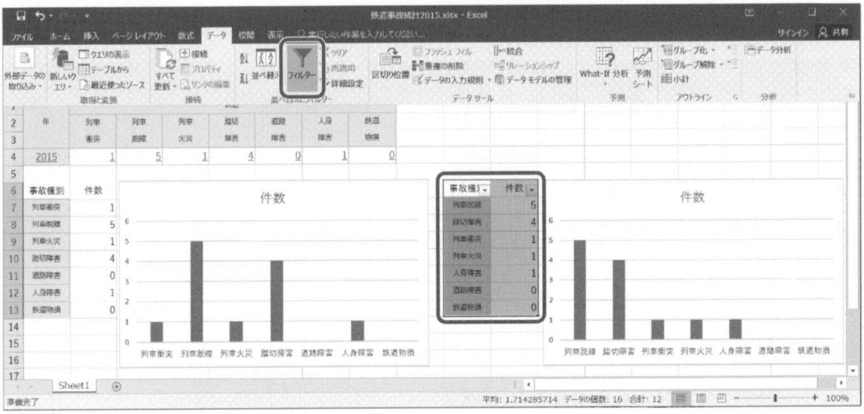

図 7.6　集合縦棒グラフの作成（カテゴリの並べ替え）(1)

このように、名義尺度の変数の場合、棒グラフで表すことができ、カテゴリの順を並べ替えられるので、目的に応じた順に並べ替えることをお勧めします。図 7.6 の左のグラフから右のグラフへの並べ替えは、以下の手順になります。

① 左のグラフの作成に用いた A6:B13 の範囲の表を、例えば、J6:K13 にコピーします。

② J6:K13 の範囲を選択した状態で、「データ」タブの「**フィルター**」をクリックします。すると、1 行目の変数名の各セルの右端に▾が表示されます

③ 「件数」のセルの▾をクリックすると、図 7.7 のようなプルダウンメニューが表示されますので、「降順」を選べば、件数の多い方から降順に並べ替えられ、図 7.6 の右表（J6:K13）のようになります。

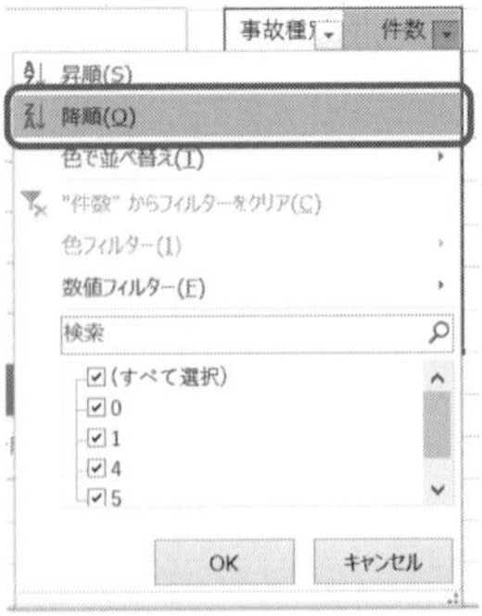

図 7.7　集合縦棒グラフの作成（カテゴリの並べ替え）(2)

④　③で作成した表を用いて集合縦棒グラフを描けば、図 7.6 の右のグラフが得られます。

(2) 2 変数のクロス集計表からのグラフ化

2 変数のクロス集計結果を縦棒グラフで表す場合、一方の変数の選択肢が「**カテゴリ**」として扱われ、他方の変数の選択肢が「**系列**」として扱われます。2 変数のうち、変数の選択肢数（とりうる値の数）を比較して数の多いものがカテゴリ、少ないものが系列となります。

例えば、性別によって電車内での化粧に対する不快感は異なるのかを検討するため、選択肢数が 2 つの性別（男・女）と選択肢数が 4 つの「車内で化粧をする」に対する不快感（不快でない、少し不快だ、かなり不快だ、非常に不快だ）についてクロス集計をした結果を縦棒グラフにするには以下のような手順になります（図 7.8）。

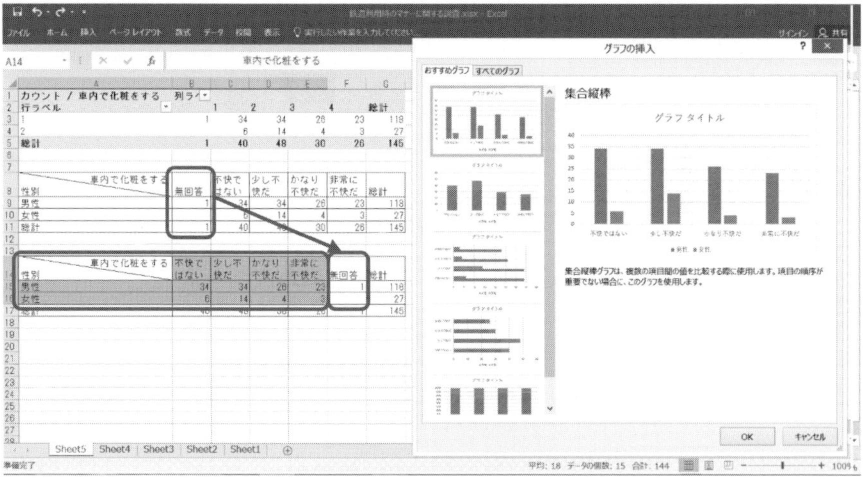

図 7.8　クロス集計結果の集合縦棒グラフ化（1）

①　ピボットテーブルでクロス集計表を作成し、それをコピーして値として貼り付け、通常の表にします。選択肢の内容をディコード化し、数値から文字に書き換えます。

②　「車内で化粧をする」に対する無回答の列はすべての選択肢の最後に置きます。

③ 「総計」の行と、「無回答」と「総計」の列を外して表を選択し、「挿入」タブの「おすすめグラフ」をクリックすると、「グラフの挿入」ダイアログボックスが表示されます。**集合縦棒、積み上げ縦棒**、集合横棒、積み上げ横棒、**100%積み上げ縦棒**の５つのグラフが薦められます。ここでは３種類の縦棒について検討します。

a） 集合縦棒を選択した場合

性別（男・女）よりも「車内で化粧をする」に対する不快感の方が選択肢数は多いので、不快感の方がカテゴリで、性別の方が系列になります（図7.9 の右上グラフ）。しかし、男女の人数に差があるため、このままでは男性と女性の比較が難しいので、カテゴリと系列を入れ替えます。グラフエリアをクリックし、「グラフツール」の「デザイン」の「データ」グループにある「行/列の切り替え」をクリックすれば、図 7.9 右下図のようにカテゴリと系列が入れ替わり、男性と女性の分布の形を比較しやすくなります。

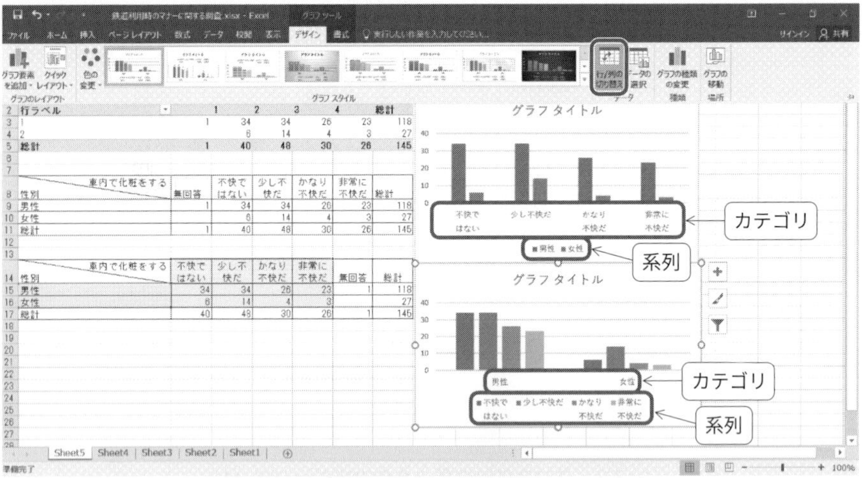

図 7.9　クロス集計結果の集合縦棒グラフ化（2）

b） 積み上げ縦棒を選択した場合

a）と同様のデータで積み上げ縦棒を選択します（図 7.10）。デフォルトでは、不快感の方がカテゴリで、性別の方が系列になるので、図 7.11 左のグラフが得られます。「行/列の切り替え」を選択すると、図 7.11 右のグラフが得られます。男女の分布の違いをみるにはどちらのグラフもあまり適切とはいえないでしょう。男女の違いをみるのが目的ではないが男女に差があれば検討の余地がある程度で、むしろ男女に関係なく全体的な選択状況をみたいのであれば、左のグラフがみやすいと思います。

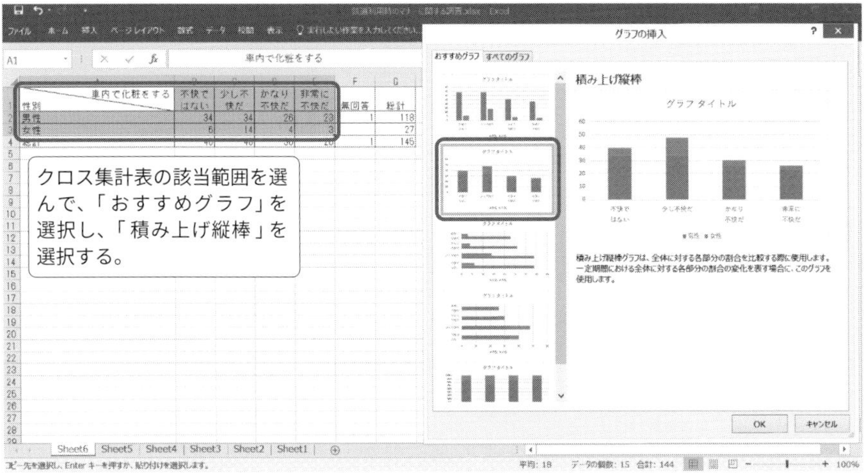

図 7.10　クロス集計結果の積み上げ縦棒グラフ化（1）

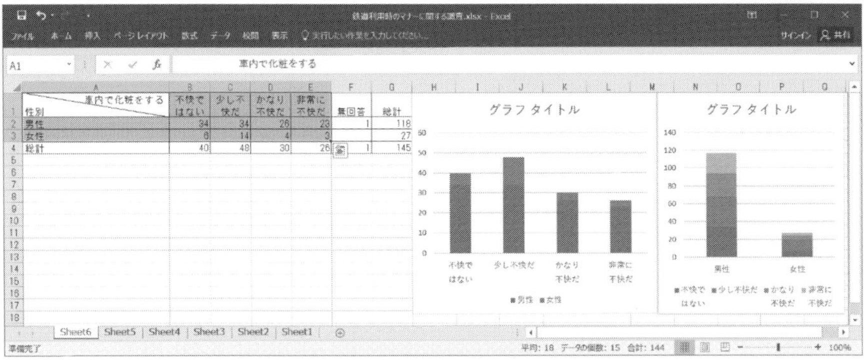

図 7.11　クロス集計結果の積み上げ縦棒グラフ化（2）

c）　100％積み上げ縦棒を選択した場合

a）、b）と同様のデータで 100％積み上げ縦棒を選択します（図 7.12）。100％積み上げ縦棒はカテゴリ別の構成比の比較に有用です。

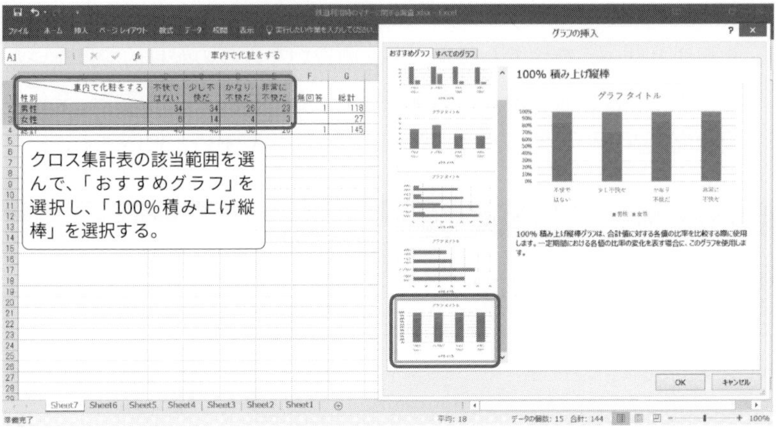

図 7.12　クロス集計結果の 100%積み上げ縦棒グラフ化（1）

ここでも、デフォルトは、不快感の方がカテゴリで、性別の方が系列になるので、図 7.13 左のグラフが最初に得られます。このグラフでは、各カテゴリ（不快感の各選択肢）について男女比はわかりますが、男女別でどの選択肢が多く選ばれ、どの選択肢があまり選ばれなかったのかはわかりません。

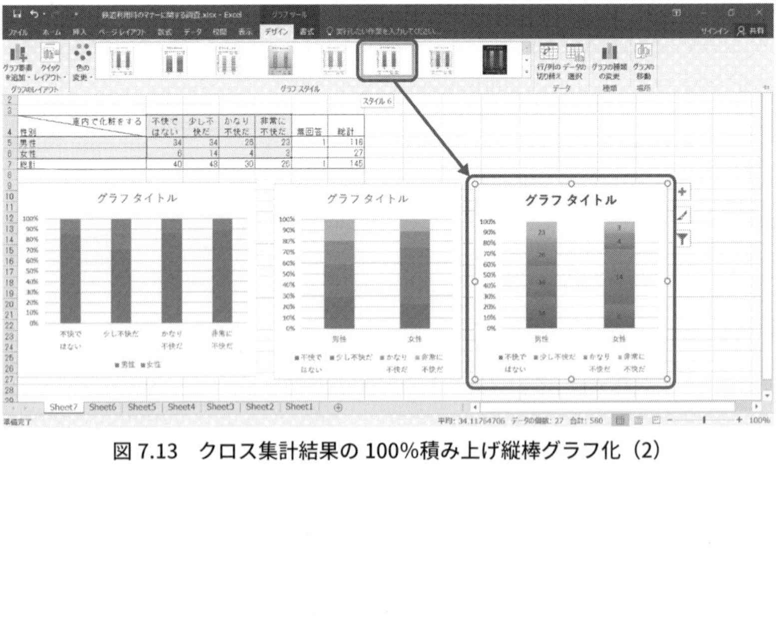

図 7.13　クロス集計結果の 100%積み上げ縦棒グラフ化（2）

「行/列の切り替え」を選択すると、図7.13中央のグラフが得られます。男性と女性の人数がもともと異なる場合は、100%積み上げ縦棒にすることで男女の高さをそろえられるので、男女それぞれの構成比（選択肢の選び方）を比較しやすくなります。

さらに、「グラフツール」の「デザイン」の「グラフスタイル」の中から、例えば、スタイル6を選択すると、図7.13右のグラフのように、各選択肢（系列）を選んだ人数もグラフ中に掲載されます。

④ イメージしたグラフが得られれば、グラフタイトルや軸ラベルなど必要に応じて体裁を整えます。

ここでは、3種類の縦棒について比較検討しましたが、男女それぞれの構成比（選択肢の選び方）を比較したいのであれば、実際には後述する**100%積み上げ横棒グラフ（帯グラフ）**の方がよく利用されます。

❖ 7.2.3 横棒グラフ

(1) 1変数の単純集計表からのグラフ化（集合横棒グラフ）

「7.2.2 縦棒グラフ」で利用した、運輸安全委員会公表の2015年の鉄道事故分類ごとの事故件数（運輸安全委員会が調査したもの）を、**集合横棒グラフ**にしてみます。

図7.14のように、A6:B13の範囲の表を選択して、「挿入」タブの「おすすめグラフ」をクリックすると、「グラフの挿入」ダイアログボックスが表示されます。「グラフの挿入」の左中央の集合横棒を選ぶと、ダイアログボックスの右グラフ下に、「グラフが期間を表す場合や、項目の文字列が長い場合にこのグラフを使用します。」とあり、**横棒グラフ**の特徴も示されます。

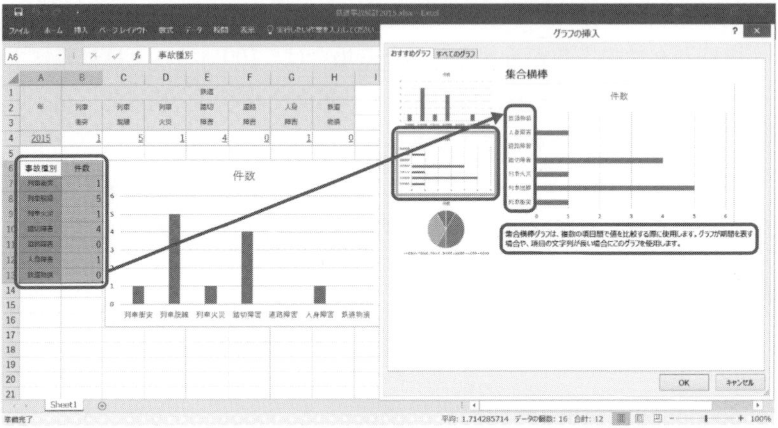

図 7.14　集合横棒グラフの作成（1）

横棒グラフを選択すると、表の事故種別の上下の順とグラフの事故種別の上下の順が逆になります。これを見越してそもそも表の順を変えておくということもできますが、表を変更せずに、グラフで対応するなら次の手順で、表と同じ順に並べ替えられます。

① 図 7.15 のように、修正したいグラフをアクティブにし、「グラフツール」の「書式」タブを選択し、「現在の選択範囲」の中の「選択対象の書式設定」をクリックします。

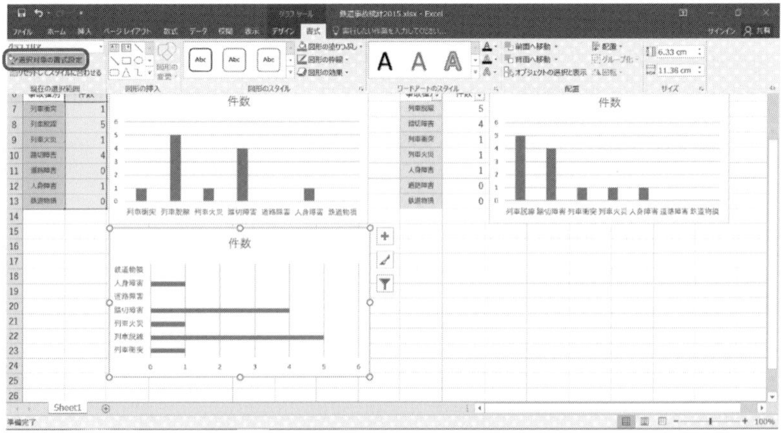

図 7.15　集合横棒グラフの作成（2）

② すると、図 7.16 のように「グラフエリアの書式設定」の作業ウィンドウが画面右端に表示されます。

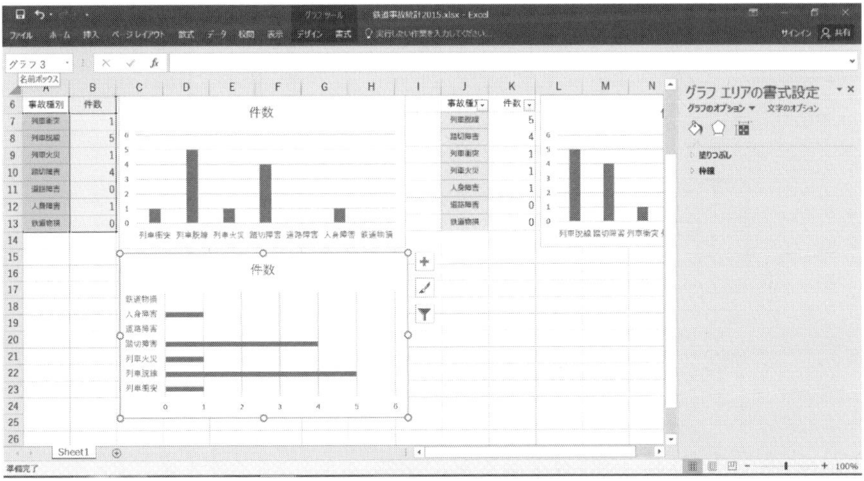

図 7.16　集合横棒グラフの作成（3）

③ グラフエリアの中の事故種別を選択すると、「グラフエリアの書式設定」の作業ウィンドウが「軸の書式設定」に変更されます。そして、「軸のオプション」を選択すると、図 7.17 のような画面になり、「軸を反転する」のチェックボックスにチェック☑を入れれば、事故種別の並び順が逆になり、表と同じ順に並び替えられます。しかし、同時に件数を表す数字もグラフの上部に移動するため、これをグラフ下部に移動させるために、次に、「横軸との交点」は「最大項目†3」を選択します。そうすれば問題は解決します。

†3　ここでの「最大項目」は「最後の項目」と読み替えてよさそうです。

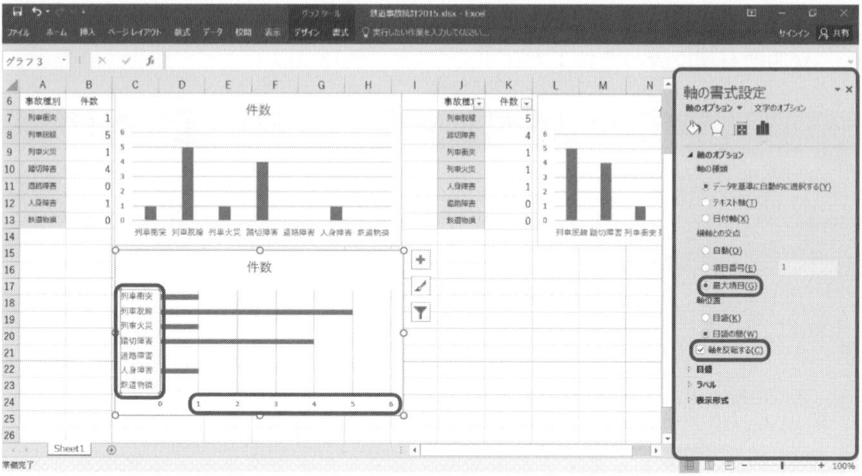

図 7.17　集合横棒グラフの作成（4）

(2) ２変数のクロス集計表からのグラフ化

２変数のクロス集計結果を横棒グラフで表してみます。基本的な構成は縦棒グラフと変わりません。(1) で述べたように、項目の文字列が長ければ横棒グラフにするなど、縦棒と横棒でどちらが紙面を倹約できるか、あるいはみやすいかなどで縦棒か横棒かを判断することになります。

ここでは、「7.2.2　縦棒グラフ (2) ２変数のクロス集計表からのグラフ化」で使用した例と同じデータを使用して、性別による電車内での化粧に対する不快感の違いについて検討するための横棒グラフを作成してみます。両変数のクロス集計結果（通常の表）から横棒グラフを作成するには以下のような手順になります。

① 縦棒グラフのときと同様に、「総計」の行と、「無回答」と「総計」の列を外して表を選択し、「挿入」タブの「縦棒/横棒グラフの挿入」をクリックすると、図 7.18 のようなグラフの選択画面が表示されます（「おすすめグラフ」をクリックして、「グラフの挿入」ダイアログボックスから、選ぶこともできます）。

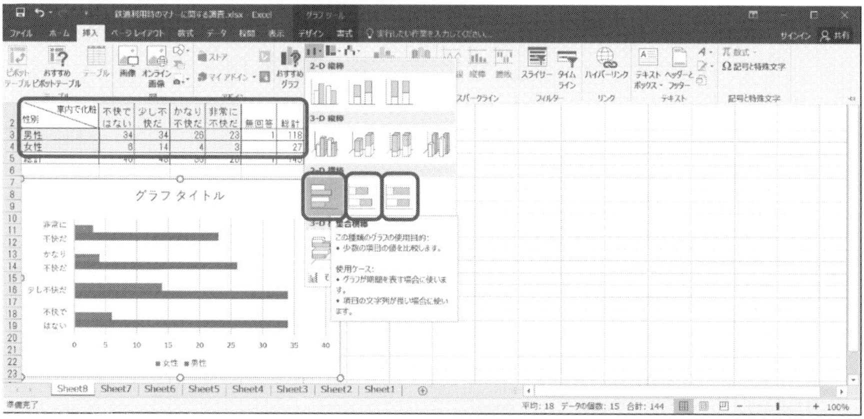

図 7.18　クロス集計結果の横棒グラフ化（1）

② 縦棒グラフ（2-D 縦棒）と同様、2-D 横棒には**集合横棒**、**積み上げ横棒**、**100%積み上げ横棒**の 3 つのグラフが用意されています。性別（男・女）よりも「車内で化粧をする」に対する不快感（不快でない、少し不快だ、かなり不快だ、非常に不快だ）の方が選択肢数は多いので、不快感の方がカテゴリで、性別が系列になります。

a）集合横棒を選択した場合

図 7.18 のように、2-D 横棒から集合横棒を選択すると、図 7.19 左のグラフのように性別（男・女）が系列で、「車内で化粧をする」に対する不快感がカテゴリになります。集合縦棒と同様、男女の人数に差があるため、このままでは男性と女性の比較が難しいので、カテゴリと系列を入れ替えます。グラフエリアをクリックし、「グラフツール」の「デザイン」の「データ」グループにある「行/列の切り替え」をクリックすれば、図 7.19 右のグラフのようにカテゴリと系列が入れ替わり、男性と女性の分布の形を比較しやすくなります。

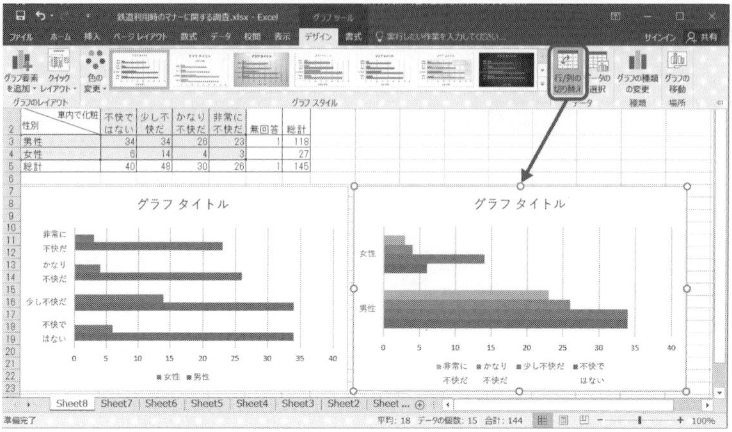

図 7.19　クロス集計結果の横棒グラフ化（2）

b）積み上げ横棒を選択した場合

次に①の手順で、a）と同様のデータを用いて、2-D 横棒から積み上げ横棒を選択します（図 7.18）。デフォルトでは、性別が系列、不快感がカテゴリになるので、図 7.20 左のグラフが得られます。「行/列の切り替え」を選択すると、図 7.20 右のグラフが得られます。男女の分布の違いをみるにはどちらのグラフもあまり適切とはいえないでしょう。男女の違いにはそれほど関心がなく、むしろ男女に関係なく全体的な選択状況をみたいのであれば、左のグラフの方がみやすいと思います。

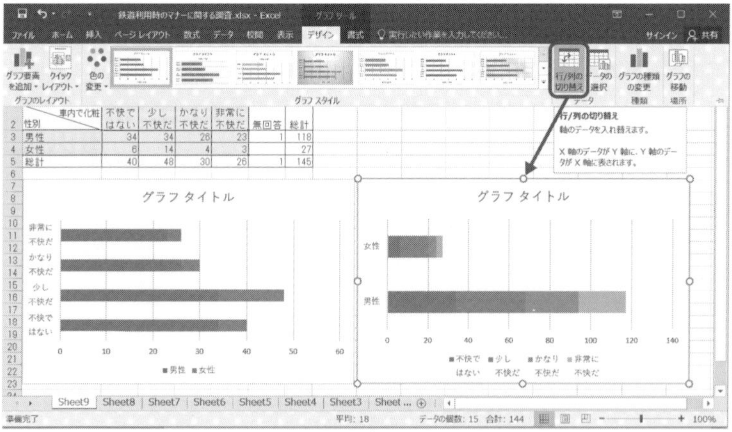

図 7.20　クロス集計結果の横棒グラフ化（3）

c） 100％積み上げ横棒を選択した場合

次に①の手順で、a)、b）と同様のデータを用いて、2-D 横棒から100％積み上げ横棒を選択します（図 7.18）。100％積み上げ横棒はカテゴリ別の構成比の比較に有用です。

ここでも、デフォルトは、不快感の方がカテゴリで、性別の方が系列になるので、図 7.21 左のグラフが最初に得られます。このグラフでは、各カテゴリ（不快感の各選択肢）についての男女比はわかりますが、男女別でどの選択肢が多く選ばれ、どの選択肢があまり選ばれなかったのかはわかりません。100％積み上げ縦棒グラフと同様の見方ができます。

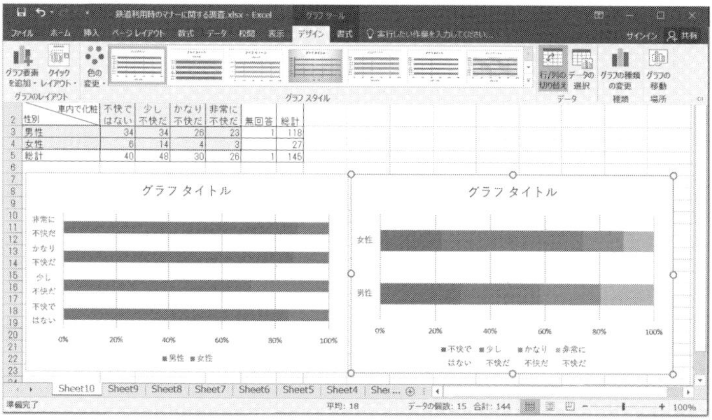

図 7.21　クロス集計結果の横棒グラフ化（4）

「行/列の切り替え」を選択すると、図 7.21 右のグラフが得られ、男女それぞれの構成比（選択肢の選び方）がわかります。男性と女性の人数がもともと異なる場合は、100％積み上げ横棒にすることで男女の高さをそろえられるので、男女それぞれの構成比（選択肢の選び方）を比較しやすくなります。

性別による電車内での化粧に対する不快感の違いについて検討するためであれば、男女それぞれの構成比（選択肢の選び方）を比較しやすい、**100％積み上げ横棒グラフ（帯グラフ）**がお勧めです。

❖ 7.2.4　ヒストグラム

ヒストグラムは、1つの連続変数のデータの分布を階級に分け、階級ごとの度数（人数や世帯数、個数など、データの数）を柱（棒）の面積で表し、分布の具合をみるものです。階級の幅は必ずしも等間隔ではないので、柱の高さではなく面積で表すわけです。もともと連続変数を階級で区切っているだけなので、隣接する柱と柱の間に隙間をあけません。**柱状グラフ**とも呼ばれます。

Excelでヒストグラムを作成するときには、連続変数のデータから直接ヒストグラムを作成する方法と、度数分布表にしたものからヒストグラムを作成する方法とがあります。前者では、分析ツールを使って作成することもできますし、グラフ機能の中の「統計グラフの挿入」から「ヒストグラム」を使うこともできます。後者については、グラフ機能の中の「縦棒/横棒グラフの挿入」から「集合縦棒グラフ」を利用します。

(1) 連続変数のデータからヒストグラムを作成する場合（分析ツールを使用）

度数分布表を作成せず、連続変数のデータから直接ヒストグラムを作成する場合は、6.3.3項で紹介したExcelのアドインプログラムの分析ツール[†4]を使用することができます。

ここでは分析ツールの「データ分析」を使って、履修者76名のある科目の小テスト（25点満点）の得点データから直接ヒストグラムを作成することにします。手順は以下のとおりです。

① 「データ分析」でヒストグラムを作成するためには、連続変数のデータ（小テスト得点）とともに、「データ区間」を指定しなければなりません。6.3.3項で示したように、「データ区間」とは、度数分布表を作成するときの各階級の範囲のようなもので、各階級の最大値を昇順に並べます。図7.22では得点を5点刻みで集計できるように、「区間」という変数名をつけて0点から25点までを5点刻みで昇順に並べています（D1:D7）。

†4　分析ツールアドインプログラムを読み込んでいない場合は、6.3.3項の「分析ツールによる単純集計」を参照して読み込んでください。

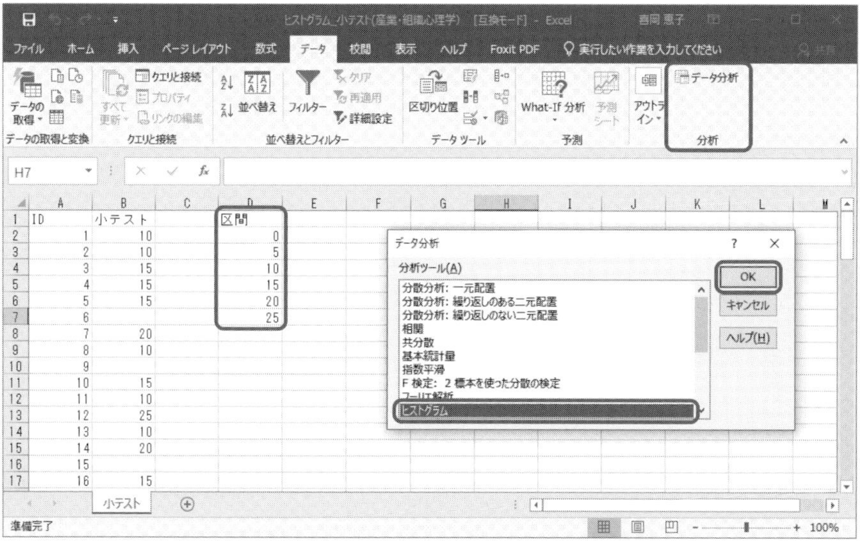

図 7.22　分析ツールによるヒストグラム (1)

② 「データ」タブの「分析」グループの「データ分析」ボタンをクリックすると、図 7.22 のように「データ分析」ダイアログボックスが表示されるので、「ヒストグラム」を選択して、「OK」をクリックします。

③ 図 7.23 のような「ヒストグラム」ダイアログボックスが表示されたら、「入力範囲」に対象となる連続変数（小テスト）のデータの範囲を入力します（変数名（小テスト）を含めて「$B$1:$B$77」を指定）。

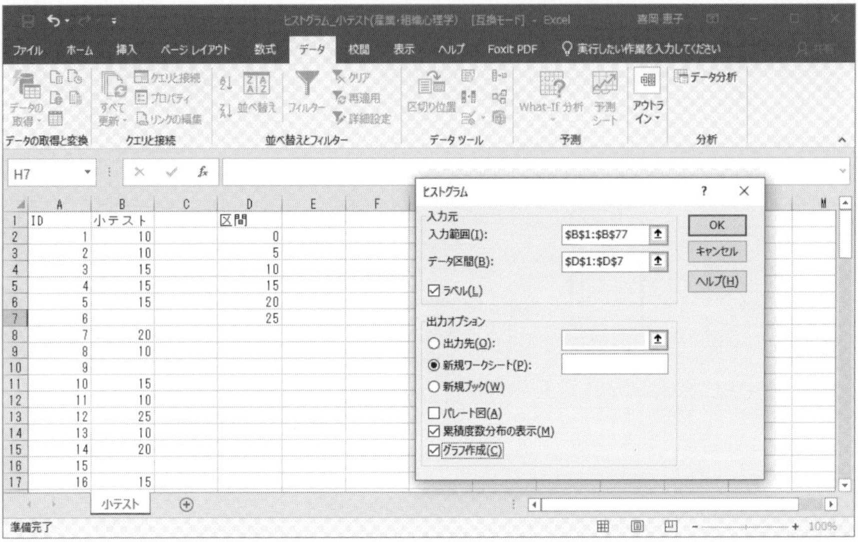

図 7.23　分析ツールによるヒストグラム（2）

④　図 7.23 の「データ区間」には①で指定した区間を入力します（変数名（区間）を含めて「$D$1:$D$7」を指定）。

⑤　上記③、④において変数名を含めて指定しているので、「ラベル」にチェック☑を入れます。

⑥　「出力オプション」は、「新規ワークシート」を選択し、「グラフ作成」のチェックボックスにチェック☑を入れます。**累積度数**（**cumulative frequency**）は必ずしも必要ではありませんが、あると便利な指標なので、「累積度数分布の表示」にもチェック☑を入れて、「OK」をクリックします。

⑦　すると、図 7.24 のように新しいシートに結果が出力されます。76 名の履修者のうち、小テストを受けなかった 10 名の学生は小テストの欄が空欄になっていたので、読み飛ばされていてカウントされていません。したがって、度数分布表の**頻度**（**frequency**、**度数**）の合計は 66 になります。ヒストグラムの主軸（左側の縦軸）は頻度（度数）を表し、第 2 軸（右側の縦軸）は折れ線グラフの**累積相対度数**（**cumulative relative frequency**）を百分率〔%〕で表しています。

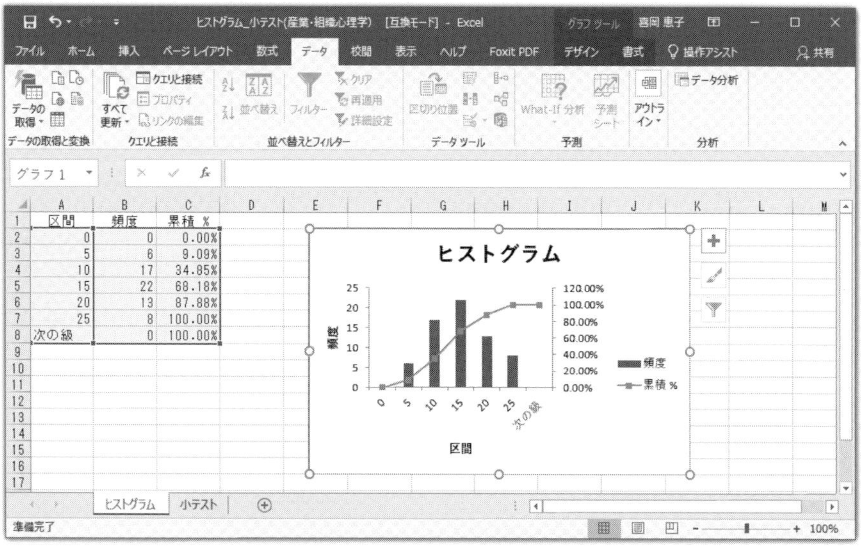

図 7.24　分析ツールによるヒストグラム（3）

⑧　この段階ではヒストグラムとはいうものの、棒グラフのように棒と棒の間に隙間ができているので、この隙間を埋めていきます[†5]。グラフの全縦棒を選択し、右クリックすると、図 7.25 のようなプルダウンメニューが表示されるので、「データ系列の書式設定」を選択します。図 7.24 の表の「次の級」の行は使わないので、ここでは除いても構いません。

†5　ここでの小テストの得点は 0、5、10、15、20、25 のいずれかにしかならないように採点しているので、実質的には離散変数といえ、棒グラフでも構わないかもしれません。しかし、テストで測定される能力自体は連続的なものなので、ヒストグラムとします。

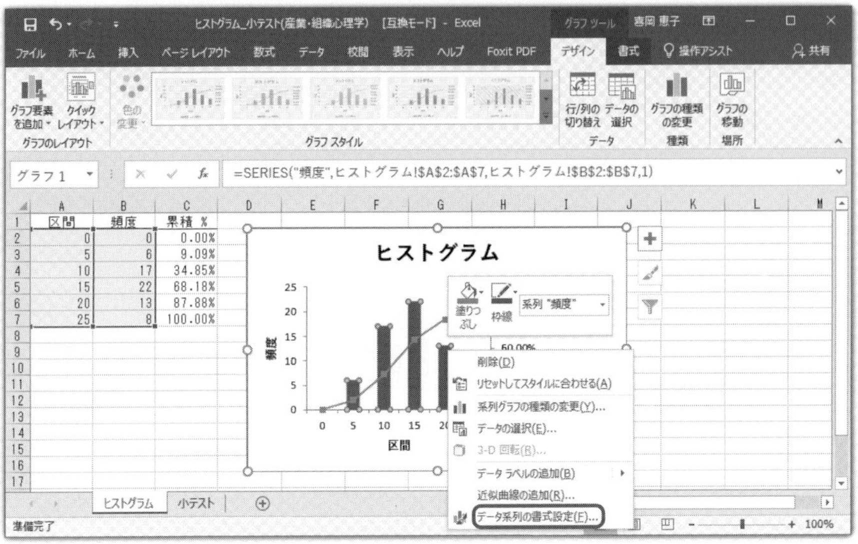

図 7.25　分析ツールによるヒストグラム（4）

⑨　図 7.26 のように、右端に「データ系列の書式設定」の作業ウィンドウが表示されるので、「要素の間隔」を「0%」にします。そうすると、棒と棒の隙間はなくなり、ヒストグラムらしくなります。

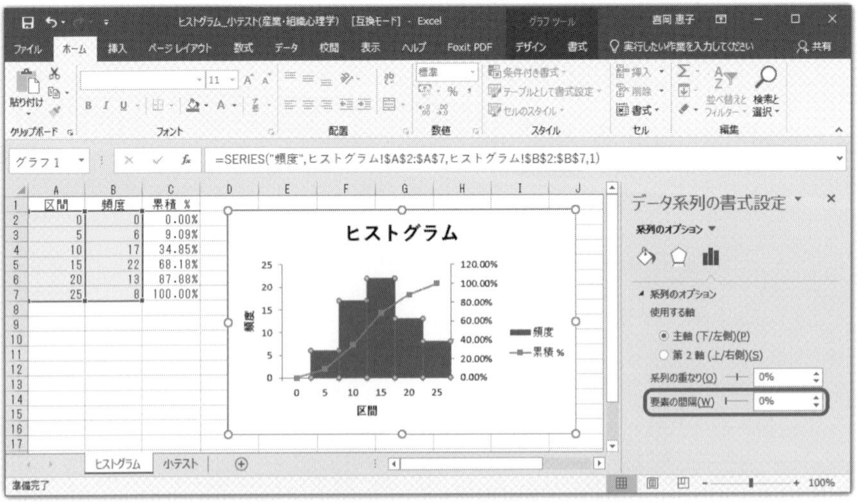

図 7.26　分析ツールによるヒストグラム（5）

⑩　さらに、必要に応じて、グラフタイトルや軸ラベル、横軸の階級の表示のしかたなどを書き換えていきます。

(2) 連続変数のデータからヒストグラムを作成する場合（グラフ機能を使用）

先と同様、76 名の履修者（66 名の受験者）の小テスト（25 点満点）の得点データを例にして、グラフ機能の中の「統計グラフの挿入」から「**ヒストグラム**」を使ってヒストグラムを作成することにします。この「ヒストグラム」は目安として作成するには便利ですが、いろいろと制約があり、ユーザー側での任意の変更が難しい部分もあります。調整が難しいですが、以下の手順で（1）と同様のヒストグラムを描くことができます。

①　図 7.27 のように、ヒストグラムにしたい連続変数のデータを選択し（変数名（小テスト）を含めて「B1:B77」を指定）、「挿入」タブの「グラフ」グループの「統計グラフの挿入」から「ヒストグラム」を選択します[†6]。あるいは「グラフ」グループの「おすすめグラフ」を選択し、「すべてのグラフ」タブを選び、「ヒストグラム」を選択することもできます。

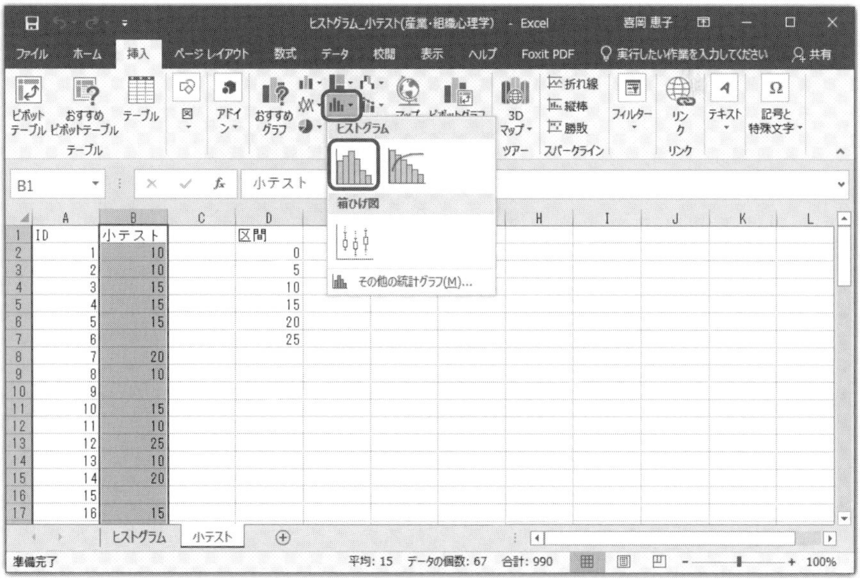

図 7.27　グラフ機能によるヒストグラム（1）

†6　（1）①のような「データ区間」の指定は不要です。

② 「ヒストグラム」を選択すると、図7.28のような階級を持つヒストグラムが自動的に作成されます。最初の階級のみ閉区間、それ以外の階級は右閉半開区間となったいるため、作成された4つの階級の階級幅は左から順に、5以上10以下、10より大きく15以下、15より大きく20以下、20より大きく25以下になります。階級のとり始めはデータの最小値である5になっています。最初の階級の幅だけ他の階級幅と異なりますが、最初の階級のみ閉区間ということと、階級のとり始めが最小値になることを変更することはできないので、その制約の中で、5と10が異なる階級に割り振られるようにしたいものです。

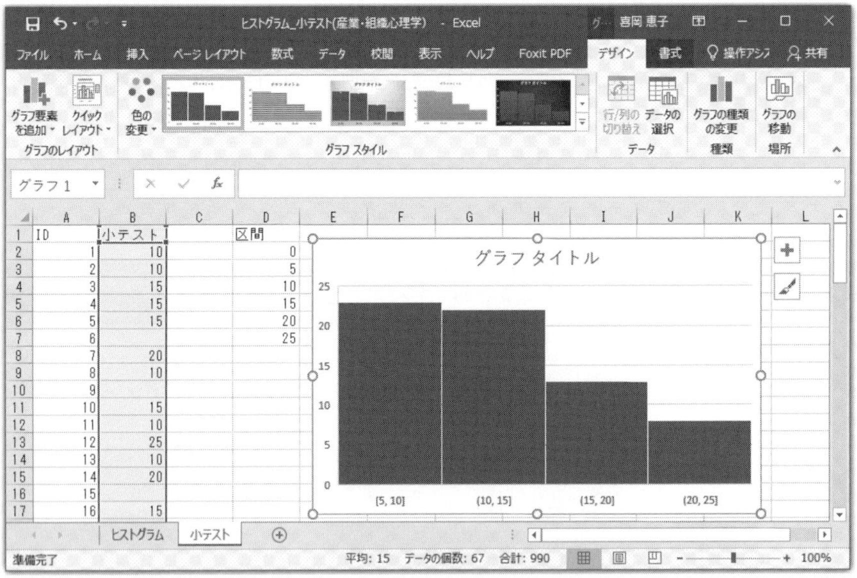

図7.28　グラフ機能によるヒストグラム（2）

③ グラフエリアの横（項目）軸をダブルクリックするか、あるいは、横軸を選択して「グラフツール」の「書式」タブから「現在の選択範囲」グループの「選択対象の書式設定」を選択するかすれば、図7.29のように「軸の書式設定」の作業ウィンドウが表示されるので、ここの設定を変えてみます。

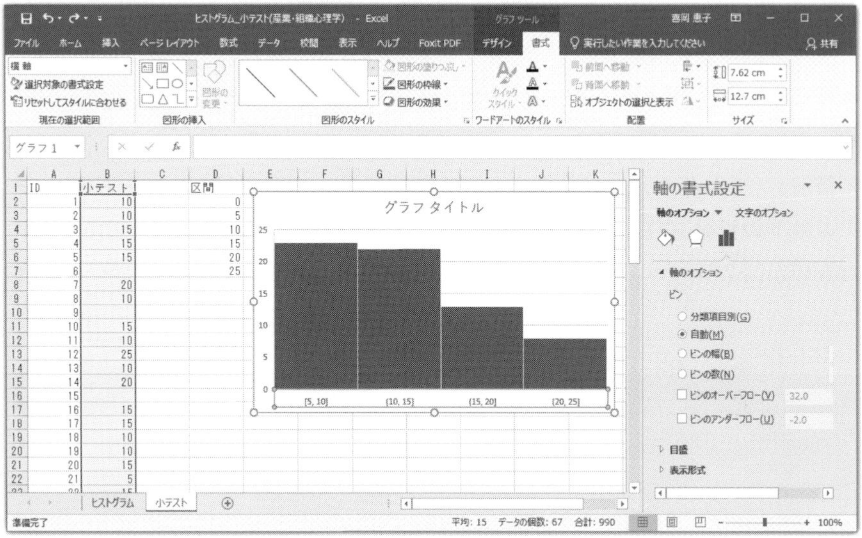

図 7.29　グラフ機能によるヒストグラム（3）

④　とりあえず、5、10、15、20、25 の点数をそれぞれ異なる階級に割り振るだけなら、「ビンの数」を「5」にしてみると図 7.30 のように（1）で作成したものと同様のヒストグラムが得られます。

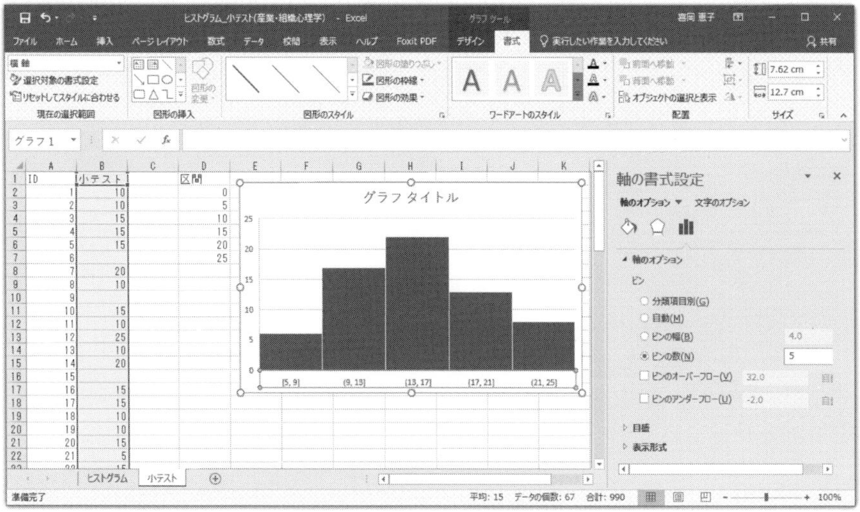

図 7.30　グラフ機能によるヒストグラム（4）

(3) 度数分布表からヒストグラムを作成する場合

次に、総務省統計局（e-Stat）が公表している世帯別貯蓄現在高の度数分布表を用いてヒストグラムを作成します。総務省統計局の「家計調査（貯蓄・負債編）（二人以上の世帯）2016 年」の統計表の中から「貯蓄・純貯蓄・負債現在高階級別」（2017 年 9 月 8 日公開）という Excel ファイルをダウンロードし、「7-1 二人以上の世帯（1）」シートの一部を抜粋して、2016 年の貯蓄現在高を表にしたものが図 7.31 です。図 7.31 の％と計（網掛け）の部分は著者が加筆したものです。

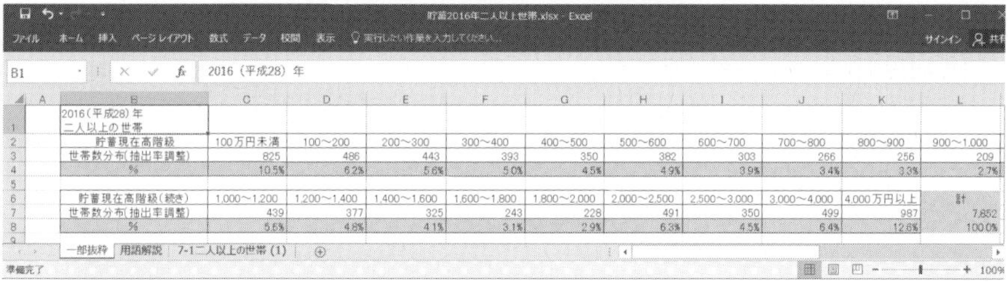

2016（平成28）年 二人以上の世帯										
貯蓄現在高階級	100万円未満	100～200	200～300	300～400	400～500	500～600	600～700	700～800	800～900	900～1,000
世帯数分布（抽出率調整）	825	486	443	393	350	382	303	266	256	209
%	10.5%	6.2%	5.6%	5.0%	4.5%	4.9%	3.9%	3.4%	3.3%	2.7%
貯蓄現在高階級（続き）	1,000～1,200	1,200～1,400	1,400～1,600	1,600～1,800	1,800～2,000	2,000～2,500	2,500～3,000	3,000～4,000	4,000万円以上	計
世帯数分布（抽出率調整）	439	377	325	243	228	491	350	499	987	7,852
%	5.6%	4.8%	4.1%	3.1%	2.9%	6.3%	4.5%	6.4%	12.6%	100.0%

出典：総務省統計局「家計調査（貯蓄・負債編）（二人以上の世帯）2016 年」の「貯蓄・純貯蓄・負債現在高階級別」（2017 年 9 月 8 日公開）統計表（Excel ファイル）の「7-1 二人以上の世帯 (1)」シートの一部を抜粋（%と計（網掛け）の部分は著者が加筆）

図 7.31　貯蓄現在高階級別世帯分布

また、総務省統計局「家計調査報告（貯蓄・負債編）－平成 28 年（2016 年）平均結果速報（二人以上の世帯）」に、図 7.32 のヒストグラムが掲載され、貯蓄現在高階級別世帯分布が示されています。

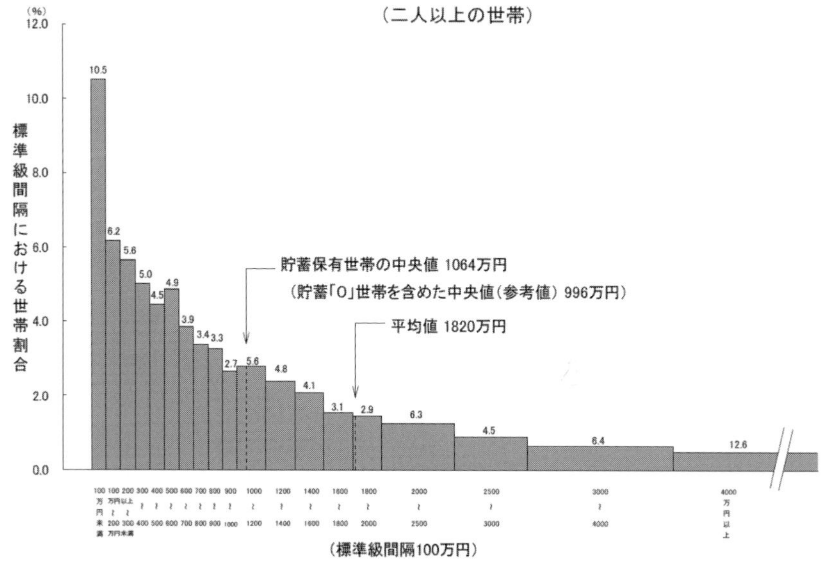

出典：総務省統計局「家計調査報告（貯蓄・負債編）－平成 28 年（2016 年）平均結果速報（二人以上の世帯）」図 I-1-3

図 7.32　貯蓄現在高階級別世帯分布－2016 年－（二人以上の世帯）

貯蓄は左右対称の分布とはならず、右肩下がりで、平均値 1,820 万円を下回る世帯が約 3 分の 2 を占めています。度数の分布具合やわかりやすさから 1,000 万円までは 100 万円の階級幅になっていますが、貯蓄高が大きくなると、度数が少なくなってくるため、1,000 万円以上 2,000 万円未満では 200 万円の階級幅をとり、2,000 万円以上 3,000 万円未満では 500 万円の階級幅をとり、3,000 万円以上 4,000 万円未満では 1,000 万円の階級幅をとり、残りは 4,000 万円以上で 1 つにくくっています。

極端に貯蓄高の高い、少数の世帯がいるために、全世帯をすべて 100 万円の階級幅で描くと、階級の数が大きくなりすぎて度数分布表が非効率的であったり、高さに凸凹ができて右肩下がりの全体傾向が見えにくくなったりするので、度数が少なくなってくると、等間隔の階級の幅を複数まとめて階級幅を変更し、高さを調整して面積で表した方が効率的です。

図 7.32 では 1,000 万円未満の階級幅は 100 万円で、階級幅 100 万円に対する世帯割合〔%〕が縦軸の高さに対応しています。したがって、例えば、1,000 万円

以上1,200万円未満の階級の階級幅は200万円で世帯の割合は5.6%なので、階級幅が2倍になるため、高さは2分の1の2.8%にします。また、4,000万円以上のようなオープンエンドの階級については最高貯蓄高がわかれば階級幅を決められ、高さも決まってきますが、左隣の階級幅よりもさらに幅が広くなり紙幅に限りがある場合は、図7.32のように横軸の右端の階級に切れ目（//）を入れて表すことができます。あるいは直前の階級の幅を最後の階級の幅に適用する場合があります。また、度数分布表から最後の階級を除外する場合もあります。

同様のヒストグラムをExcelで作成するには、次のような手順になります。度数分布表がすでに用意されているので、「挿入」タブの「縦棒グラフの挿入」または「おすすめグラフ」から「集合縦棒グラフ」を選択します。

① 階級幅をすべて100万円単位にして、高さを調整した度数分布表を作成します。階級幅が200万円なら、階級幅を100万円分ずつに2等分して、百分率〔%〕で表した**相対度数**（**relative frequency**）も2等分し、それをそれぞれの階級（100万円単位）の高さとします。例えば、1,000万円以上1,200万円未満の階級の世帯の割合は5.6%なので、階級幅を1,000～1,100と1,100～1,200に便宜的に分け、高さはそれぞれ2分の1の2.8%ずつとします。階級幅が500万円なら階級幅を5等分して、世帯割合〔%〕も5等分し、それぞれの高さとします。そのようにして階級幅100万円の度数分布表を作成します。オープンエンドの4,000万円以上は12.6%でしたが、暫定的に4,000万円～7,000万円の階級として100万単位で区切るなら、12.6%を30等分して高さを0.42%としています。

② 図7.33の度数分布表全体（表全体はB11:BT12ですが、4,000万円以上については一部割愛してB11:AZ12）[†7]を選択し、「挿入」タブの「おすすめグラフ」をクリックします。「グラフの挿入」ダイアログボックスが表示されるので、「おすすめグラフ」タブの中からイメージに近い「集合縦棒グラフ」を選択します。

---

†7　図7.33の度数分布表は11行に階級幅、12行に相対度数〔%〕を100万円単位ですべて入力しています。紙幅が限られているため、全データが見えないので、見えない部分を一部14～15行、17～18行、20～21行にコピーして貼り付けています。

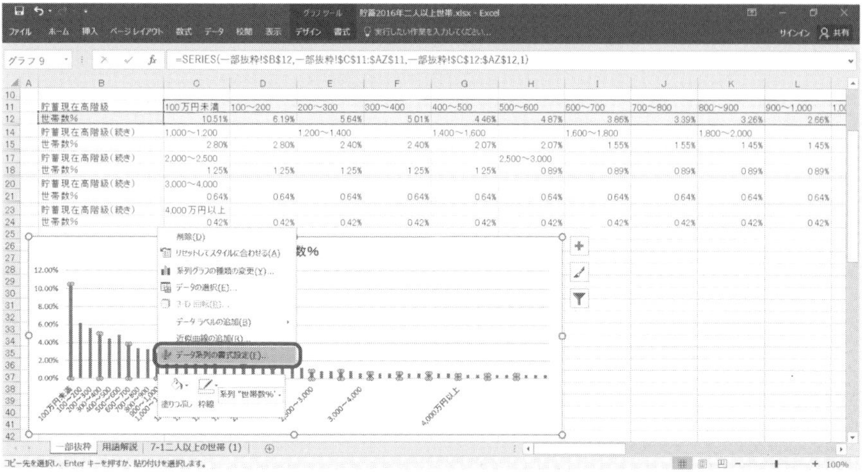

(階級幅を統一した縦棒グラフ、ただし 4,000 万円以上については一部割愛)

図 7.33　貯蓄現在高世帯分布（1）

③　棒グラフの縦棒を選択し、右クリックをします。すると、図 7.33 のようなプルダウンメニューが表示されるので、「データ系列の書式設定」を選択します[†8]。

④　図 7.34 のように、右端に「データ系列の書式設定」の作業ウィンドウが表示されるので、「要素の間隔」を「0%」にします。そうすると、棒と棒の隙間はなくなり、ヒストグラムができます。

†8　あるいは、棒グラフの縦棒を選択し、「グラフツール」の「書式」タブから「現在の選択範囲」グループの「選択対象の書式設定」を選択します。

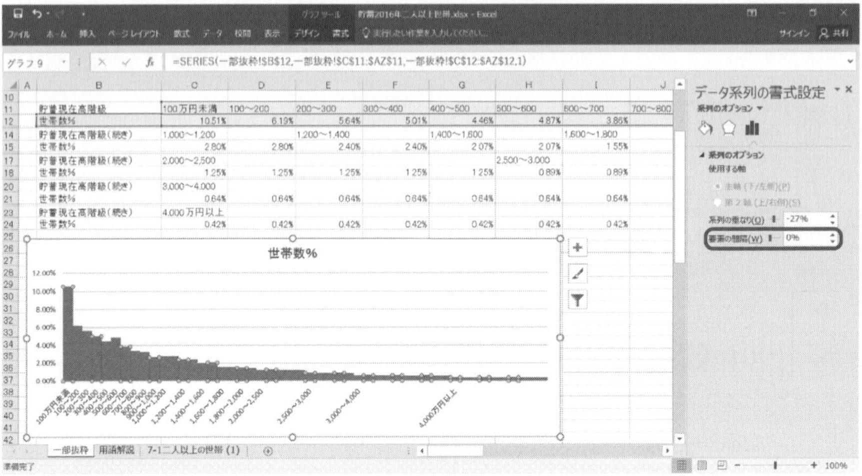

図 7.34　貯蓄現在高世帯分布（2）

⑤　図 7.35 のように、横軸の最大の階級である「4,000 万円以上」の階級幅が想定よりも短いので、切り目を入れておきます。

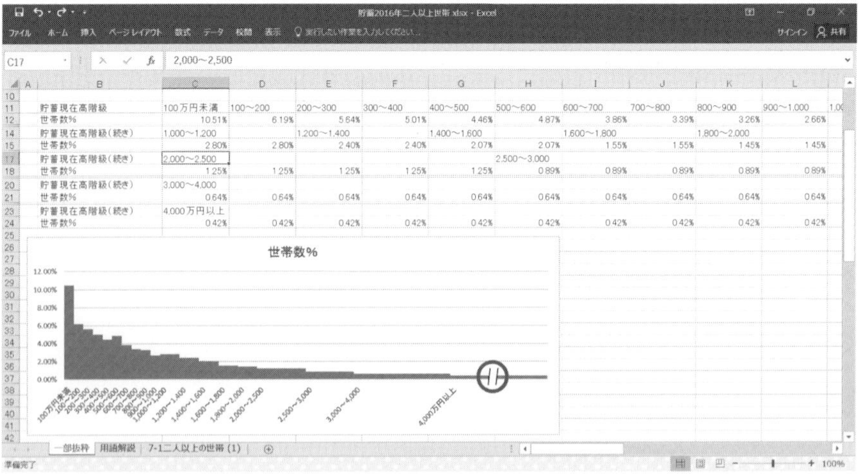

図 7.35　貯蓄現在高世帯分布（3）

❖ 7.2.5　折れ線グラフ

折れ線グラフは、時系列のデータの変化を示すときなど、データに順序性があるときに利用されます。通常、横軸に時間的経過、縦軸に変化する数量を示します。時間軸が共通であれば、複数の時系列データの折れ線を 1 つのグラフの中に重ねて描いて、複数の折れ線の傾向を比較することもよく行われます。例えば、横軸に 1 月から 12 月までの月を示し、ある商品の月別売上の変動を過去 3 年間で比較することなどに利用できます。

図 7.36 の左の表は、運輸安全委員会の「鉄道事故の統計」（運輸安全委員会が調査したもの）から抜粋したものです。表全体を選択し、「挿入」タブの「おすすめグラフ」をクリックすると、図 7.36 の右のような「グラフの挿入」ダイアログボックスが表示されるので、折れ線グラフを選びます。

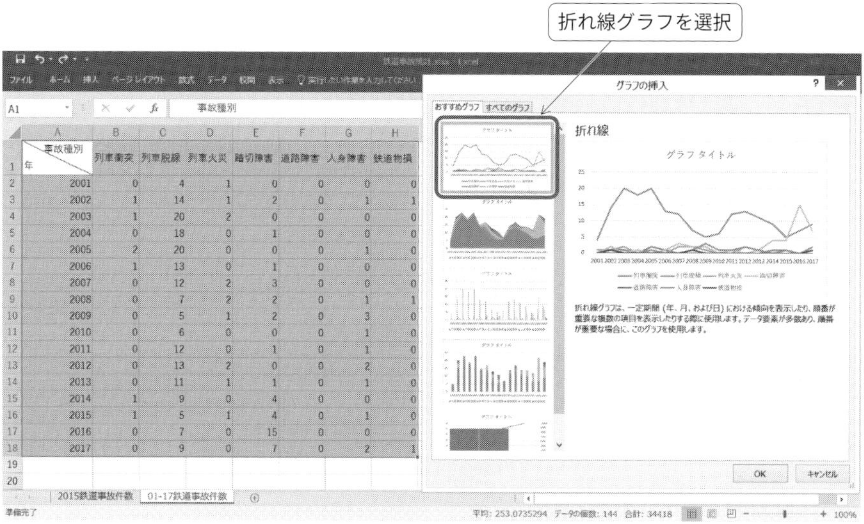

図 7.36　事故件数の年次推移のグラフ化（1）

図 7.37 の右上の折れ線グラフでは、事故種別ごとの事故件数の年次推移を比較することができます。列車脱線事故は他の事故種別に比べて毎年件数が多いこと、踏切障害事故件数がここ数年増加傾向にあること、列車脱線と踏切障害以外の事故件数は毎年非常に少ないことなどがわかります。

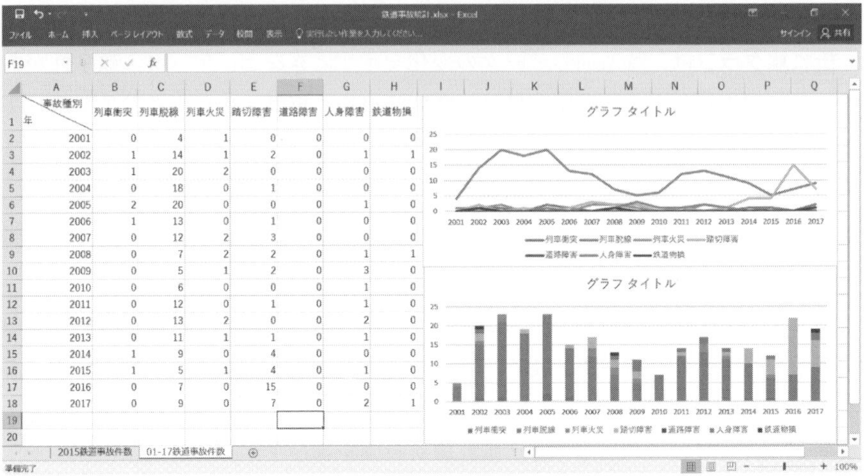

年＼事故種別	列車衝突	列車脱線	列車火災	踏切障害	道路障害	人身障害	鉄道物損
2001	0	4	1	0	0	0	0
2002	1	14	1	2	0	1	1
2003	1	20	2	0	0	0	0
2004	0	18	0	1	0	0	0
2005	2	20	0	0	0	1	0
2006	1	13	0	1	0	0	0
2007	0	12	2	3	0	0	0
2008	0	7	2	2	0	1	1
2009	0	5	1	2	0	3	0
2010	0	6	0	0	0	1	0
2011	0	12	0	1	0	1	0
2012	0	13	2	0	0	2	0
2013	0	11	1	1	0	1	0
2014	1	9	0	4	0	0	0
2015	1	5	1	4	0	1	0
2016	0	7	0	15	0	0	0
2017	0	9	0	7	0	2	1

図 7.37　事故件数の年次推移のグラフ化（2）

ちなみに、図 7.37 の右下の積み上げ縦棒グラフでは、事故件数全体の年次推移や各年の事故種別の内訳はわかりますが、事故種別ごとの事故件数の年次推移はわかりにくくなります。同一データであっても、目的に応じたグラフの作成が重要であることがわかります。

❖ 7.2.6　複合グラフ

複合グラフは、1つのプロットエリアの中に、異なる種類のグラフを重ねて描いたものです。図 7.38 のグラフは、内閣府による平成 29 年版交通安全白書「第 2 部　鉄道交通」「第 1 章　鉄道交通事故の動向」の第 1-44 図を転載したものです。運転事故件数の年別推移の折れ線グラフと、死傷者数の積み上げ縦棒グラフを、重ねた複合グラフになっています。2 種類のグラフの単位は件数と人数で異なっていますが、数値の大きさにさほど違いがないので、数値軸が**主軸** 1 つで作成されています。また、図 7.38 の下の表は CSV ファイル形式で提供されている第 1-44 図のもとになったデータ（**raw data**、以下「**素データ**」と呼ぶ）です。

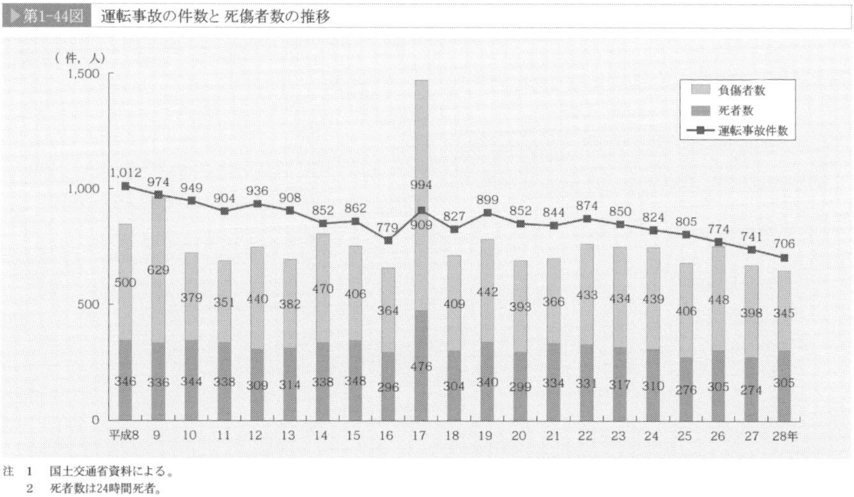

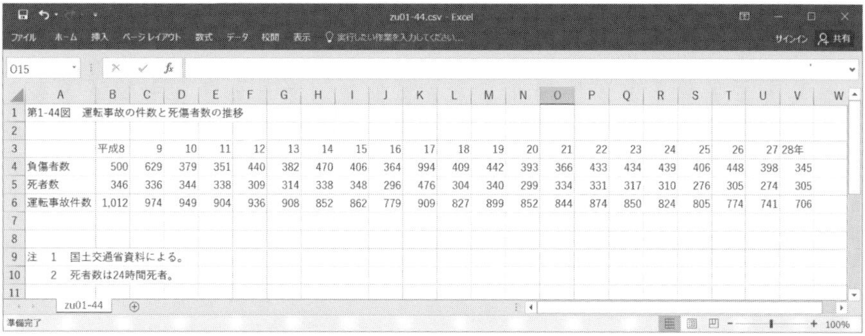

	A	B	C	D	E	F	G	H	I	J	K	L	M	N	O	P	Q	R	S	T	U	V
1	第1-44図　運転事故の件数と死傷者数の推移																					
2																						
3		平成8	9	10	11	12	13	14	15	16	17	18	19	20	21	22	23	24	25	26	27	28年
4	負傷者数	500	629	379	351	440	382	470	406	364	994	409	442	393	366	433	434	439	406	448	398	345
5	死者数	346	336	344	338	309	314	338	348	296	476	304	340	299	334	331	317	310	276	305	274	305
6	運転事故件数	1,012	974	949	904	936	908	852	862	779	909	827	899	852	844	874	850	824	805	774	741	706
7																						
8																						
9	注　1　国土交通省資料による。																					
10	2　死者数は24時間死者。																					
11																						

図 7.38　折れ線と積み上げ縦棒の複合グラフと素データ

図 7.38 の下表の素データに基づいて、Excel を用いてグラフを再現してみましょう。複合グラフを作成するには以下のような手順になります。

① 表全体を選択し、「挿入」タブの「おすすめグラフ」をクリックすると、図 7.39 の右のような「グラフの挿入」ダイアログボックスが表示されますが、図 7.38 のような複合グラフはあがってきません。

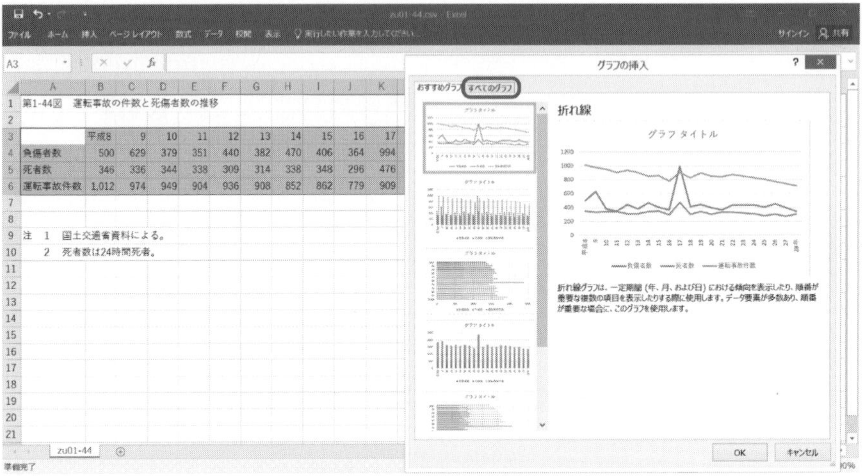

図 7.39　折れ線と積み上げ縦棒の複合グラフの作成（1）

② そこで、「グラフの挿入」ダイアログボックスの「すべてのグラフ」タブを選択し、図 7.40 のように「すべてのグラフ」の中から「**組み合わせ**」を選択すると、デフォルトでは「集合縦棒・折れ線」の複合グラフが示されます。図 7.40 の右下の系列名（変数名）ごとの「グラフの種類」ボックス（集合縦棒、折れ線）の ˅ をクリックすると 、グラフの種類の一覧が示されるので、適切なグラフを選択します。

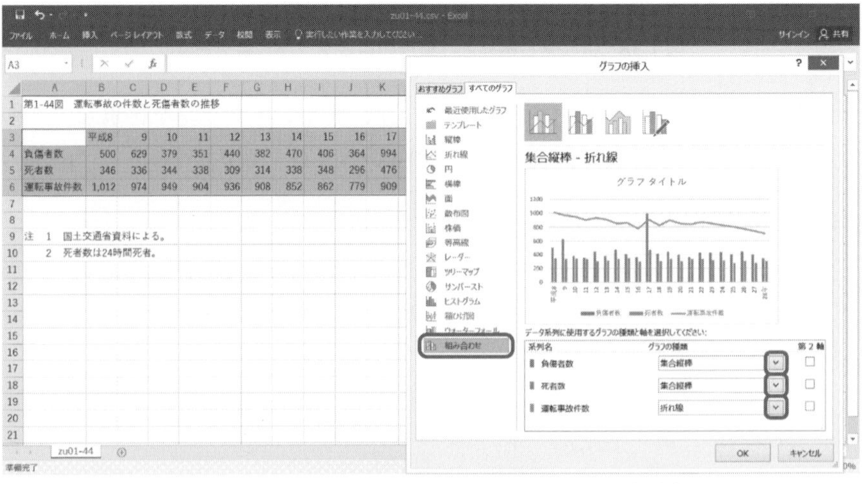

図 7.40　折れ線と積み上げ縦棒の複合グラフの作成（2）

③ 図7.41の右下のように、グラフの種類を、負傷者数と死者数については「積み上げ縦棒」にし、運転事故件数については「マーカー付き折れ線」にして、右下の「OK」をクリックします。運転事故件数の「第2軸」にチェックを入れてもよいのですが、**主軸**と**第2軸**の目盛りがあまり変わらないので、ここでは「第2軸」にチェックを入れていません。

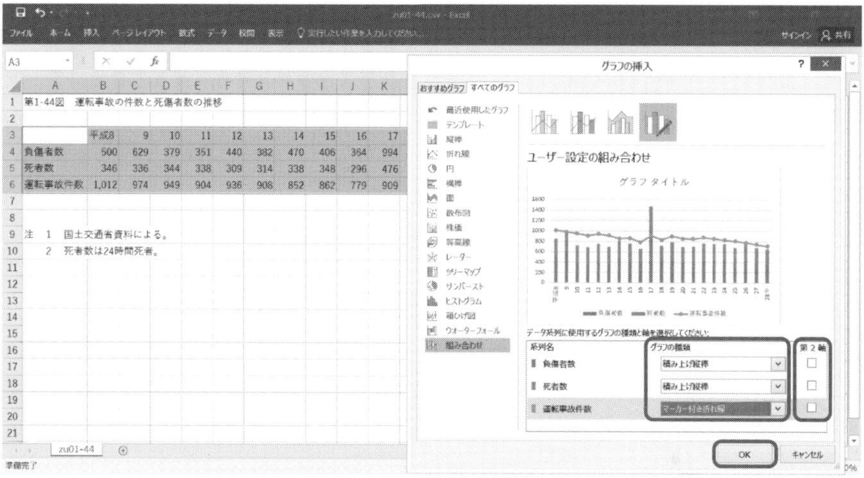

図7.41　折れ線と積み上げ縦棒の複合グラフの作成（3）

④ デフォルトでは図7.42の左下の複合グラフのように、データの値（データラベル）は示されていません。グラフ内（プロットエリア）にデータの値を示したいので、グラフを選択してアクティブにし、「グラフツール」の「デザイン」タブを選択し、「クイックレイアウト」の「レイアウト4」を選択すれば、図7.42の右下の複合グラフのようにそれぞれの値がグラフに示されます。また、右下のグラフはグラフエリアの横の幅を広げたので、横軸の年次の数値も読みやすい向きになっています。

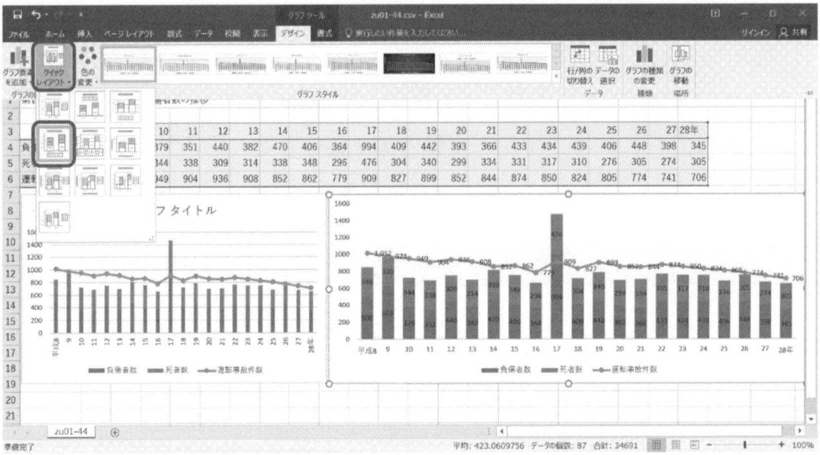

図 7.42　折れ線と積み上げ縦棒の複合グラフの作成（4）

⑤　図 7.42 の複合グラフでは、負傷者数が積み上げ縦棒の下に、死者数が上に積み上がっていますが、図 7.38 の交通安全白書の複合グラフでは、死者数が下で、負傷者数が上に積み上がっています。負傷よりも死の方がより重大な事象なので、死者数を積み上げの下に置いて、死者数の推移を見やすくしておいた方がよいでしょう。そこで、図 7.43 のように右下の複合グラフを選択してアクティブにし、「グラフツール」の「デザイン」タブを選択して「データの選択」をクリックします。

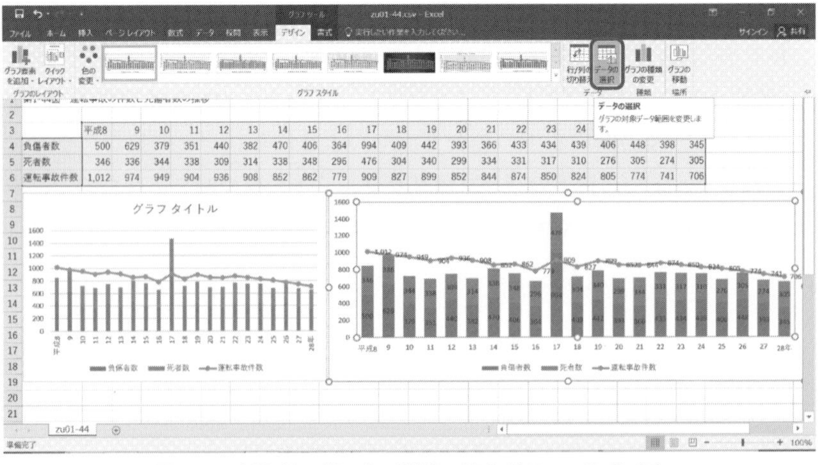

図 7.43　折れ線と積み上げ縦棒の複合グラフの作成（5）

⑥　すると、図 7.44 のような「データソースの選択」ダイアログボックスが表示されます。左の「凡例項目（系列）」の負傷者数と死者数の順序を入れ替えます。「負傷者数」を選択して▼をクリックして（あるいは、「死者数」を選択して▲をクリックして）、死者数→負傷者数→運転事故件数の順にします。そして、右下の「OK」をクリックします。

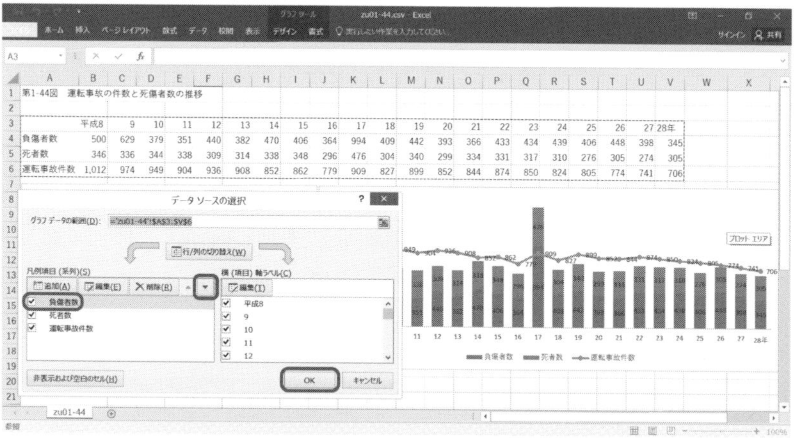

図 7.44　折れ線と積み上げ縦棒の複合グラフの作成（6）

⑦　そうすれば、図 7.45 の右下のグラフのように積み上げ縦棒の下が死傷者数、上が負傷者数になります。

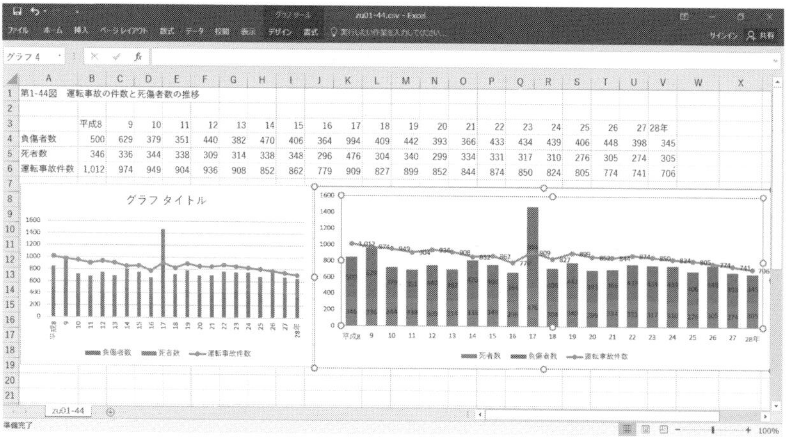

図 7.45　折れ線と積み上げ縦棒の複合グラフの作成（7）

⑧　作成したグラフは、ファイルの種類を Excel ブック形式にして保存します。ファイルの種類を CSV 形式で保存しても、グラフは保存されないので注意してください。

図 7.45 の右下のグラフは、図 7.38 の第 1-44 図をほぼ再現していますが、必要に応じて細かな体裁の調整を行います。

今回の「運転事故の件数と死傷者数の推移」データの単位は件数と人数で異なっていましたが、数値の大きさにはそれほど違いがなかったので、数値軸を主軸 1 つの複合グラフとしました。しかし、2 種類のグラフの数値が大きく異なるときは、第 2 軸を用意した複合グラフを作成します。仮に、今回のデータを使って、積み上げ縦棒グラフの数値軸を主軸とし、折れ線グラフの数値軸を第 2 軸にするなら、図 7.41 の右下の系列名の「運転事故件数」の「第 2 軸」に☑を入れます。すると、図 7.46 の右下のグラフのようになり、プロットエリアの右端に第 2 軸の目盛りが入ります。

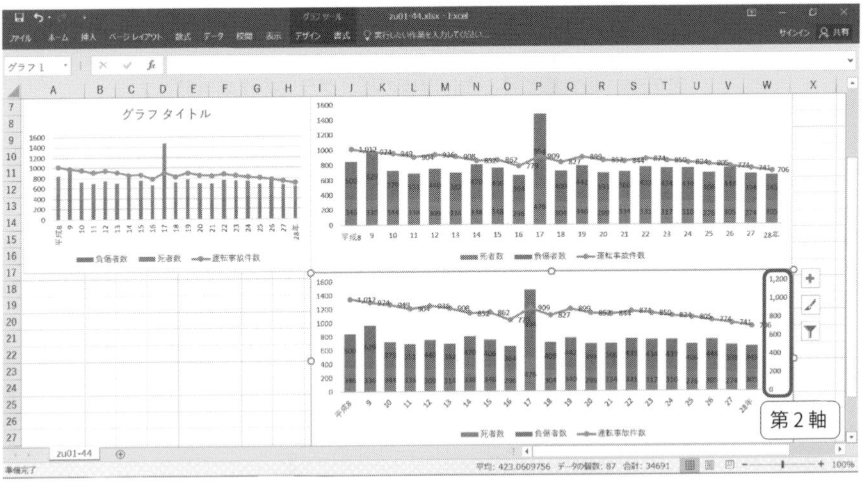

図 7.46　折れ線と積み上げ縦棒の複合グラフの作成（8）

引用・参考文献

1) 内閣府（2017）．平成 29 年版交通白書 第 2 部 鉄道交通　内閣府　Retrieved from https://www8.cao.go.jp/koutu/taisaku/h29kou_haku/pdf/zenbun/h28-1-2.pdf（2018 年 2 月 12 日）

2) 総務省統計局（2017）．家計調査年報（貯蓄・負債編）平成 28 年（2016 年）年報　総務省統計局　Retrieved from https://www.stat.go.jp/data/sav/np.html（2018 年 1 月 8 日）

3) 鉄道事故等報告規則（昭和六十二年運輸省令第八号）第三条

4) 運輸安全委員会（2021）．鉄道事故の統計　運輸安全委員会　Retrieved from https://jtsb.mlit.go.jp/jtsb/railway/rail-accident-toukei.php（2021 年 10 月 4 日）

第 8 章

分布の特徴を記述する統計指標

分析対象とする集団の属性について、全個体のデータが得られる場合、その分布をわかりやすく要約、整理するための統計的手法を**記述統計学**（**descriptive statistics**）と呼びます（縄田，1991）。全個体から得られたデータを使って集計表を作成したり（第 6 章）、グラフ化したり（第 7 章）することも記述統計学の手法であり、記述した結果そのもののことを**記述統計**ということがあります。図表は、分布の大まかな傾向を捉えやすくするので、人に伝えるプレゼンテーションの道具として効果的です（松原・松本，2011）。しかし、2 組以上の集団の比較をするときなど、より細かな分析を行うには、分布の特徴を数値化できると便利です。分布の特徴を 1 つの数値に集約することも記述統計学の手法であり、数値要約といわれることもあります（松原・松本，2011）。分布のさまざまな特徴を、それぞれ 1 つの数値で表すことのできる指標を、ここでは統計指標と呼ぶことにします。例えば、平均値や標準偏差などを統計指標と呼ぶことにします。

本章では、間隔尺度や比尺度の量的データを対象とし、全個体のデータを用いて、分布のさまざまな特徴を統計指標によって記述します。統計指標の数値の算出には、Excel 2016 を使用します。

8.1　1 変数に関する記述統計

1 変数に関する記述統計では、当該変数の分布の特徴をさまざまな統計指標を使って記述します。1 変数の分布の特徴を示す統計指標には、分布の中心的位置を示す指標（**代表値**）、分布のばらつき具合を示す指標（**散布度**）、分布の対称性を示す指標（**歪度**）、分布のとがり方を示す指標（**尖度**）などがあります。

例えば、図 8.1 の A 群と B 群では分布の形は同じですが、分布の中心的位置が異なります。A 群よりも B 群の方が高得点に位置しています。中心的位置を示す指標を**代表値**といいます。代表値には、**平均値**や**中央値**、**最頻値**などがあります。

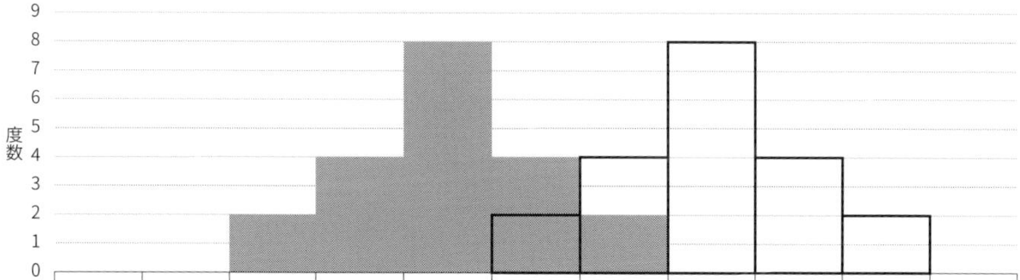

	0点以上 10点未満	10点以上 20点未満	20点以上 30点未満	30点以上 40点未満	40点以上 50点未満	50点以上 60点未満	60点以上 70点未満	70点以上 80点未満	80点以上 90点未満	90点以上 100点未満	100点
■A	0	0	2	4	8	4	2	0	0	0	0
□B	0	0	0	0	0	2	4	8	4	2	0

図 8.1　中心的位置の異なる 2 つの分布

次に、図 8.2 の A 群と C 群とを比較すると、分布の中心的位置は同じですが、分布のばらつき（散らばり）具合が異なります。A 群よりも C 群の方が得点にばらつきがあります。分布のばらつき具合を示す指標を**散布度**といいます。散布度には、**標準偏差**、**四分位偏差**などがあります。

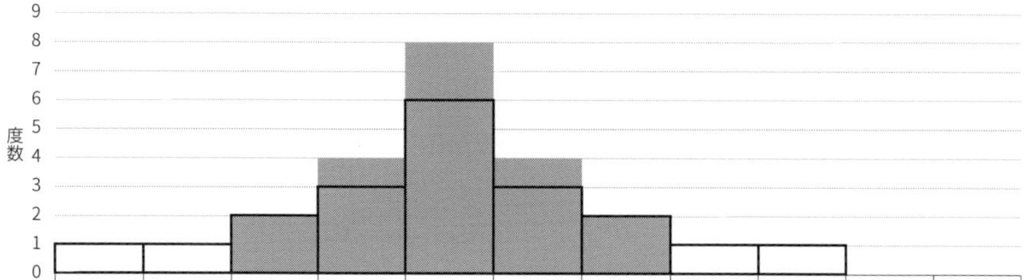

	0点以上 10点未満	10点以上 20点未満	20点以上 30点未満	30点以上 40点未満	40点以上 50点未満	50点以上 60点未満	60点以上 70点未満	70点以上 80点未満	80点以上 90点未満	90点以上 100点未満	100点
■A	0	0	2	4	8	4	2	0	0	0	0
□C	1	1	2	3	6	3	2	1	1	0	0

図 8.2　ばらつきの異なる 2 つの分布

また、図 8.3 の A 群と D 群とを比較すると、分布の対称性が異なります。A 群は左右対称ですが D 群は左右非対称です。分布の対称性を示す指標を**歪度**《わいど》といいます。

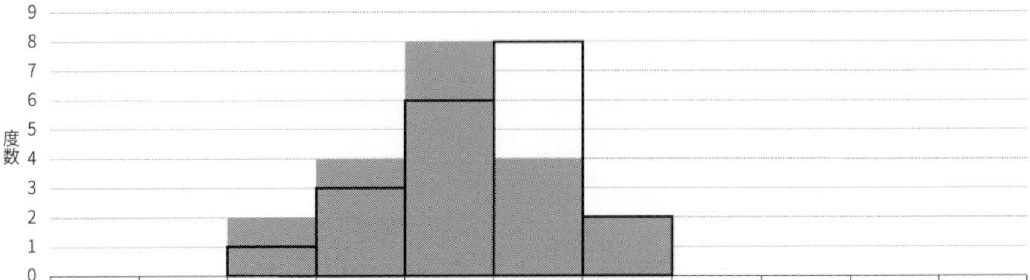

	0点以上 10点未満	10点以上 20点未満	20点以上 30点未満	30点以上 40点未満	40点以上 50点未満	50点以上 60点未満	60点以上 70点未満	70点以上 80点未満	80点以上 90点未満	90点以上 100点未満	100点
A	0	0	2	4	8	4	2	0	0	0	0
D	0	0	1	3	6	8	2	0	0	0	0

図 8.3　対称性の異なる 2 つの分布

図 8.4 の A 群と E 群とを比較すると、分布のとがり方が異なります。E 群は A 群に比べ、平坦な分布といえます。分布のとがりを示す指標を**尖《せん》度《ど》**といいます。

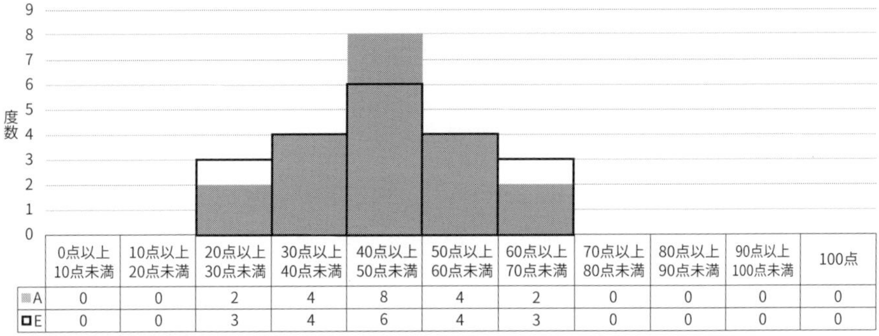

	0点以上 10点未満	10点以上 20点未満	20点以上 30点未満	30点以上 40点未満	40点以上 50点未満	50点以上 60点未満	60点以上 70点未満	70点以上 80点未満	80点以上 90点未満	90点以上 100点未満	100点
A	0	0	2	4	8	4	2	0	0	0	0
E	0	0	3	4	6	4	3	0	0	0	0

図 8.4　とがり方の異なる 2 つの分布

❖ 8.1.1　代表値

(1) 平均値

分布の中心的位置を表す代表値の 1 つである平均値にはいくつかの種類があります。ここでは、算術平均、調和平均、幾何平均を紹介します。単に平均といえば、通常は算術平均を意味し、本書でも、単に平均というときは算術平均を表します。

1 2 3 4 5 6 7 8 9 10 AP

（ア）算術平均

算術平均（**arithmetic mean**）は $\bar{x}$ で表されます。n 個の観測値が与えられ、それぞれの観測値を $x_1, x_2, \cdots, x_n$ とすると、算術平均 $\bar{x}$ は次式で与えられます。

$$\text{算術平均}\quad \bar{x} = \frac{1}{n}(x_1 + x_2 + \cdots + x_n) = \frac{1}{n}\sum_{i=1}^{n} x_i \tag{8.1}$$

観測値の総和をデータの総個数 n で割ったもので、**相加平均**ともいわれます。ある点 a からの観測値の偏差の二乗和 $\sum_{i=1}^{n}(x_i - a)^2$ を最小にする点 a が算術平均 $\bar{x}$ になります。

（イ）調和平均

調和平均（**harmonic mean**）を x_H で表すとすると、n 個の観測値 $x_1, x_2, \cdots, x_n$ の調和平均 x_H は次式で表せます。

$$\text{調和平均}\quad x_H = \frac{1}{\dfrac{1}{n}\left(\dfrac{1}{x_1} + \dfrac{1}{x_2} + \cdots + \dfrac{1}{x_n}\right)} = \frac{1}{\dfrac{1}{n}\displaystyle\sum_{i=1}^{n}\dfrac{1}{x_i}} \tag{8.2}$$

それぞれの観測値の逆数の算術平均を求め、その逆数をとったもので、相対的な偏差の二乗和 $\sum_{i=1}^{n}\left(\frac{x_i - b}{x_i}\right)^2$ を最小にする点 b が調和平均 x_H になります。

調和平均は共通の距離に対する速度の平均を求めるときなどに使われます。例えば、120 km の距離を、行きは時速 60 キロ〔km/h〕で走り、帰りは時速 40 キロ〔km/h〕で走行したとします。行きは 2 時間、帰りは 3 時間かかり、往復 5 時間がかかります。

✕往復の平均時速を算術平均で計算すると、

$(60 + 40) \div 2 = 50$〔km/h〕

になりますが、平均時速 50 キロで往復 240 km を走行すると、4.8 時間で往復できることになり、距離と速度と時間の関係の辻褄が合いません。

○往復の平均時速を調和平均で計算すると、

$$x_H = \frac{1}{\frac{1}{2}\left(\frac{1}{60}+\frac{1}{40}\right)} = 48 \text{〔km/h〕}$$

になります。これは Excel で「数式」タブの「その他の関数」から「統計」を選択して、“**HARMEAN**” という関数を利用して算出することもできます (=HARMEAN(60, 40))。平均時速 48 キロで往復 240 km を走行すれば、往復に 5 時間かかり、距離と速度と時間の関係の辻褄が合います。

（ウ）幾何平均

幾何平均（**geometric mean**）を x_G で表すとすると、n 個の観測値 $x_1, x_2, \cdots, x_n$ の幾何平均 x_G は次式で表せます。

$$\text{幾何平均}\quad x_G = \sqrt[n]{x_1 \times x_2 \times \cdots \times x_n} = \left(\prod_{i=1}^{n} x_i\right)^{\frac{1}{n}} \qquad (8.3)$$

幾何平均は n 個の観測値の積の n 乗根をとったもので、**相乗平均**とも呼ばれます。幾何平均の対数は、各観測値の対数の算術平均になります。

幾何平均は、長方形の面積と同じ面積の正方形を作る場合の 1 辺であったり、直方体の体積と同じ体積の立方体を作る場合の 1 辺を求めたりすることができます（図 8.5）。例えば、縦 8 cm、横 12.5 cm の長方形のチョコレートプレートを、同じ厚さで同じ面積の正方形にしたいときその 1 辺は幾何平均で求めることができ、$\sqrt{8\times 12.5} = 10$〔cm〕となります。

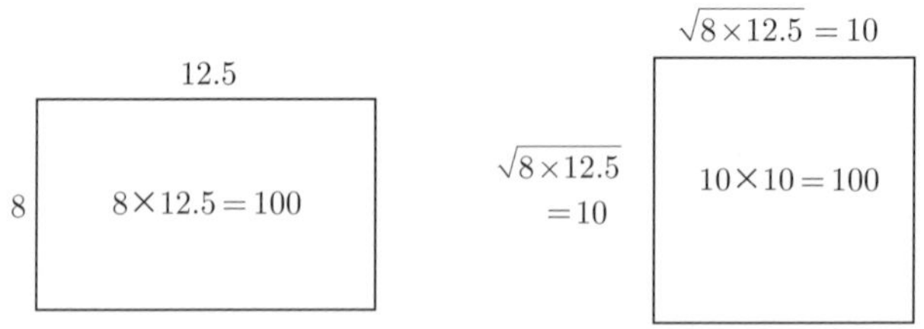

図 8.5　同じ面積の長方形と正方形

また、比率の平均を表すとき、異なる変化率を平均するときなどにも使われます。例えば、バレンタインデー特別企画のチョコレートが 3 年前は 100 個、2 年前は 160 個、1 年前は 240 個、今年は 300 個売れたとします。各年の対前年比は順に、1.6 倍、1.5 倍、1.25 倍となります。

×年成長率の平均を算術平均で計算すると、

$$(1.6 + 1.5 + 1.25) \div 3 = 1.45 \text{〔倍〕}$$

になりますが、3 年前の 100 個からこの算術平均成長率で今年の売上個数を求めると、

$$100 \text{〔個〕} \times 1.45 \times 1.45 \times 1.45 \fallingdotseq 304.86 \text{〔個〕}$$

になり、300 個になりません。

3 年間で 100 個から 300 個に売り上げを伸ばすには年平均どれだけの成長率になるかは、幾何平均で求めます。

◯年成長率の平均を幾何平均で計算すると、

$$\sqrt[3]{1.6 \times 1.5 \times 1.25} \fallingdotseq 1.44225 \text{〔倍〕}$$

となります。これは「数式」タブの「その他の関数」から「統計」を選択して、“**GEOMEAN**”という関数を利用して算出することもできます(=GEOMEAN(1.6, 1.5, 1.25))。3 年前の 100 個からこの幾何平均成長率で今年の売上個数を求めると、

$$100 \text{〔個〕} \times 1.44225 \times 1.44225 \times 1.44225 \fallingdotseq 300.000 \text{〔個〕}$$

になります。つまり、初年を 100 個として、毎年 1.44225 倍で売上個数を伸ばせば、3 年後に 300 個になります。
ちなみに、この場合の幾何平均を Excel の数式で求めるなら、図 8.6 のように 1 つのセルに以下の数式、

```
=(1.6*1.5*1.25)^(1/3)
```

をすべて半角で入力し、「Enter」キーを押せば 1.442249…の値が示されます。

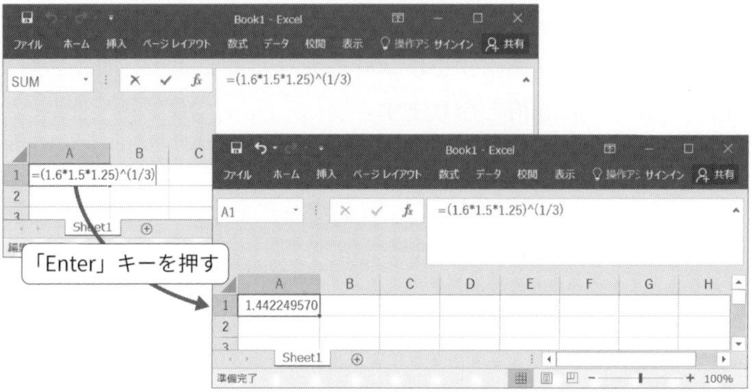

図 8.6　幾何平均の算出例

(エ) 調整平均

順序統計量[†1]に基づく平均です。

順序統計量とは、n 個の観測値 $x_1,\ x_2,\ \cdots,\ x_n$ が与えられるとすると、これらを値の小さい方から大きい方へと並べ替え、大きさの順にしたデータの並び $\{x_{(1)},\ x_{(2)},\ \cdots,\ x_{(n)}\}$ のことをいいます。ただし、(1) から (n) までの添え字は小さい方からの順位を表し、$x_{(1)} \leqq x_{(2)} \leqq \cdots \leqq x_{(n)}$ となります。順序統計量は、全体の中で小さい方から i 番目の大きさの観測値を与える関数ともいえます。ただし、i は 1 から n までの整数をとります。

調整平均（**trimmed mean**）は最小のものから k 個、最大のものから k 個を取り除き、残りの $(n-2k)$ 個の観測値 $x_{(k+1)},\ x_{(k+2)},\ \cdots,\ x_{(n-k)}$ を算術平均した値です。すなわち、$\alpha = \dfrac{k}{n}$ とすると、順序統計量の上下両端それぞれから $100\alpha\%$ のデータを取り除いて算術平均した値です。$100\alpha\%$ 調整平均を $\overline{x}_\alpha$ で表すとすると、次式で求められます。

† 1　「統計量」とは母集団から無作為抽出した、大きさ N の標本 $\{X_1,\ X_2,\ \cdots,\ X_N\}$ に基づく N 個の確率変数の関数 $f(X_1,\ X_2,\ \cdots,\ X_N)$ のことをいいます。無作為抽出するたびに通常異なる観測値が得られます。しかし、ここでの順序「統計量」は、得られた n 個の観測値 $x_1,\ x_2,\ \cdots,\ x_n$ にのみ関心があって、母集団からの無作為標本とはみなしていません。ここでは、記述統計の枠組みの中ではありますが、値の小さい方から大きい方へと並べ替え、大きさの順にしたデータの並び $\{x_{(1)},\ x_{(2)},\ \cdots,\ x_{(n)}\}$ を順序統計量と呼んでいます。統計量については次章の推測統計で記述統計と対比させて詳しく述べることにします。

$$
\text{調整平均}\quad \bar{x}_\alpha = \frac{1}{n-2k}\left(x_{(k+1)} + x_{(k+2)} + \cdots + x_{(n-k)}\right) \tag{8.4}
$$

$$
= \frac{1}{n-2k}\sum_{i=k+1}^{n-k} x_{(i)}
$$

$$
= \frac{1}{n(1-2\alpha)}\sum_{i=n\alpha+1}^{n-n\alpha} x_{(i)}
$$

調整平均は**外《はず》れ値《ち》**（**outlier**、他の観測値に比べて極端にかけ離れた大きな値や小さな値）の影響を避けるために用いられます。

例えば、フィギュアスケートの採点は9人のジャッジにより行われますが、採点内容ごとに最高得点と最低得点を出した2名のジャッジの得点をカットして中央の7人の得点を平均します。つまり、11（$=100\times\frac{1}{9}$）%調整平均を用いることで、極端な評価の影響を回避しています。

(2) 中央値

中央値（**median**）は n 個の観測値の順序統計量 $\{x_{(1)}, x_{(2)}, \cdots, x_{(n)}\}$ の中央にあたる値をいいます。**メディアン**あるいは**中位数**とも呼ばれます。50パーセンタイル順位にあたる値、すなわち50パーセンタイルを中央値と呼びます。

パーセンタイル順位とは、ある観測値が分布の小さい方から何%に対応するかを示すものです。特定の順位に対応する観測値が順序統計量であるのに対し、特定のパーセンタイル順位に対応する観測値が**パーセンタイル**になります。パーセンタイルは**百分位数**とも呼ばれます。

例えば、図8.3で示したA群とD群それぞれの50パーセンタイルにあたる中央値を求めるとします。まず、A群とD群のそれぞれについて、**度数**、**累積度数**、**累積相対度数**〔%〕を表8.1に示しました。累積度数は該当する値（ここでは点数）以下になった観測値の個数の合計を表し、累積相対度数は累積度数の総度数に対する割合（あるいは%）を表したものです。次に、図8.7のように累積相対度数をグラフで表すと、縦軸の累積相対度数はパーセンタイル順位と同等といえるので、50パーセンタイル順位に対応する中央値（50パーセンタイル）は、A群では45点で、D群では50点であることがわかります。

表 8.1　A 群と D 群の得点分布（度数・累積度数・累積相対度数〔%〕）

		0 点以上 10 点未満	10 点以上 20 点未満	20 点以上 30 点未満	30 点以上 40 点未満	40 点以上 50 点未満	50 点以上 60 点未満	60 点以上 70 点未満	70 点以上 80 点未満	80 点以上 90 点未満	90 点以上 100 点未満	100 点
A 群	度数	0	0	2	4	8	4	2	0	0	0	0
	累積度数	0	0	2	6	14	18	20	20	20	20	20
	累積相対度数〔%〕	0	0	10	30	70	90	100	100	100	100	100
D 群	度数	0	0	1	3	6	8	2	0	0	0	0
	累積度数	0	0	1	4	10	18	20	20	20	20	20
	累積相対度数〔%〕	0	0	5	20	50	90	100	100	100	100	100

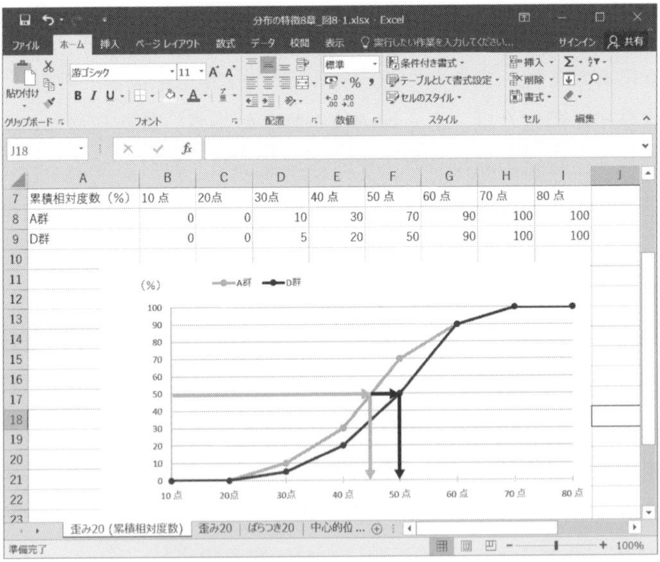

図 8.7　累積相対度数と中央値（50 パーセンタイル）

(3) 最頻値（mode）

分布の形が単峰形であるとき、最も度数の高い観測値またはカテゴリのことを**最頻値**、**モード**、あるいは**流行値**といいます。2 つ以上の峰を持つ分布の場合、分布の中心的位置を示す指標として最頻値はあまり意味をなしえません。2 山分布であれば、その中心的位置は 2 つの山の峰の間にあると考えるか、2 つの単峰形の分布が合成されているのではないかと考えるのが自然でしょう。

先と同様、例えば、図 8.3 で示した A 群と D 群それぞれについて最頻値を求めると、A 群では 40 点以上 50 点未満の階級、あるいは 45 点（階級値）が、D 群では 50 点以上 60 点未満の階級、あるいは 55 点（階級値）が最頻値となります。

(4) 代表値の解釈上の留意点

単峰形の分布で左右対称であれば、算術平均、中央値、最頻値は同じ値になります。また、特に算術平均は計算が容易で、日常生活においてもよく利用され、最も身近な代表値といえます。

しかし、第 7 章で提示した図 7.32（図 8.8 に再掲）の貯蓄現在高階級別世帯分

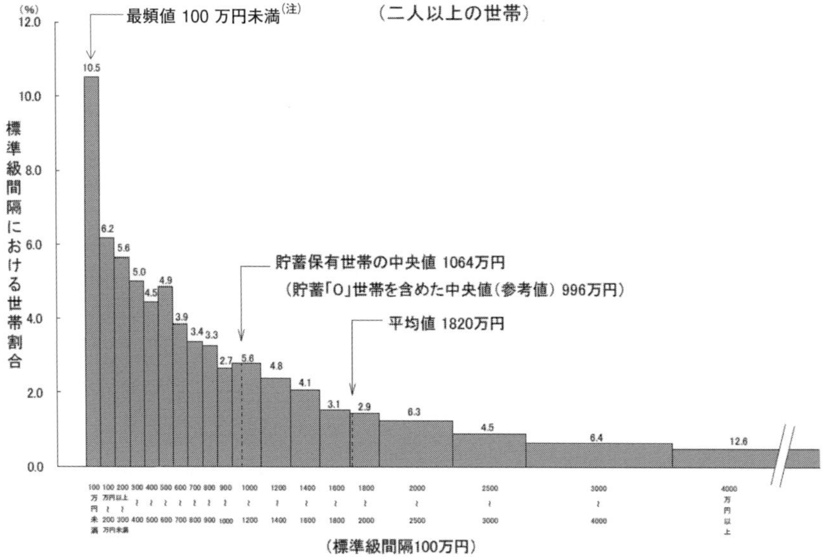

出典：総務省統計局「家計調査報告（貯蓄・負債編）－平成 28 年（2016 年）平均結果速報（二人以上の世帯）」図 I-1-3　（注）最頻値は著者が加筆

図 8.8（図 7.32 再掲）　貯蓄現在高階級別世帯分布―2016 年―（二人以上の世帯）

布（総務省統計局「家計調査報告（貯蓄・負債編）－平成 28 年（2016 年）平均結果速報（二人以上の世帯）」）のような右肩下がりの、左右対称ではない分布では、算術平均、中央値、最頻値の 3 つの代表値は一致しません。

ここでは、算術平均 1,820 万円を下回る世帯が約 3 分の 2 を占めています。このような分布の場合は、算術平均が分布の中心的な位置だといわれても違和感があります。算術平均が平均的な世帯の貯蓄高だとはいいにくく、算術平均しか掲載されなければ、誤解を招きかねません。

そうかといって、最頻値の 100 万円未満を分布の中心的な位置として示したとしても誤解が生じそうです。最頻値とはいえ、貯蓄現在高 100 万円未満は 10.5% で全体の 1 割程度です。

このような分布の場合は、算術平均や最頻値よりも中央値（貯蓄「0」世帯を含む）の 996 万円の方が実感に近いものでしょう。ここでは、極端に貯蓄高の大きい、少数の世帯が存在するために、算術平均は高い方にひきずられ、中央値の約 1.8 倍の値となっています。

算術平均はすべての観測値を利用するので外れ値の影響を受けやすいのに対し、中央値は 50 パーセンタイル順位に対応する値のみを対象とするので最大値や最小値が極端に大きな値や小さな値であっても影響を受けません。

一方、靴下の製造工場では足の大きさの平均値や中央値よりも最頻値の方が重要になってくるでしょう。

いつも算術平均というのではなく、目的に応じた代表値を選択する必要があります。

❖ 8.1.2　散布度

(1) 範囲

範囲（range）は分布の広がりを示し、分布のばらつき具合を示す指標の 1 つです。範囲は最大値と最小値の差で定義されます。n 個の観測値を小さい値から大きさの順に並べた順序統計量 $\{x_{(1)},\ x_{(2)},\ \cdots,\ x_{(n)}\}$ において、範囲を R で表すとすると次式のようになります。

$$\text{範囲}\quad R = \text{最大値} - \text{最小値} = x_{(n)} - x_{(1)} \tag{8.5}$$

2 点で算出される範囲は簡明な散布度の指標ですが、データ数が増えれば範囲も大きくなりやすいという性質があるので、2 つ以上の集団を比較する場合にはそれぞれの集団のデータ数に注意が必要です。また、外れ値の影響を直接受けるのでその点も気をつけなければなりません。

(2) 四分位範囲・四分位偏差

外れ値の影響を受けにくい散布度の指標としては、**四分位範囲**（**interquartile range**）や**四分位偏差**（**quartile deviation, semi-interquartile range**）があげられます。

四分位範囲は、75 パーセンタイル順位にあたる値と 25 パーセンタイル順位にあたる値の差になります。25 パーセンタイル順位に対応する値、すなわち順序統計量 $\{x_{(1)}, x_{(2)}, \cdots, x_{(n)}\}$ において小さい方から 25％に位置する値のことを**第 1 四分位数**（25 パーセンタイル）といい、75 パーセンタイル順位に対応する値、すなわち順序統計量 $\{x_{(1)}, x_{(2)}, \cdots, x_{(n)}\}$ において小さい方から 75％に位置する値のことを**第 3 四分位数**（75 パーセンタイル）といいます。ちなみに、中央値は**第 2 四分位数**（50 パーセンタイル）にあたります。第 1 四分位数を Q_1、第 3 四分位数を Q_3、四分位範囲を R_Q で表すとすると、四分位範囲 R_Q は次式で表されます。

$$\text{四分位範囲}\quad R_Q = \text{第 3 四分位数} - \text{第 1 四分位数} = Q_3 - Q_1 \tag{8.6}$$

四分位範囲は大小両端の 25％ずつのデータを削除した、中央の 50％のデータの範囲を表します。この四分位範囲の 2 分の 1 が四分位偏差になります。四分位偏差を Q で表すと、次式のようになります。

$$\text{四分位偏差}\quad Q = \frac{1}{2} R_Q = \frac{1}{2}(Q_3 - Q_1) \tag{8.7}$$

四分位範囲や四分位偏差は第 2 四分位数である中央値に関係するばらつきの指標として利用されます。

(3) 分散・標準偏差

分布のばらつきを表す指標として代表的なものに**分散**（**variance**）と**標準偏差**（**standard deviation**）があります。これらは平均値からのずれの程度を示す指標といえます。

分散を s^2 で表すとすると、n 個の観測値 $x_1,\ x_2,\ \cdots,\ x_n$ の分散 s^2 は次式で表せます。

$$
\text{分散}\quad s^2 = \frac{1}{n}\left\{(x_1-\bar{x})^2+(x_2-\bar{x})^2+\cdots+(x_n-\bar{x})^2\right\} = \frac{1}{n}\sum_{i=1}^{n}(x_i-\bar{x})^2 \tag{8.8}
$$

分散は、平均のまわりの２次の積率で分布のばらつきを示しています。s^2 は各観測値（x_i）の平均値（$\bar{x}$）からの偏差 $(x_i-\bar{x})$ を２乗したもの（$(x_i-\bar{x})^2$）の平均といえます。ちなみに、偏差の２乗の総和である $\sum_{i=1}^{n}(x_i-\bar{x})^2$ のことを**偏差平方和**といいます。偏差平方和をデータ数の n で割ったものを分散ということもできます。

しかし、標本から母集団の分散（σ^2）を推定するときには、偏差平方和を $(n-1)$ で割った**不偏分散**（**unbiased variance**）を用います。母集団分散の推定といった推測統計については次章で詳しく触れますが、不偏分散を $\hat{\sigma}^2$（^（「ハット」と読む）は推定値であることを意味する）で表すとすると、次式のようになります。また、$\hat{\sigma}^2$ を s'^2 として式（8.8）の s^2 と区別することにします。

$$
\text{不偏分散}\quad \hat{\sigma}^2 = s'^2 = \frac{1}{n-1}\left\{(x_1-\bar{x})^2+(x_2-\bar{x})^2+\cdots+(x_n-\bar{x})^2\right\} = \frac{1}{n-1}\sum_{i=1}^{n}(x_i-\bar{x})^2 \tag{8.9}
$$

不偏分散とは、文字どおり**不偏性**（**unbiasedness**）を備えた分散のことをいいます。不偏性についても次章の推測統計で説明します。分散を求めるときには目的に応じて式（8.8）の分散と式（8.9）の不偏分散とを使い分けなければならないことを理解しておいてください。

標準偏差は、分散の平方根で定義されます。分散が２種類あれば、標準偏差も２種類になり、それぞれに定義された分散の正の平方根をとりますが、本章では標本分散 s^2 の標準偏差 s の解説にとどめます。

分散は、ずれが２乗されているので、標準偏差を用いて観測値の単位と一致させれば、解釈が容易になります。

$$\text{標準偏差}\quad s=\sqrt{s^2}=\sqrt{\frac{1}{n}\sum_{i=1}^{n}(x_i-\overline{x})^2} \tag{8.10}$$

ばらつきがなければ、分散も標準偏差も 0 になります。

❖ 8.1.3　歪度と尖度

(1) 歪度

歪度《わいど》（**skewness**）を a_3 で表すとすると、n 個の観測値 $x_1, x_2, \cdots, x_n$ の歪度は次式のように定義されます。

$$\text{歪度}\quad a_3=\frac{1}{n}\sum_{i=1}^{n}\left(\frac{x_i-\overline{x}}{s}\right)^3 \tag{8.11}$$

ただし、$\overline{x}$ は平均値、s は標準偏差。歪度は平均のまわりの、標準偏差 s によって標準化された 3 次の積率です。分布の対称性に関する指標になります。対称な分布であれば歪度 a_3 の値が 0 になります。しかし、歪度が 0 であることは必ずしも分布が対称であることを意味しません。また、図 8.3 の D 群のように、左の裾が長く伸びている分布を左に歪んでいる、あるいは負に歪んでいるといい、歪度は負の値をとります。左に歪んでいるというのは直感的なイメージと逆のように感じる人が少なくないので注意してください。逆に図 8.8 の貯蓄現在高のような分布は右に裾が長く伸びているので右に歪んでいる、あるいは正に歪んでいるといい、歪度は正の値をとります。

前述したように、単峰形の分布で左右対称であれば、算術平均、中央値、最頻値は同じ値になりますが、分布が負に歪んでいれば、平均＜中央値＜最頻値の順に大きくなり、分布が正に歪んでいれば、最頻値＜中央値＜平均の順になります。

なお、Excel の **SKEW 関数**で求められる歪度は、次式で算出されています。

$$\text{歪度}\quad a_3'=\frac{n}{(n-1)(n-2)}\sum_{i=1}^{n}\left(\frac{x_i-\overline{x}}{s'}\right)^3 \tag{8.11$'$}$$

ただし、$\overline{x}$ は平均値、s' は標準偏差 $\sqrt{\frac{1}{n-1}\sum_{i=1}^{n}(x_i-\overline{x})^2}$ を表します。

(2) 尖度

尖《せん》度《ど》（**kurtosis**）を a_4 で表すとすると、n 個の観測値 $x_1,\ x_2,\ \cdots,\ x_n$ の尖度は次式のように定義されます。

$$\text{尖度}\quad a_4=\frac{1}{n}\sum_{i=1}^{n}\left(\frac{x_i-\bar{x}}{s}\right)^4 \tag{8.12}$$

ただし、$\bar{x}$ は平均値、s は標準偏差。尖度は平均のまわりの、標準偏差 s によって標準化された4次の積率です。正規分布と呼ばれる左右対称の釣鐘型の分布であれば、尖度は3になります。

尖度は分布のとがりを示すというよりは、裾の重さを測る指標といえます。尖度が3よりも小さければ緩尖と呼ばれ、肩の張った分布になりますが、尖度が3よりも大きければ急尖と呼ばれ、裾の重い分布になります。平均から大きく離れた値は、分散の場合よりも大きく拡大され、尖度の値を大きくすることになります。そのため、外れ値を含んだ分布は尖度が大きくなります。

なお、Excel の **KURT 関数**で求められる尖度は、次式で算出されています。

$$\text{尖度}\quad a_4'=\left\{\frac{n(n+1)}{(n-1)(n-2)(n-3)}\sum_{i=1}^{n}\left(\frac{x_i-\bar{x}}{s'}\right)^4\right\}-\frac{3(n-1)^2}{(n-2)(n-3)} \tag{8.12$'$}$$

ただし、$\bar{x}$ は平均値、s' は標準偏差 $\sqrt{\dfrac{1}{n-1}\displaystyle\sum_{i=1}^{n}(x_i-\bar{x})^2}$ を表します。

❖ 8.1.4　積率系と分位数系の統計指標

ここまで紹介してきた指標の多くは、**積率系**と**分位数系**の2つに分類することができます。

積率系の指標とは、n 個の観測値 $x_1,\ x_2,\ \cdots,\ x_n$ が与えられたとき、ある定数 c からの偏差の累乗（r 乗）を n で割った次式の値 ν_r で表されます。r 次の**積率**または**モーメント**と呼ばれます。ただし、r は正の整数になります。

$$\nu_r = \frac{1}{n}\sum_{i=1}^{n}(x_i - c)^r \tag{8.13}$$

つまり、算術平均 $\bar{x}$ は原点（$c=0$）のまわりの 1 次の積率、分散は平均（$c=\bar{x}$）のまわりの 2 次の積率といえます。さらに、標準偏差 s で基準化した次式の α_r は、r 次の**標準積率**と呼ばれます。

$$\alpha_r = \frac{1}{n}\sum_{i=1}^{n}\frac{(x_i - c)^r}{s^r} \tag{8.14}$$

歪度は平均のまわりの 3 次の標準積率、尖度は平均のまわりの 4 次の標準積率といえます。

一方、n 個のデータを小さい値から大きい値に並べ替えた順序統計量 $\{x_{(1)}, x_{(2)}, \cdots, x_{(n)}\}$ に基づく統計的指標は分位数系に分類することができます。中央値（第 2 四分位数）、最大値、最小値、範囲、第 1 四分位数、第 3 四分位数、四分位範囲、四分位偏差は分位数系の指標になります。

例えば、n が奇数のとき、$n=2m+1$（ただし、m は負でない整数）とすると、中央値は $x_{(m+1)}$ で表せます。n が偶数（$n=2m$、m は負でない整数）であれば、中央値は $\dfrac{x_{(m)}+x_{(m+1)}}{2}$ で表せます。最大値は $x_{(n)}$ であり、最小値は $x_{(1)}$ です。範囲、四分位範囲、四分位偏差は、それぞれ式（8.5）、式（8.6）、式（8.7）のとおりです。

❖ 8.1.5　Excel による分布の特徴を表す指標の算出

ここまで示してきた分布の特徴を表す指標の中から、よく利用されるものについて Excel で算出してみます。例として、8.1 節で紹介した A ～ E 群の度数分布（表 8.2）を用います。度数分布表には各個体の具体的な値は示されていないので、便宜的に個々の値は分類されている階級の**階級値**だとして計算することにします（図 8.9 内の表）。階級値とは、階級を代表する値で、その階級の上下境界値の中点になります（表 8.2）。

表 8.2　A ～ E 群の得点分布

階級	階級値	A〔人〕	B〔人〕	C〔人〕	D〔人〕	E〔人〕
0 点以上 10 点未満	5	0	0	1	0	0
10 点以上 20 点未満	15	0	0	1	0	0
20 点以上 30 点未満	25	2	0	2	1	3
30 点以上 40 点未満	35	4	0	3	3	4
40 点以上 50 点未満	45	8	0	6	6	6
50 点以上 60 点未満	55	4	2	3	8	4
60 点以上 70 点未満	65	2	4	2	2	3
70 点以上 80 点未満	75	0	8	1	0	0
80 点以上 90 点未満	85	0	4	1	0	0
90 点以上 100 点未満	95	0	2	0	0	0

図 8.9　Excel 関数を利用した分布の特徴を表す指標の算出（1）

（1）Excel 関数による算出方法

Excel 関数を利用して、分布の特徴を表す指標を算出する場合、図 8.9 のように、「数式」タブの「その他の関数」から「統計」を選択して、多数の関数の中から該当する関数を選ぶことになります。

（ア）代表値（平均値・中央値・最頻値）の算出

算術平均を求めるのであれば、「数式」タブの「その他の関数」から「統計」を選択して、“**AVERAGE**”という関数を利用します。A 群の平均値を B22 セルに入れたいとき、B22 セルをアクティブにし、“AVERAGE”をクリックします。すると、図 8.10 のように、「関数の引数」ダイアログボックスが示され、「数値 1」ボックスに Excel が予想した範囲 B2:B21 が指定され、数式バーには「=AVERAGE(B2:B21)」と表示されます。平均したいデータの範囲を変更する場合は、「数値 1」ボックスの範囲 B2:B21、または、数式バー「=AVERAGE(B2:B21)」の範囲を直接書き換えることができます。あるいは、マウスをドラッグして範囲を選択します。正しく範囲を指定して、「OK」をクリックすれば、B22 セルに A 群の平均値 45 が表示されます。

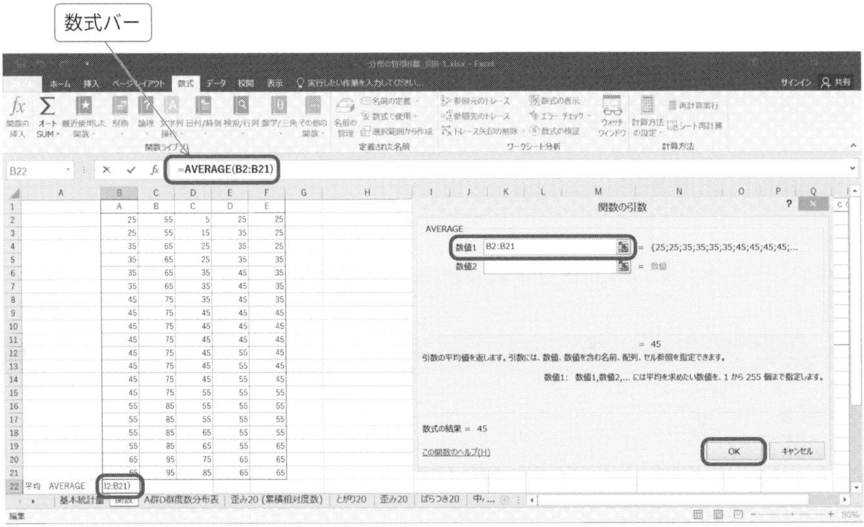

図 8.10　Excel 関数を利用した分布の特徴を表す指標の算出（2）

算術平均 AVERAGE はよく利用される関数なので、図 8.11 のように、「ホーム」タブの「編集」グループの「Σオート SUM ▼」の▼をクリックして、プルダウンメニューから「平均」を選択して計算することもできます。

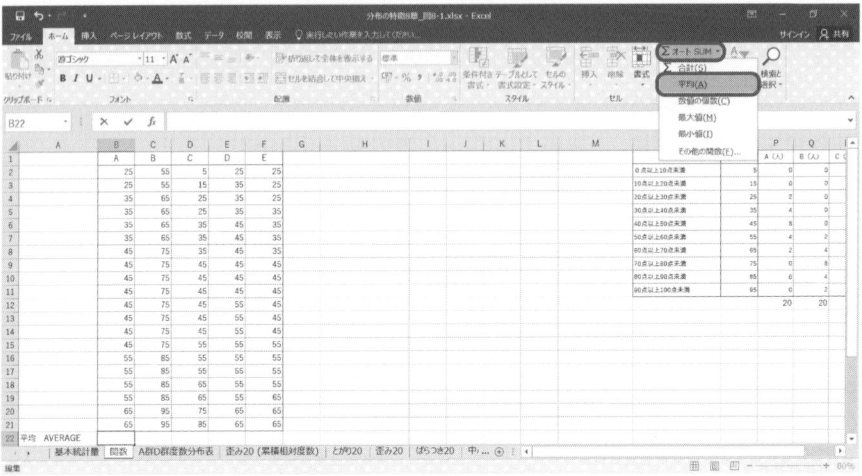

図 8.11　Excel 関数を利用した分布の特徴を表す指標の算出（3）

また、図 8.12 のように、「数式」タブの「関数ライブラリ」グループの「Σオート SUM ▼」からも同様に平均を計算することができます。

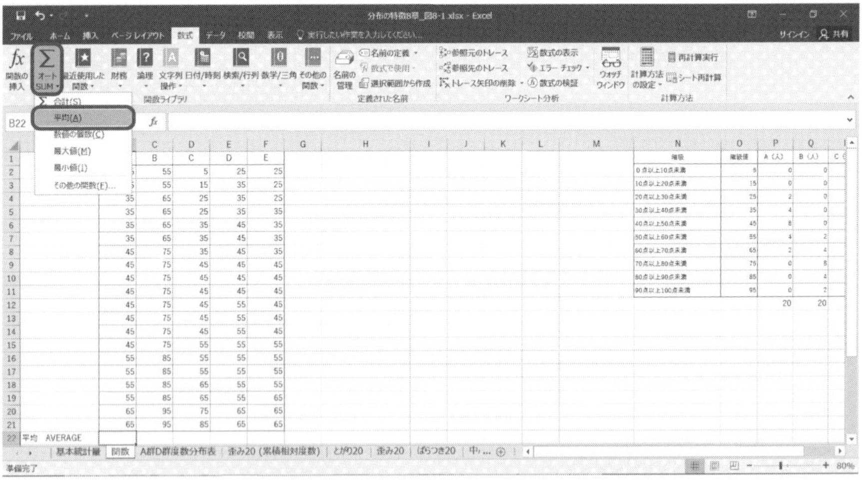

図 8.12　Excel 関数を利用した分布の特徴を表す指標の算出（4）

B 群～ E 群についても A 群と同様の計算をしたいときは、**オートフィル**を使います。A 群の平均値 45 が表示された B22 セルを選択するとセルの右下に小さな四角（■）が表示されます（図 8.13 の丸内）。これを「**フィルハンドル**」と呼びます。フィルハンドルにマウスポインタを合わせると、黒い十字形（+）が現れます（図 8.14 の丸内）。これを F22 セルまでドラッグすれば、各群の平均値が表示されます（図 8.15）。

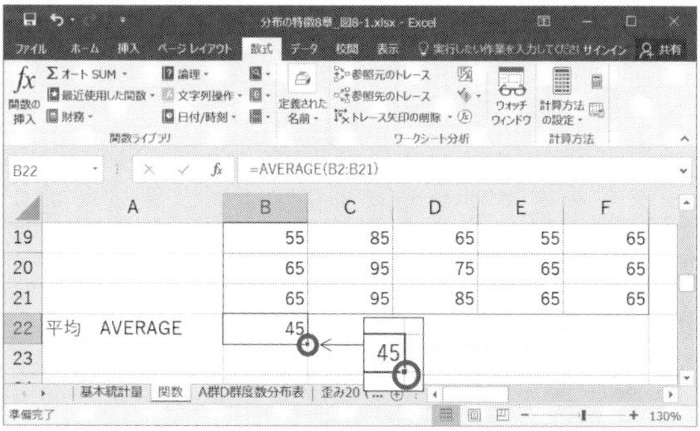

図 8.13　オートフィルによる数式のコピー（1）

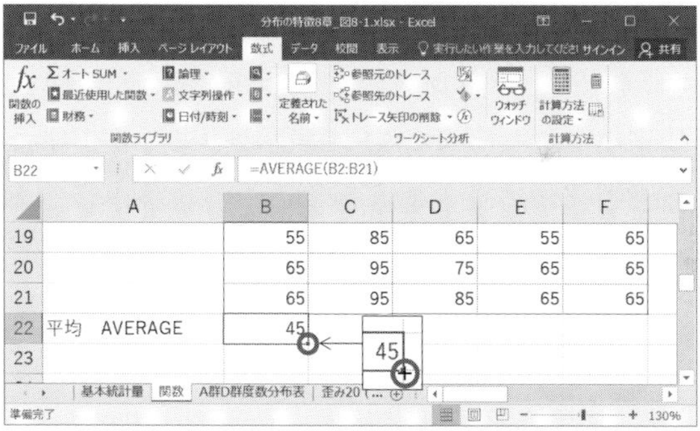

図 8.14　オートフィルによる数式のコピー（2）

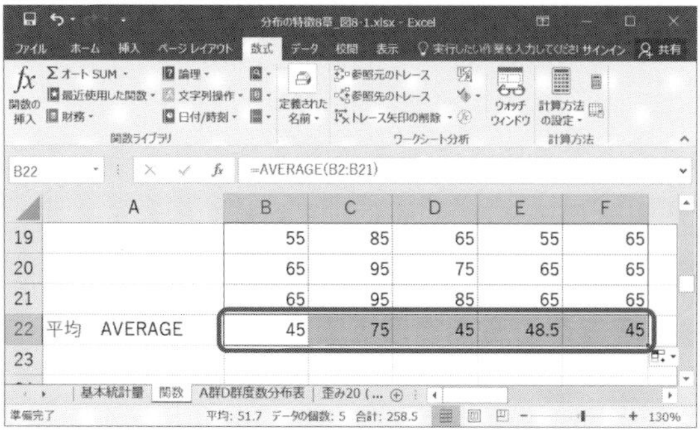

図 8.15　オートフィルによる数式のコピー（3）

中央値の算出の場合、同様に「数式」タブの「その他の関数」から「統計」を選択して、“**MEDIAN**”という関数を利用します。最頻値であれば、“**MODE.SNGL**”という関数を利用します。どちらもA群の値だけ求めて、B群～E群についての計算にはオートフィルを利用すると容易に値が求められます。

(イ) 散布度(分散・標準偏差)・歪度・尖度の算出

散布度の算出にもExcel関数が利用できます。

分散を算出する際には、分散 s^2 と不偏分散 s'^2 のどちらを求めるのかを意識する必要があります。分散 s^2 を求める際は“**VAR.P**”を選択し、不偏分散 s'^2 を求める際は“**VAR.S**”を選択します。“VAR.P”は式(8.8)のように偏差平方和をデータ数 n で割ったものであり、“VAR.S”は式(8.9)のように偏差平方和を $(n-1)$ で割った値になります。

図8.16のように、B25セルにA群の分散 s^2 を表示するのであれば、B25セルをアクティブにして、「数式」タブの「その他の関数」から「統計」を選択して、“VAR.P”を選択すると、図8.17のような「関数の引数」ダイアログボックスが示されます。「数値1」ボックスにExcelが予想した範囲B2:B24が指定され、数式バーには「=VAR.P(B2:B24)」と表示されますが、分散を求めたいデータの範囲は「B2:B21」なので、「数値1」ボックスの範囲を「B2:B21」と変更するか、または、数式バーの範囲を「=VAR.P(B2:B21)」と変更します。あるいは、範囲のセルをマウスでドラッグして変更することもできます。変更後、「OK」をクリックすれば、B25セルにA群の分散 s^2 の値120が表示されます。

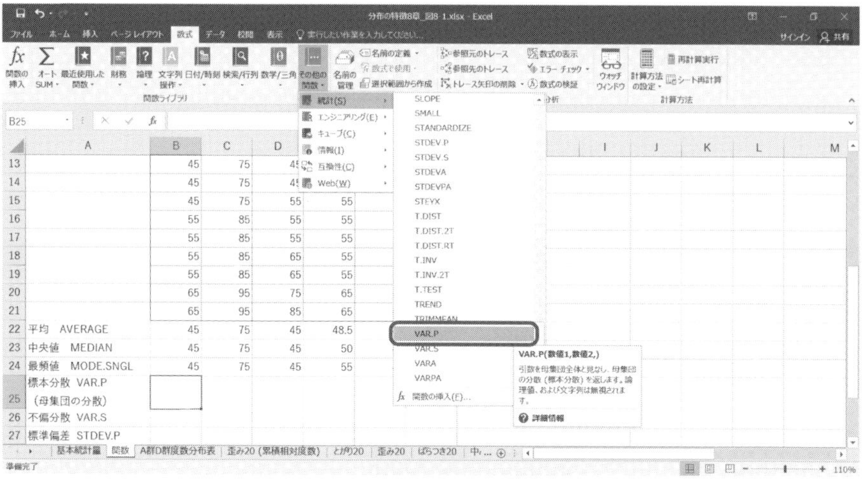

図 8.16　分散（VAR.P）の算出（1）

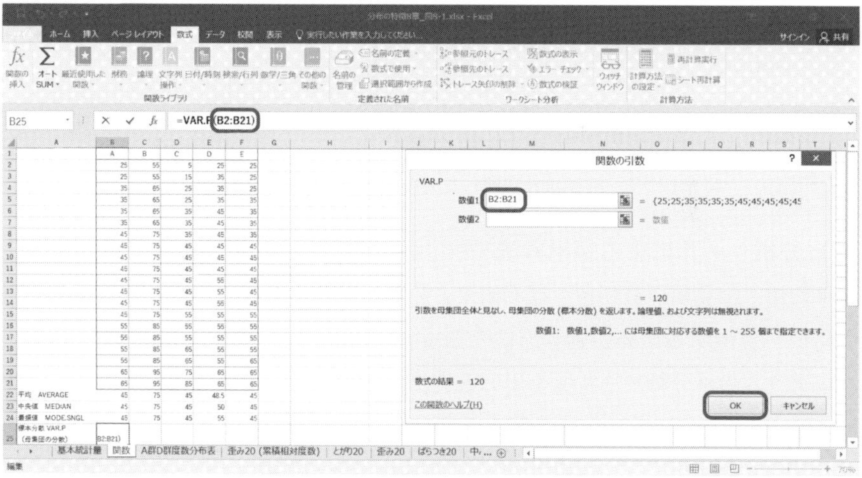

図 8.17　分散（VAR.P）の算出（2）

B 群～E 群についての分散の計算には、平均の算出の場合と同様にオートフィルを利用します。

不偏分散 s'^2 を求める場合は Excel 関数の“VAR.S”を用いて同様の手順で算出します。

また、分散“VAR.P”の平方根をとる標準偏差の算出には Excel 関数の

“**STDEV.P**”を、不偏分散“VAR.S”の平方根をとる標準偏差の算出にはExcel関数の“**STDEV.S**”を用います。

歪度の算出にはExcel関数の“**SKEW**”を、尖度の算出には“**KURT**”を用います。

それぞれの計算結果は図8.18に示すとおりです。

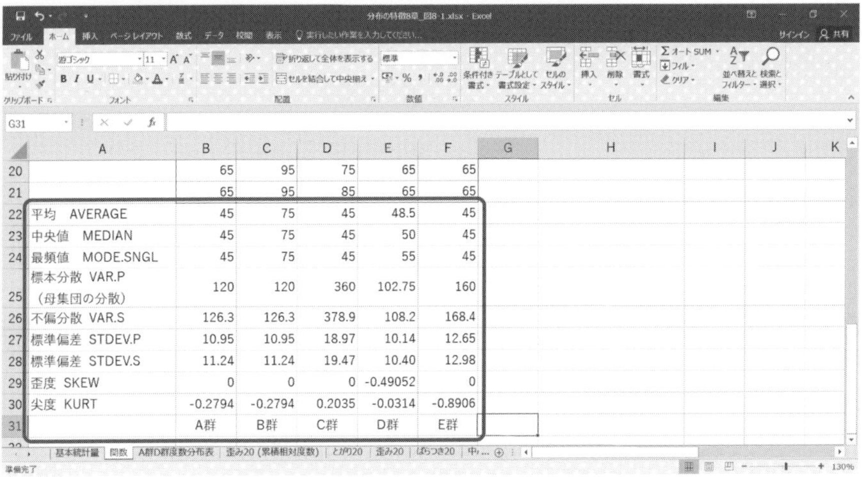

	A	B	C	D	E	F
20		65	95	75	65	65
21		65	95	85	65	65
22	平均　AVERAGE	45	75	45	48.5	45
23	中央値　MEDIAN	45	75	45	50	45
24	最頻値　MODE.SNGL	45	75	45	55	45
25	標本分散 VAR.P（母集団の分散）	120	120	360	102.75	160
26	不偏分散 VAR.S	126.3	126.3	378.9	108.2	168.4
27	標準偏差 STDEV.P	10.95	10.95	18.97	10.14	12.65
28	標準偏差 STDEV.S	11.24	11.24	19.47	10.40	12.98
29	歪度 SKEW	0	0	0	-0.49052	0
30	尖度 KURT	-0.2794	-0.2794	0.2035	-0.0314	-0.8906
31		A群	B群	C群	D群	E群

図8.18　Excel関数を利用した分布の特徴を表す指標の計算結果

(2) 分析ツールによる算出方法

平均値、中央値、最頻値、標準偏差、分散、尖度、歪度などの分布の特徴を表す指標を算出するための別の方法として、6.3.3項で紹介したExcelのアドインプログラムの「分析ツール」を用いる方法があります。上述の指標は、**基本統計量**と呼ばれていて、分析ツールによる算出方法は次のとおりです。

① 「データ」タブの「分析」グループの「データ分析」を利用します。「データ分析」が表示されない場合は、6.3.3項を参照して、分析ツールアドインプログラムを読み込みます。

② 図8.19のように「データ分析」ボタンをクリックすると、「データ分析」ダイアログボックスが表示されるので、「基本統計量」を選択して、「OK」をクリックします。

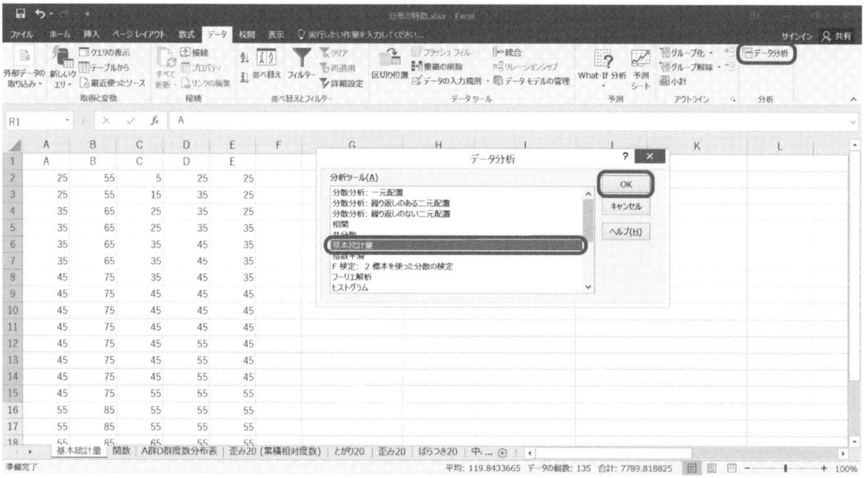

図 8.19　分析ツールによる基本統計量の算出（1）

③　すると、図 8.20 のように「基本統計量」ダイアログボックスが表示されるので、必要な情報を入力します。

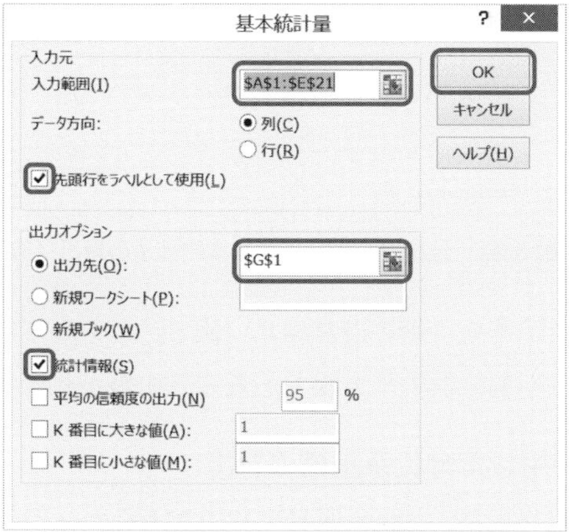

図 8.20　分析ツールによる基本統計量の算出（2）

④　「入力範囲」に、対象となるデータの範囲を入力するか、マウスをドラッグして範囲を選択します。A～E 群それぞれ 1 列ずつ指定してもよいのですが、ここでは A～E 群まとめて指定することにします。また、1 行目の A～E の文字列の 5 つのセルも入力範囲に含めたので、「先頭行をラベルとして

使用」にチェック☑を入れます。

⑤ 「出力先」には、出力される基本統計量の計算結果の表の、左上のセルにあたる場所を指定します。ここではデータと同じシートの $G$1 セルを指定しています。なお、デフォルトでは「新規ワークシート」が指定されますので、「出力先」を指定しなくても問題はありません。

⑥ そして、「統計情報」にチェック☑を入れて、「OK」をクリックします。そうすれば、基本統計量の計算がなされ、図 8.21 のように指定された場所に結果が出力されます。

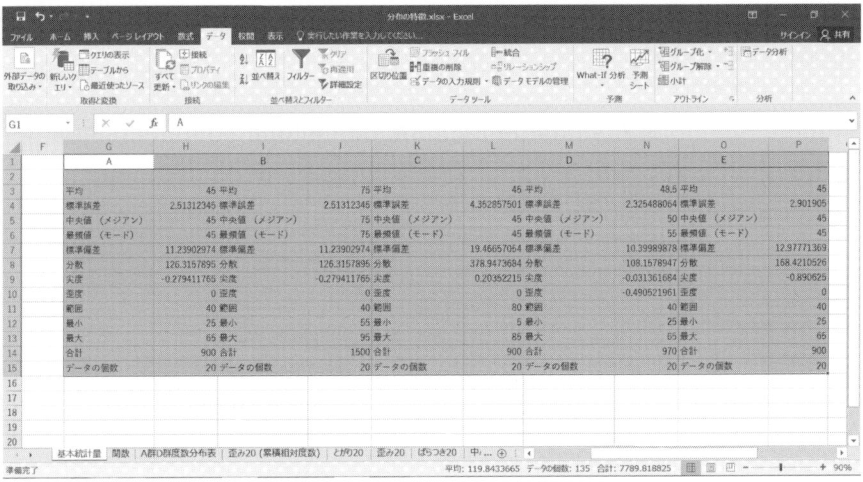

A		B		C		D		E	
平均	45	平均	75	平均	45	平均	48.5	平均	45
標準誤差	2.51312345	標準誤差	2.51312345	標準誤差	4.352857501	標準誤差	2.325488064	標準誤差	2.901905
中央値 （メジアン）	45	中央値 （メジアン）	75	中央値 （メジアン）	45	中央値 （メジアン）	50	中央値 （メジアン）	45
最頻値 （モード）	45	最頻値 （モード）	75	最頻値 （モード）	45	最頻値 （モード）	55	最頻値 （モード）	45
標準偏差	11.23902974	標準偏差	11.23902974	標準偏差	19.46657054	標準偏差	10.39989878	標準偏差	12.97771369
分散	126.3157895	分散	126.3157895	分散	378.9473684	分散	108.1578947	分散	168.4210526
尖度	-0.279411765	尖度	-0.279411765	尖度	0.20352215	尖度	-0.031361684	尖度	-0.890625
歪度	0	歪度	0	歪度	0	歪度	-0.490521961	歪度	0
範囲	40	範囲	40	範囲	80	範囲	40	範囲	40
最小	25	最小	55	最小	5	最小	25	最小	25
最大	65	最大	95	最大	85	最大	65	最大	65
合計	900	合計	1500	合計	900	合計	970	合計	900
データの個数	20	データの個数	20	データの個数	20	データの個数	20	データの個数	20

図 8.21　分析ツールによる基本統計量の算出（3）

分析ツールによる基本統計量の計算結果（図 8.21）をみると、分散は不偏分散であり、標準偏差は不偏分散の平方根であることがわかります。

(3) 箱ひげ図を利用した分位系指標の算出

分位系の指標の算出には、Excel 関数を利用することもできますが、**箱ひげ図**を利用すると簡単です。

図 8.22 のように、A 群～E 群のすべてのデータを選択して、「挿入」タブの「グラフ」グループの「統計グラフの挿入」を選択して、プルダウンメニューから「箱ひげ図」を選ぶと、箱ひげ図が描かれます。

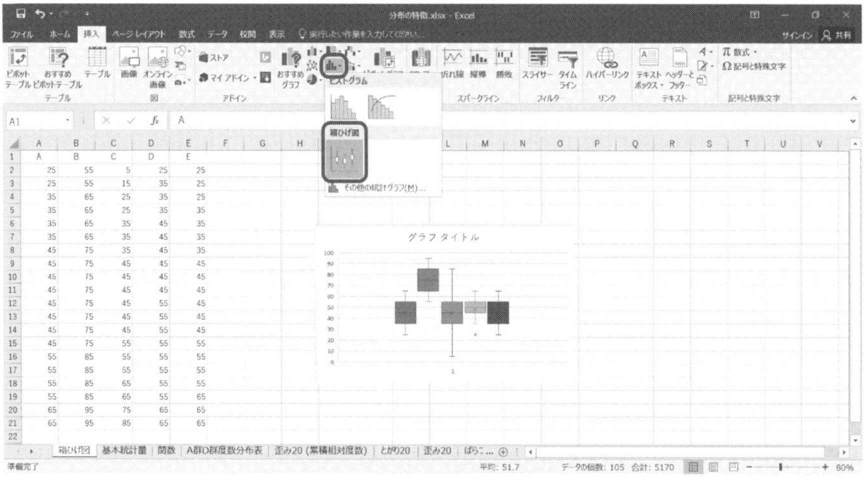

図 8.22　箱ひげ図の作成（1）

次に、図 8.23 のように、「デザイン」タブの「グラフ要素を追加」を選択し、「データラベル」を選んで、「右」とすれば、「中央値」、「平均値」、「**外れ値**」、「第 1 四分位点（Q1）」、「第 3 四分位点（Q3）」、「（外れ値を除く）最小値」、「（外れ値を除く）最大値」が箱ひげ図の該当箇所の右側に数値として表示されます。

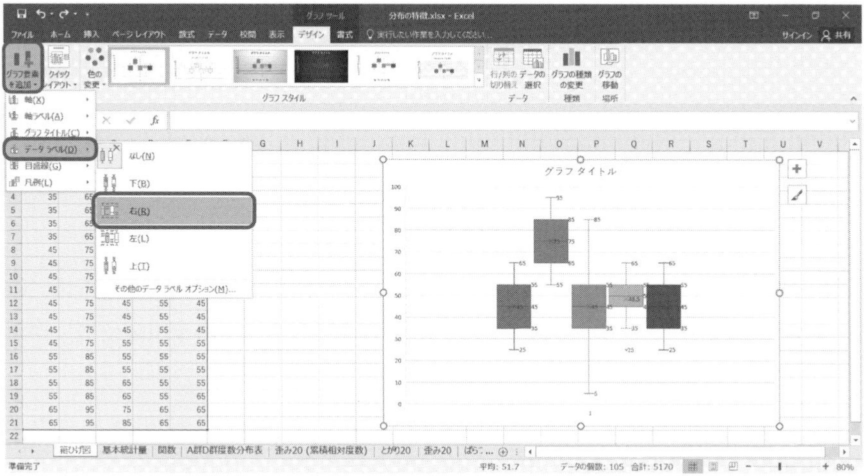

図 8.23　箱ひげ図の作成（2）

図 8.24 は D 群の箱ひげ図です。縦軸が得点を表します。中央の四角形の「箱」の下辺が第 1 四分位数を、上辺が第 3 四分位数を、箱の中の水平線が中央値（第 2 四分位数）を表します。×印の位置は平均値を表します。箱から上下に外に向けて伸びる線が「ひげ」になります。下に向かったひげの下端が（外れ値を除く）最小値になり、上に向かったひげの上端が（外れ値を除く）最大値になります。外れ値があれば、ひげの下端より下、または、ひげの上端より上にドット（●）で表示されます。

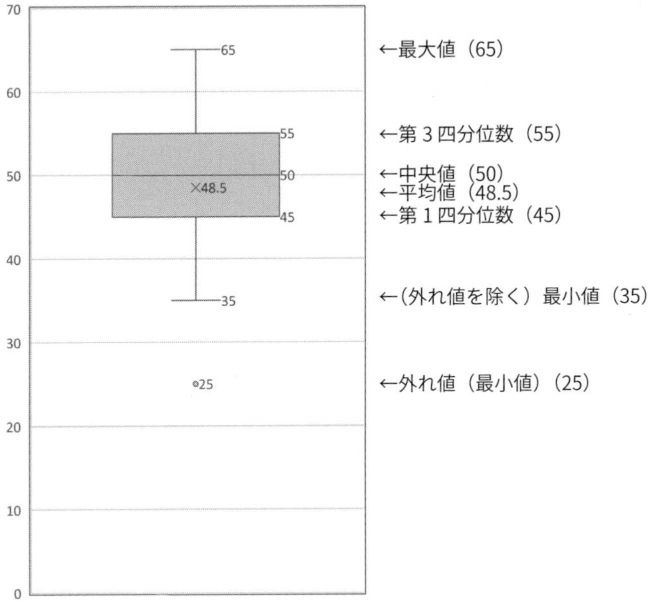

図 8.24　D 群の箱ひげ図

Excel の箱ひげ図における外れ値は、箱の下辺（第 1 四分位数）から下に、箱の高さである四分位範囲の 1.5 倍を超えた値と、箱の上辺（第 3 四分位数）から上に、四分位範囲の 1.5 倍を超えた値としています。図 8.24 の D 群の分布では、四分位範囲 10（55 − 45）の 1.5 倍は 15 なので、第 1 四分位数 45 から 15 を引いて 30 未満の値は外れ値となるため、25 は外れ値となっています。

8.2　2 変数に関する記述統計

2 変数に関する記述統計では、2 変数間の関係（関連）性を記述します。例えば、文系クラスで国語の成績のよい生徒は数学の成績もよいのかを調べたいときには、国語と数学のテスト得点という 2 つの変数の関係性を記述します。

2 変数の分布の関係性を示す代表的な指標としては、積率相関係数があげられます。積率相関係数は、量的な 2 つの変数の直線的関係性を示すことができます。事前に散布図を描いて視覚的に関係性を捉えておくと、積率相関係数などの値の解釈が容易になります。

❖ 8.2.1　散布図と積率相関係数

(1) 散布図

ここでは、都道府県別の生産年齢人口割合（変数 X）と 1 人あたりの県民所得（変数 Y）との関係性について調べてみることにします。

政府統計ポータルサイト（e-Stat）の政府統計名「社会・人口統計体系」の提供統計名「統計でみる都道府県のすがた 2018」に収められている統計表の「人口・世帯」の中から都道府県別の生産年齢（15 ～ 64 歳）人口割合（X）と、「経済基盤」の中から都道府県別の 1 人当たり県民所得（Y）を抽出して**散布図**（**scatter diagram, scattergram**）を描いたのが、図 8.25 です。散布図の一つひとつのプロットは都道府県ごとの（X, Y）座標を表し、値に重なりがなければ 47 のプロットが示されます。対応のある 2 つの変数（X, Y）のデータ（2 変数の値がセットになっているデータ）を選択し、Excel の「挿入」タブの「グラフ」グループの「散布図」を選択します。図 8.25 のグラフは散布図を描いたあと、軸ラベルをつけ、横軸の調整をし、グラフタイトルを「なし」にするなど、いくつかの手を加えています。

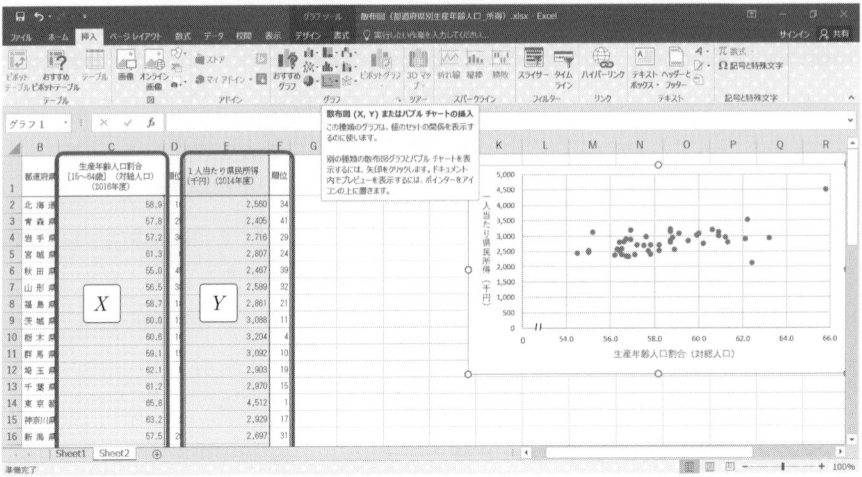

図 8.25　都道府県別の生産年齢人口割合と 1 人当たり県民所得との散布図

(2) 積率相関係数

2 変数の直線的な関係性を示す**積率相関係数**（**product moment correlation coefficient**）は、「**ピアソンの積率相関係数**」と呼ばれることもあります。通常は、単に「**相関係数**」と呼ばれることが多く、本書でも「相関係数」と呼ぶことにします。

2 変数の対になった n 組のデータ $\{(x_1,\ y_1),\ (x_2,\ y_2),\ \cdots,\ (x_n,\ y_n)\}$ について、2 変数 x と y の相関係数を r で表すとすると r は次式のようになります。ただし、$\overline{x}$ は x の平均値、$\overline{y}$ は y の平均値を表します。

$$r = \frac{\dfrac{1}{n}\{(x_1-\overline{x})(y_1-\overline{y})+(x_2-\overline{x})(y_2-\overline{y})+\cdots+(x_n-\overline{x})(y_n-\overline{y})\}}{\sqrt{\dfrac{1}{n}\{(x_1-\overline{x})^2+(x_2-\overline{x})^2+\cdots+(x_n-\overline{x})^2\}}\sqrt{\dfrac{1}{n}\left\{(y_1-\overline{y})^2+(y_2-\overline{y})^2+\cdots+(y_n-\overline{y})^2\right\}}} \tag{8.15}$$

式 (8.15) の分子の部分は、x と y の**共分散**（**covariance**）と呼ばれ、s_{xy} で表すとすると、s_{xy} は次式のようになります。

$$s_{xy} = \frac{1}{n}\sum_{i=1}^{n}(x_i-\overline{x})(y_i-\overline{y}) \tag{8.16}$$

したがって、相関係数 r は次のように表すことができます。

$$r = \frac{(x\text{と}y\text{の共分散})}{\sqrt{(x\text{の分散})}\sqrt{(y\text{の分散})}} = \frac{s_{xy}}{s_x s_y} \tag{8.17}$$

ただし、s_x は x の標準偏差、s_y は y の標準偏差。相関係数の分母は負の値をとらないので、相関係数の正負の符号は共分散の値によります。共分散は2変数の対になったデータ $(x_i,\ y_i)$ のそれぞれの平均からの偏差の積 $(x_i - \overline{x})(y_i - \overline{y})$ の n 組の総和 $\displaystyle\sum_{i=1}^{n}(x_i - \overline{x})(y_i - \overline{y})$ を n で割ったものです。

それぞれの偏差積の符号を、図8.26のように $x = \overline{x}$ と $y = \overline{y}$ を境界線として xy 平面を4分割して①〜④の4領域に分けて考えることができます。

① $x_i > \overline{x}$ かつ $y_i > \overline{y}$、すなわち、$x_i,\ y_i$ ともに平均値より大きければ、その偏差積 $(x_i - \overline{x})(y_i - \overline{y})$ は、正の値をとります。

② $x_i < \overline{x}$ かつ $y_i > \overline{y}$、すなわち、x_i は平均値より小さく、y_i は平均値より大きければ、その偏差積 $(x_i - \overline{x})(y_i - \overline{y})$ は、負の値をとります。

③ $x_i < \overline{x}$ かつ $y_i < \overline{y}$、すなわち、$x_i,\ y_i$ ともに平均値より小さければ、その偏差積 $(x_i - \overline{x})(y_i - \overline{y})$ は、正の値をとります。

④ $x_i > \overline{x}$ かつ $y_i < \overline{y}$、すなわち、x_i は平均値より大きく、y_i は平均値より小さければ、その偏差積 $(x_i - \overline{x})(y_i - \overline{y})$ は、負の値をとります。

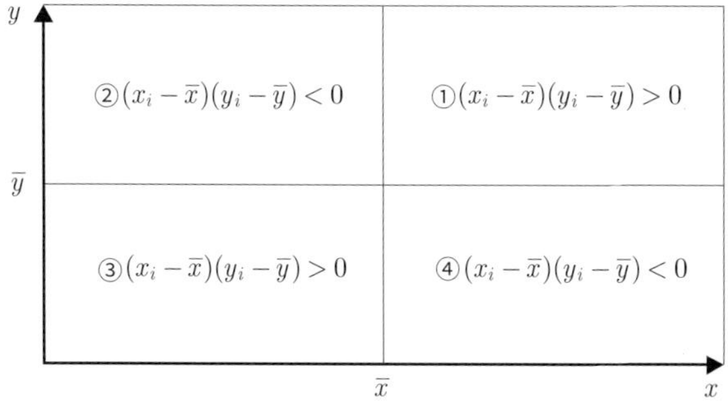

図8.26　$x = \overline{x}$ と $y = \overline{y}$ とで4分割した xy 平面

図 8.26 の①と③の領域にある、対になったデータ $(x_i,\ y_i)$ の偏差積の総和の絶対値と、②と④の領域内のデータの偏差積の総和の絶対値とを比べて、前者の方が大きければ相関係数は正の値になり、後者の方が大きければ相関係数は負の値になります。

証明は省略しますが、相関係数 r は、-1 から $+1$ までの値をとります。相関係数の値を言葉で表現するなら、例えば、表 8.3 のように表されます（石村，2006；山上・倉智，2003）。

表 8.3　相関係数の値と表現例

負の相関係数の値	表現例
−1.0 ～ −0.7	強い負の相関がある
−0.7 ～ −0.4	かなり負の相関がある
−0.4 ～ −0.2	やや負の相関がある
−0.2 ～ 0.0	ほとんど相関がない

正の相関係数の値	表現例
0.7 ～ 1.0	強い正の相関がある
0.4 ～ 0.7	かなり正の相関がある
0.2 ～ 0.4	やや正の相関がある
0.0 ～ 0.2	ほとんど相関がない

❖ 8.2.2　Excel による積率相関係数の算出とその解釈

8.2.1 項（1）で用いた都道府県別の生産年齢（15 ～ 64 歳）人口割合（X）と都道府県別の 1 人当たり県民所得（Y）の積率相関係数を Excel で求めてみましょう。

（1）Excel 関数を用いた積率相関係数の算出

Excel 関数で積率相関係数を求める場合は、図 8.27 のように、相関係数の値を表示させたい位置の H2 セルをアクティブにし、「数式」タブの「その他の関数」の「統計」の **“CORREL”** を選択します。すると、図 8.28 のように、「関数の引数」ダイアログボックスが示されるので、2 つの変数のデータの範囲をそれぞれ「配列 1」と「配列 2」に入力するか、マウスをドラッグして指定し、「OK」をクリックすれば、H2 セルに相関係数の値 0.5819…が表示されます。

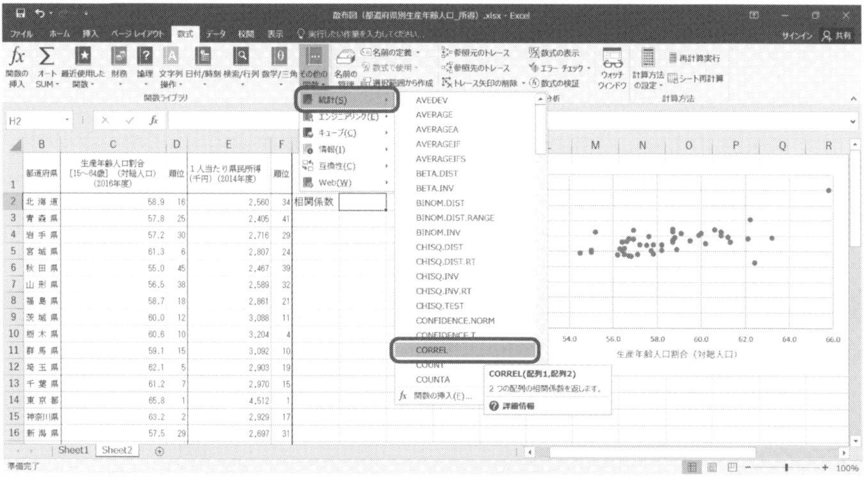

図 8.27　Excel 関数による積率相関係数の算出（1）

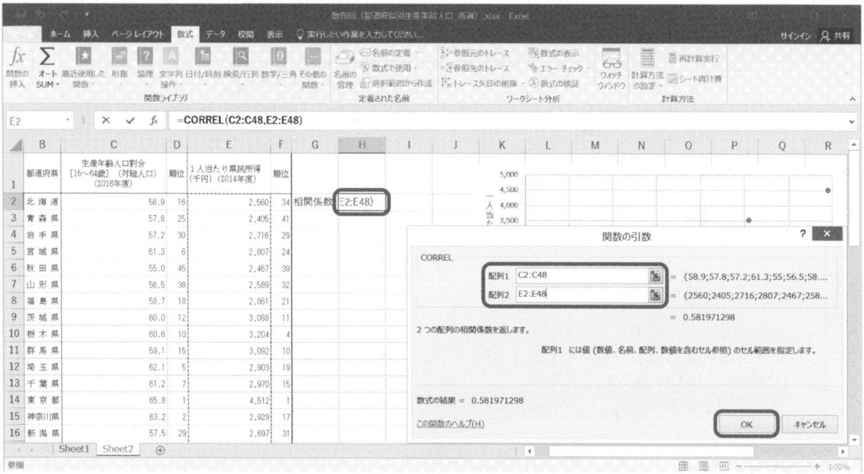

図 8.28　Excel 関数による積率相関係数の算出（2）

(2) 分析ツールによる積率相関係数の算出

Excel のアドインプログラムの「分析ツール」を用いて相関係数を算出する方法は次のとおりです。

① 「データ」タブの「分析」グループの「データ分析」を利用します。「データ分析」が表示されない場合は、6.3.3 項を参照して、分析ツールアドインプログラムを読み込みます。

② 図 8.29 のように「データ分析」ボタンをクリックすると、「データ分析」ダイアログボックスが表示されるので、「相関」を選択して、「OK」をクリックします。

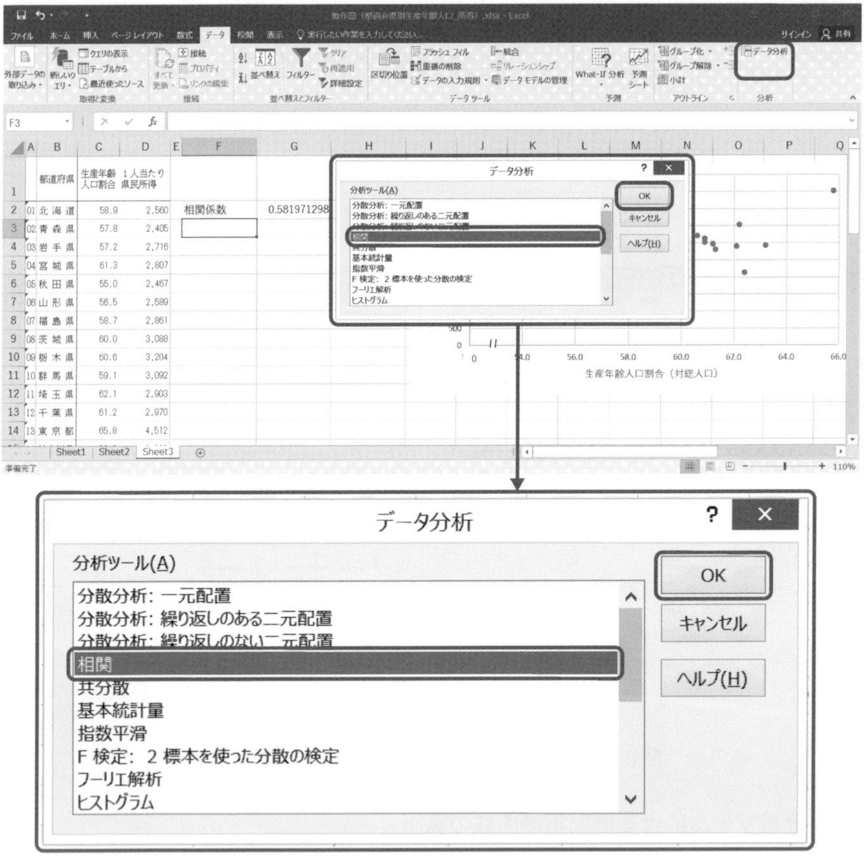

図 8.29　分析ツールによる相関係数の算出（1）

③　すると、図 8.30 のように「相関」ダイアログボックスが表示されるので、必要な情報を入力し、「OK」をクリックします。

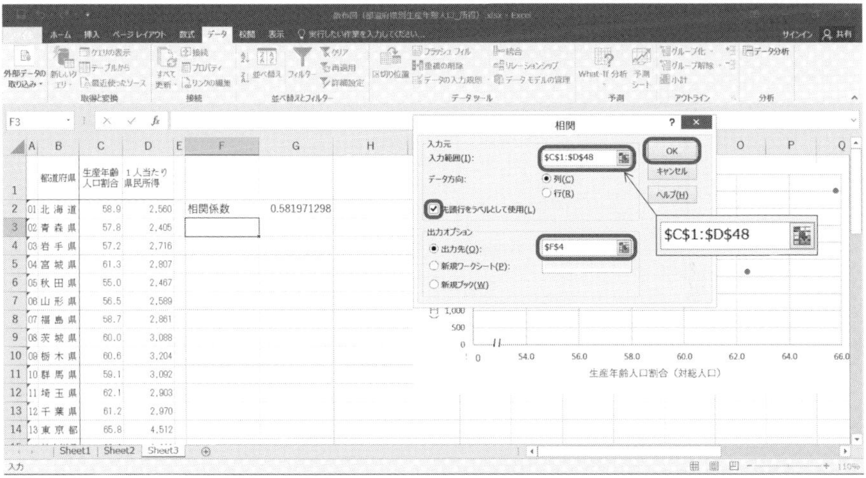

図 8.30　分析ツールによる相関係数の算出（2）

a）「入力範囲」には、対象となるデータの範囲（$C$1:$D$48）を入力するか、マウスをドラッグして範囲を選択します。ただし、2 つの変数列が隣り合っていないと、「相関入力範囲は連続している必要があります。」という警告ダイアログボックスが表示されます。

b）「入力範囲」に先頭行の変数名の文字列部分も含めた場合は「先頭行をラベルとして使用」にチェック☑を入れます。

c）「出力先」には、同じシートの $F$4 セルを指定しています。なお、デフォルトでは「新規ワークシート」が指定されますので、「出力先」を指定しなくても問題はありません。

④　図 8.31 のように結果は相関行列として、③で指定した「出力先」に表示されます。今回は 2 変数のみでしたが、3 つ以上の変数間の相関係数を一度に求めることもできます。その場合は相関行列の形式で表示されるので便利です。

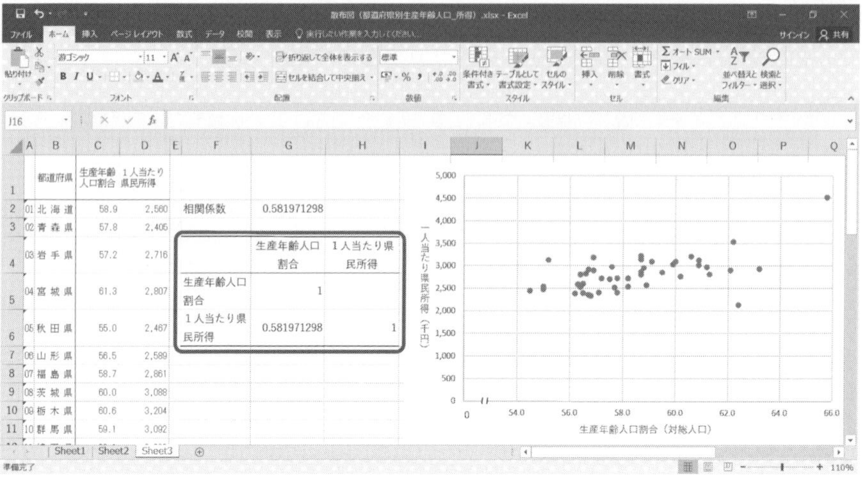

図 8.31　分析ツールによる相関係数の算出（3）

❖ 8.2.3　回帰分析

（1）相関関係と因果関係

相関関係を示す積率相関係数は量的な 2 つの変数 x と y との直線的な相互関連の程度を定量的に示す指標ですが、その 2 つの変数間の**因果関係**は問題にしていません。しかし、2 変数間に因果関係があって、一方の変数が原因となり、他方の変数の結果に影響を及ぼしていることが想定される場合は、**回帰モデル**（**regression model**）を用いた**回帰分析**（**regression analysis**）という手法が役に立ちます。結果となる変数は 1 つですが、原因となる変数が 1 つだけであれば単回帰分析といい、原因となる変数が 2 つ以上であれば重回帰分析といいます。

因果関係を示すとき、原因となる変数を**独立変数**（**independent variable**）と呼び、結果となる変数を**従属変数**（**dependent variable**）と呼びます。また、独立変数は**説明変数**（**explanatory variable**）、**予測変数**（**predictive variable**）などと呼ばれることがあり、従属変数は**被説明変数**（**explained variable**）、**基準変数**（**criterion variable**）などと呼ばれることがあります。

（2）単回帰モデル

回帰モデルには線形回帰モデルだけでなく、非線形回帰モデルもありますが、ここでは、独立変数（説明変数）が 1 つの場合の、線形関係を想定した単純線形回帰モデル（単に単回帰モデルとも呼ばれる）について扱うことにします。変数 x を独立変数（原因）とし、変数 y を従属変数（結果）とすれば、変数 y を変数 x の一次関数 $f(x) = \alpha + \beta x$ で予測します。この関数を**回帰関数**と呼び、この一次関数で表された直線を**回帰直線**と呼びます。α は切片（y 切片）を表し、$x = 0$ としたときの $f(x)$ の値で、y 軸と一次関数（回帰直線）との交点の y の値になります。β は直線の傾きを表し、回帰係数とも呼ばれます。

2変数の対になった n 組のデータ $\{(x_1, y_1), (x_2, y_2), \cdots, (x_n, y_n)\}$ が得られたとき、単回帰モデルは次式で表すことができます。

$$y_i = f(x_i) + e_i = \alpha + \beta x_i + e_i, \quad i = 1, 2, \cdots, n \tag{8.18}$$

e_i は誤差項を表し、変数 x_i では説明できない変数 y_i への影響を表します。α, β は定数ですが、e_i は**確率変数**[†2]として扱われます。

定数 α, β の値はデータから推定し、推定された値をそれぞれ a, b で表すことにします。$a + bx_i$ の値は y_i の予測値であり、必ずしも y_i の値と一致するわけではないため $\widehat{y_i}$（「ワイアイハット」と読む）で表し、回帰直線の式は、

$$\widehat{y_i} = a + bx_i \tag{8.19}$$

となります。式（8.19）を推定された回帰式ともいいます。

定数 α, β の値の推定方法として代表的な方法の1つが**最小二乗法**（**least squares method**）といわれる方法です。普通最小二乗法（OLS、Ordinary Least Squares）と呼ばれることもあります。この方法では、観測値 y_i と予測値 $\widehat{y_i}$ とのずれ（残差）である、予測の残差 $y_i - \widehat{y_i}$ が小さくなるように a と b を推定します。n 組の残差をそれぞれ2乗して足し合わせた残差平方和（RSS、Residual Sum of Squares）、

$$\sum_{i=1}^{n}(y_i - \widehat{y_i})^2 = \sum_{i=1}^{n}(y_i - a - bx_i)^2 \tag{8.20}$$

を最小化するように a と b を推定すると、

$$b = r\frac{s_y}{s_x} \tag{8.21}$$

†2　確率変数については第9章で詳しく説明します。

$$a = \overline{y} - b\overline{x} \tag{8.22}$$

となります（推定値の求め方はここでは割愛します）。ただし、r は x と y の相関係数、$\overline{x}$ は x の平均値、$\overline{y}$ は y の平均値、s_x は x の標準偏差、s_y は y の標準偏差を表します。

(3) 回帰直線の精度の評価

推定された回帰直線、すなわち回帰モデル式（8.19）が、観測データにどの程度あてはまっているかを評価する指標として**決定係数**（**coefficient of determination**）がよく利用されます。決定係数は**寄与率**と呼ばれることもあります。

決定係数は R^2 で表され、従属変数（基準変数）の分散のうち、独立変数（説明変数）による回帰予測式で説明できる分散、すなわち $\hat{y}$ の分散の割合を示したもので、次式のように表されます。

$$R^2 = \frac{\sum_{i=1}^{n} (\widehat{y_i} - \overline{y})^2}{\sum_{i=1}^{n} (y_i - \overline{y})^2} \tag{8.23}$$

決定係数 R^2 は 0 から 1 までの間の値をとります。独立変数で従属変数の変動をすべて説明できれば決定係数 R^2 は 1 になり、全く説明できなければ 0 になります。単回帰モデルの場合には決定係数 R^2 は独立変数（x）と従属変数（y）との相関係数の 2 乗の値になります。

❖ 8.2.4　Excel による単回帰分析

8.2.1 項（1）で用いた都道府県別の生産年齢（15 ～ 64 歳）人口割合（X）と都道府県別の 1 人当たり県民所得（Y）のデータを用いて Excel で描いた図 8.31 の散布図に、回帰直線を引き、推定された回帰式を表示してみましょう。

① 図 8.31 の散布図（グラフ）を選択してアクティブにします。

② 図 8.32 に示すように、「グラフツール」の「デザイン」タブをクリックし、「グラフ要素の追加」をクリックして表示されたプルダウンメニューから、「近似曲線」を選択します。さらに、「近似曲線」のプルダウンメニューから「その他の近似曲線オプション」を選択します。

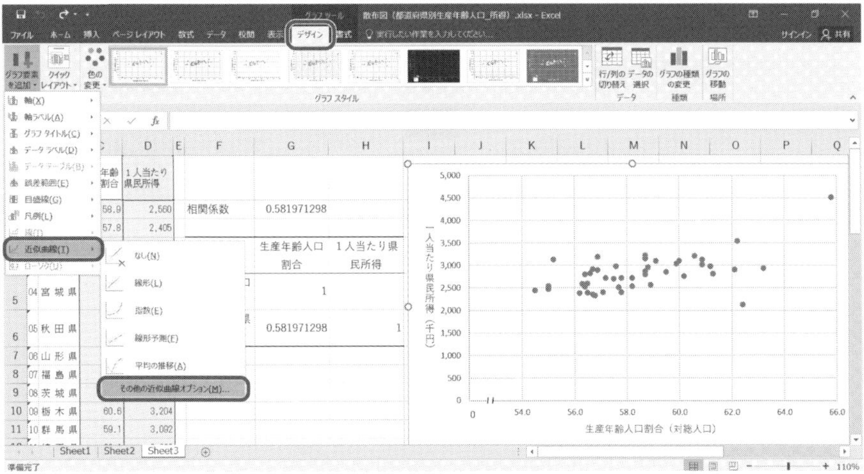

図 8.32　回帰直線と回帰式（1）

③　すると、図 8.33 のように、「近似曲線の書式設定」の作業ウィンドウが表示されるので、「近似曲線のオプション」から「線形近似」のラジオボタンを選択し、「予測」の項目の中から「グラフに数式を表示する」、「グラフに R-2 乗値を表示する」の 2 つの項目にチェック☑を入れます。

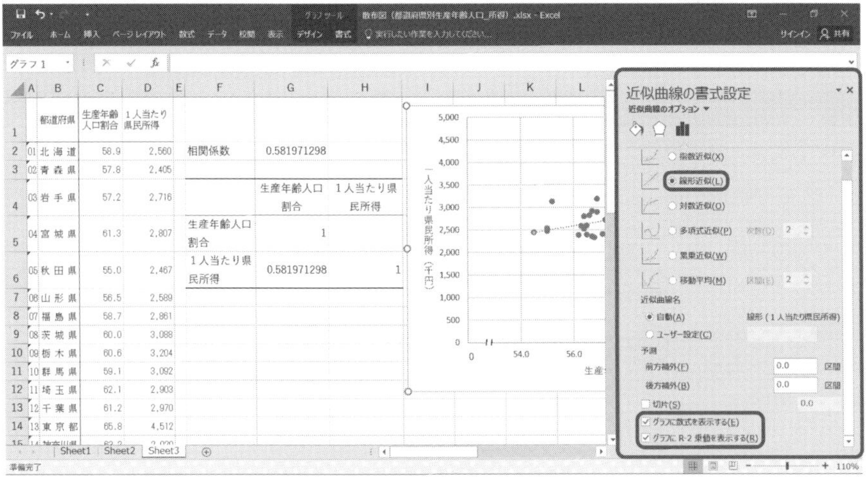

図 8.33　回帰直線と回帰式（2）

④　その結果、図 8.34 の散布図上に回帰直線が引かれ、回帰式と決定係数 R^2

の値が示されます。

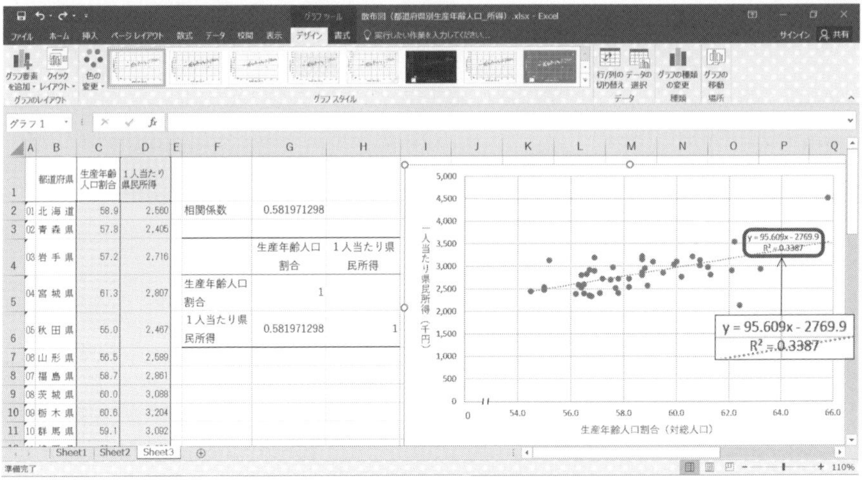

図 8.34　回帰直線と回帰式（3）

図 8.34 には、回帰式 $y = 95.609x - 2769.9$、決定係数 $R^2 = 0.3387$ が得られています。確認のため、b, a の値をそれぞれ式（8.21）、式（8.22）から求め、R^2 の値は単回帰モデルなので相関係数の 2 乗を求めてみました。その結果を図 8.35、図 8.36 に示しています。x, y それぞれの平均値、標準偏差は 8.1.5 項（2）で示した分析ツールの「基本統計量」を用いて求めたものを使用しています。

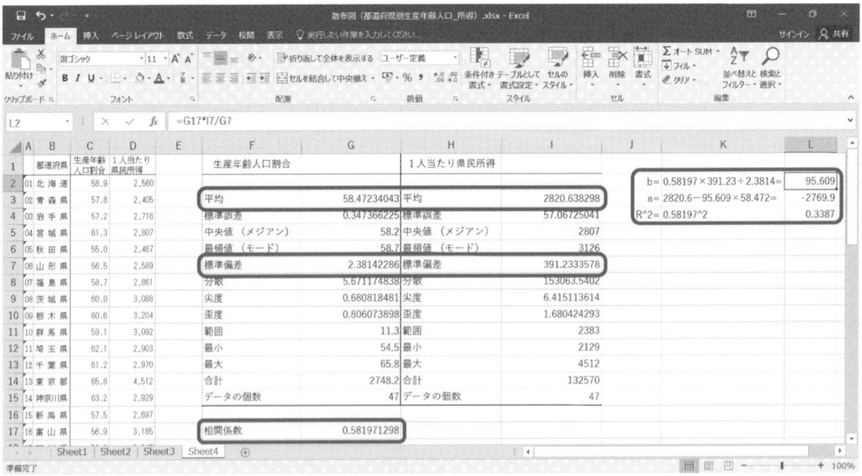

図 8.35　回帰式と決定係数の確認

生産年齢人口割合		1人当たり県民所得	
平均	58.47234043	平均	2820.638298
標準誤差	0.347366225	標準誤差	57.06725041
中央値 （メジアン）	58.2	中央値 （メジアン）	2807
最頻値 （モード）	58.7	最頻値 （モード）	3126
標準偏差	2.38142286	標準偏差	391.2333578
分散	5.671174838	分散	153063.5402
尖度	0.680818481	尖度	6.415113614
歪度	0.806073898	歪度	1.680424293
範囲	11.3	範囲	2383
最小	54.5	最小	2129
最大	65.8	最大	4512
合計	2748.2	合計	132570
データの個数	47	データの個数	47
相関係数	0.581971298		

b=	0.58197×391.23÷2.3814=	95.609
a=	2820.6−95.609×58.472=	-2769.9
R^2=	0.58197^2	0.3387

図 8.36　図 8.35 の数値部分

今回のデータは変数 x と y とで年度に2年の開きがあったので、解釈できないとすべきでしょうが、ほぼ同じ年度ということであえて解釈するなら、回帰直線の傾きを表す回帰係数 b が 95.609 であったことから、生産年齢人口の割合（x）が1%増えれば、1人当たりの県民所得（y）が 95.609〔千円〕程度増えることが予測されます。また、決定係数 R^2 が 0.3387 であったことから、1人当たりの県民所得の分散の 33.87%は生産年齢人口の割合で説明されるといえます。

引用・参考文献

1）　石村貞夫（2006）．入門はじめての統計　東京図書　p.40.

2）　松原望・松本渉（2011）．Excel ではじめる社会調査データ分析　丸善出版.

3）　縄田和満（1991）．標本分布　東京大学教養学部統計学教室（編）　統計学入門（pp.175-192）　東京大学出版会.

4）　総務省統計局（2018）．統計でみる都道府県のすがた 2018A ／人口・世帯　総務省統計局　Retrieved from https://www.stat.go.jp/data/ssds/index.html（2018 年 6 月 10 日）

5）　山上暁・倉智佐一（2003）．要説心理統計法（新版）　北大路書房.

第9章

推測統計学（1）～確率分布と統計的推定～

前章では、得られた n 個の観測値 $x_1, x_2, \cdots, x_n$ から、その分布の特徴を、さまざまな統計指標を用いて記述しました。本章では、n 個の観測値 $x_1, x_2, \cdots, x_n$ を、母集団から無作為に抽出した標本とみなし、標本のデータに基づいて、母集団の分布の特徴を推測します。

9.1 推測統計と確率分布

❖ 9.1.1 記述統計学と推測統計学

ここまで、調査対象者集団から得られた回答データを集計し、度数分布表やクロス集計表にまとめたり、グラフ化したり、代表値や散布度、相関係数などの統計指標を用いて数値で分布の特徴を記述したりしてきました。先述したように、これらの結果は、得られたデータの特徴を簡潔に説明することを目的とした**記述統計学**（descriptive statistics）の手法によるものです（芝ほか，1984）。それに対し、得られた標本から母集団についての推測を行うことを目的とした統計学を**推測統計学**（inferential statistics）と呼んで区別しています。本章ではこの推測統計学を扱います。

統計的な推測をするにあたって、母集団分布のモデルとして特定の確率分布（後述）を設定することがあります。そのため、まずは確率分布について解説し、次に母集団分布を特定するための指標である母数（後述）を推測するための方法として「**統計的推定**」について解説します。

❖ 9.1.2 確率変数と確率分布

推測統計において、母集団分布のモデルとして、何らかの根拠に基づいて、正規分布や一様分布、二項分布などの特定の確率分布を設定することがあります。確率が対応している変数のことを**確率変数**（**random variable**）といい、確率変

数 X とその確率 $P(X)$ との対応を**確率分布**（**probability distribution**）といいます。

母集団から無作為抽出された大きさ n の標本 $x_1, x_2, \cdots, x_n$ は、無作為抽出するたびに通常異なる観測値が得られます。大きさ n の無作為標本を確率変数（確率的に変動する数）として表すときは大文字の X を用いて $\{X_1, X_2, \cdots, X_n\}$ とし、実際に標本として得られた観測値として表すときは小文字の x を用いて $\{x_1, x_2, \cdots, x_n\}$ とします。確率変数は大文字、観測値は小文字で表して両者を区別します（加納ほか, 1992）。

サイコロを1回振ったときに出る目の数を X とすると、X は1から6までの整数の値をとり、サイコロに歪みがなければ、どの目が出る確率も $\frac{1}{6}$ になります。このように、変数 X が現実にどの値をとるかが確率的に定められている場合、変数 X を確率変数と呼び、確率変数がとりうる値とその値の生起確率との対応を示したものを確率分布といいます。確率変数 X が確率的試行によって x という値を実現値としてとる確率を $P(x)$ または $P(X=x)$ で表すとすると、サイコロの確率分布は次式のように表せます。

$$P(x) = P(X = x) = \frac{1}{6} \qquad \text{ただし、} x = 1, 2, \cdots, 6 \tag{9.1}$$

式（9.1）において、X は飛び飛びの値をとる離散変数で、変数のとりうる値が等間隔になっており、どの値も等確率で生起するので、サイコロの確率分布は、**離散一様分布**（**discrete uniform distribution**）と呼ばれる分布になっています。つまり、サイコロが歪んでいない場合の母集団分布のモデルとしての理論分布が、離散一様分布になります。

離散的な確率分布では、確率変数のとりうるすべての値について、それぞれ対応する確率を合計すると1になります。

$$\sum_{x=1}^{6} P(x) = 1 \tag{9.2}$$

サイコロの目の数を使った賭けをする場合、そのサイコロに歪みがないことが重要なポイントになります。そこで、サイコロを12回投げるという実験を行い、どの目が何回出たかを記録することにします。サイコロが歪んでいなければ、理論分布に従って、どの目も2回（12回×$\frac{1}{6}$）程度生起することが予想されます。もちろん、「1」の目が全く出ないこともあれば、「1」の目が4回出ることもあるでしょう。しかし、「1」の目が8回も生起したら、式（9.1）で示された確率分布を母集団分布のモデルとするには無理があると考え、そのサイコロは「1」の目が出やすい歪んだサイコロではないかと疑いたくなります。実験の結果、すなわち標本のデータから統計的にサイコロの正しさを推論しているわけです。

確率分布には**離散型分布**（**discrete distribution**）と**連続型分布**（**continuous distribution**）とがあります。

前者では、先のサイコロの例のように確率変数が**離散変数**（**discrete variable**）であり、名義尺度のような分類カテゴリの場合もあります。このような離散型確率変数がとりうる値とその値の生起確率との対応を示したものが離散型の確率分布となります。

一方、後者は確率変数が**連続変数**（**continuous variable**）となるため、そのとりうる値は無限に存在し、各値に確率を割り当てることはできません。そのため、連続変数の場合、変数のある値からある値までの区間に対して確率を定めます。確率変数Xの値が任意の2つの値a, b（ただし、$a < b$）の区間に含まれる確率$P(a < X < b)$は次式で与えられます。

$$P(a < X < b) = \int_a^b f(x)\,dx \tag{9.3}$$

ただし、$f(x) \geq 0,\ -\infty < x < \infty$　かつ　$\int_{-\infty}^{\infty} f(x)\,dx = 1$

このとき、関数$f(x)$のことを、Xの**確率密度関数**（**probability density function**）といい、連続型確率変数の場合の確率分布になります。また、確率変数Xの下限から特定の値xまで確率密度関数を積分した関数$F(x)$、すなわち、$F(x) = \int_{-\infty}^{x} f(x)\,dx$のことを**分布関数**（**distribution function**）と呼びます。

❖ 9.1.3　正規分布とExcelによる作図

連続型分布の母集団モデルとしてよく利用される確率分布に**正規分布**（**normal distribution**）があります。正規分布の確率変数Xを横軸にとり、Xに対応した確率密度関数の値を縦軸にとってグラフを描くと、その曲線は平均値を中心にして左右対称で、平均値から遠ざかるにつれて確率密度が減少していく釣り鐘型の連続型分布になります。したがって、平均値、中央値、最頻値は一致します。確率変数 X が、分布の中心になる平均値の右側になるか左側になるかの確率はそれぞれ 0.5 になります。

正規分布は、ドイツの数学者、物理学者、天文学者であったガウス, C. F.（1777-1855）の天文学の観測データの測定誤差の法則性に関する研究において導出され、発展したことから**ガウス分布**（**Gaussian distribution**）とも呼ばれています[†1]。

(1) 正規分布の確率密度関数

確率変数 X に対する確率密度関数 $f(x)$ が次式で与えられるときの確率分布を正規分布といいます。

$$f(x)=\frac{1}{\sqrt{2\pi}\sigma}\exp\left(-\frac{1}{2}\left(\frac{x-\mu}{\sigma}\right)^2\right),\quad -\infty<x<\infty \tag{9.4}$$

π は円周率で 3.14159…という定数を表します。$\exp(a)$ は e^a であり、$f(a)=e^a$ は指数関数を表し、e はネイピア数（自然対数の底）と呼ばれる定数で 2.71828…になります。μ は分布の平均を表し、σ^2 は分散を表しており[†2]、この 2 つの定

---

†1　正規分布は 18 世紀に数学者ド・モアブルにより二項分布の回数 n に関する極限分布として数学的に導出されましたが、その後、ガウスは、正規分布を、もっと一般的に、観測値の誤差のふるまいを記述する数式として導出しました（加納ほか, 1992）。

†2　正規分布の平均（$E(X)$）と分散（$Var(X)$）を求める式は次のとおりです。

平均　$$E(X)=\int_{-\infty}^{\infty}xf(x)\,dx=\int_{-\infty}^{\infty}x\frac{1}{\sqrt{2\pi}\sigma}\exp\left(-\frac{1}{2}\left(\frac{x-\mu}{\sigma}\right)^2\right)dx=\mu$$

分散　$$Var(X)=\int_{-\infty}^{\infty}(x-\mu)^2f(x)\,dx=\int_{-\infty}^{\infty}(x-\mu)^2\frac{1}{\sqrt{2\pi}\sigma}\exp\left(-\frac{1}{2}\left(\frac{x-\mu}{\sigma}\right)^2\right)dx=\sigma^2$$

数（平均と分散）が正規分布を一意に定めます[†3]。このように母集団分布を特徴づける特定の数値を**母数**または**パラメタ**（**parameter**）と呼びます。母数は確率分布を表す関数の中に示されていて、定数である母数[†4]の値がわかれば、母集団分布についてすべて知ることができます。μ は**母平均**、σ^2 は**母分散**とも呼ばれ、正規分布は $N(\mu, \sigma^2)$ で表されます。母数は通常ギリシア文字で表されます。また、平均を 0、分散を 1 とする正規分布のことを、特に**標準正規分布**（standard normal distribution）と呼び、$N(0, 1)$ で表します。図 9.1 は母数が異なる 3 つの正規分布を Excel で描いたものです。

推測統計学において重要な課題の 1 つが、母集団分布を規定する未知の母数を、標本のデータを用いて推定することです。

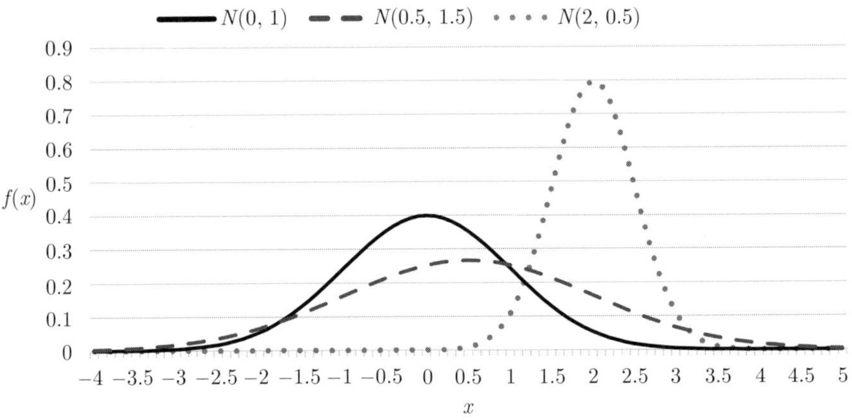

図 9.1　種々の正規分布

(2) 標準化と標準正規分布

X 軸と正規分布の確率密度関数の曲線で囲まれた部分の総面積は 1 であり、全事象が生起する確率は 1 です。確率変数 X が正規分布 $N(\mu, \sigma^2)$ に従うとき、X の値が a から b までの間にある確率は、次式のように正規分布の確率密度関数 $f(x)$ を a から b まで積分した値になります。

$$P(a \leq X \leq b) = \int_a^b f(x)\,dx \tag{9.5}$$

† 3　平均と分散が決まれば、特定のただ 1 つの正規分布に決まります。
† 4　ベイズ統計学では母数を定数ではなく、確率変数とみなしています。

正規分布の確率密度関数 $f(x)$ は式（9.4）のとおりで、平均 μ と分散 σ^2 の値が変わると、その確率、すなわち、式（9.5）の値も変わります。

そこで、正規分布 $N(\mu,\ \sigma^2)$ に従う X の値を線形変換して、平均を μ から 0 に移動させ、分散を σ^2 から 1^2 に拡大または縮小し、標準正規分布 $N(0,\ 1^2)$ に従う変数 z（スモール・ゼット）に変換します。つまり、$z = \dfrac{x-\mu}{\sigma}$ という線形変換を行います。正規分布 $N(\mu,\ \sigma^2)$ の曲線は原点の位置と縮尺を変更すれば、標準正規分布 $N(0,\ 1^2)$ に重ねられます。図 9.2 のように、正規分布 $N(\mu,\ \sigma^2)$ の曲線に対して横軸の目盛りを変換させれば、標準正規分布 $N(0,\ 1^2)$ に重ねられます。この x から z への変換のことを**標準化**（standardization）といい、z を**標準得点**（standard score）といいます。母数がどのような値であっても、標準化すれば、標準正規分布 $N(0,\ 1^2)$ に照らして確率の計算ができることになります。

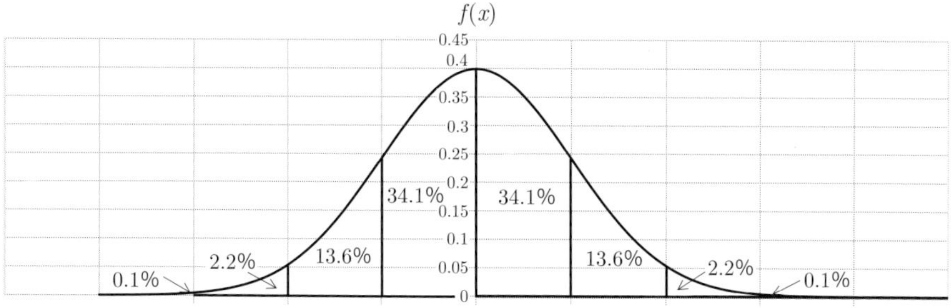

素点 X	$\mu-3\sigma$	$\mu-2\sigma$	$\mu-\sigma$	μ	$\mu+\sigma$	$\mu+2\sigma$	$\mu+3\sigma$
標準得点 z	-3	-2	-1	0	1	2	3
T 得点（偏差値）	20	30	40	50	60	70	80

図 9.2　正規分布と標準化

式（9.5）は次のように変換されます。

$$
\begin{aligned}
P(a \le X \le b) &= \int_a^b \frac{1}{\sqrt{2\pi}\sigma} \exp\left(-\frac{1}{2}\left(\frac{x-\mu}{\sigma}\right)^2\right) dx \\
&= \int_{\frac{a-\mu}{\sigma}}^{\frac{b-\mu}{\sigma}} \frac{1}{\sqrt{2\pi}} \exp\left(-\frac{1}{2} z^2\right) dz \qquad (9.6) \\
&= P\left(\frac{a-\mu}{\sigma} \le z \le \frac{b-\mu}{\sigma}\right)
\end{aligned}
$$

【確率変数の標準化】

確率変数 X の確率分布の平均が μ で、標準偏差が σ であるとき、

$$z = \frac{X - \mu}{\sigma}$$

によって変換された確率変数 z の平均は0、標準偏差は1である。このような変換を X の標準化といい、z を標準得点という。

一般にデータを $z_i = ax_i + b$ のように、x_i の位置を b だけ移動させ、尺度を a 倍するような線形変換を行った場合、変換後の z の平均 $\overline{z}$、分散 s_z^2、標準偏差 s_z は次のようになります[†5]。

$$\overline{z} = a\overline{x} + b$$
$$s_z^2 = a^2 s_x^2, \qquad s_z = |a| \times s_x$$

したがって、標準化によって、

$$z_i = \frac{x_i - \overline{x}}{s_x}$$

は、$a = \frac{1}{s_x}$, $b = -\frac{\overline{x}}{s_x}$ の場合であり、平均 $\overline{z} = a\overline{x} + b = 0$、標準偏差 $s_z = |a| \times s_x = 1$ に変換されます（東京大学教養学部統計学教室, 1991）。

教育現場でよく利用される偏差値は Z（ラージ・ゼット）で表し、得点 x を平均が50、標準偏差が10となるように規準化します（図9.2）。すなわち、式(9.7) のように変換します。

$$Z_i = \frac{x_i - \overline{x}}{s_x} \times 10 + 50 \tag{9.7}$$

†5　分散についての証明は次のとおりです。

$$s_z^2 = \sum_{i=1}^{n} \frac{(z_i - \overline{z})^2}{n} = \sum_{i=1}^{n} \frac{\{(ax_i + b) - (a\overline{x} + b)\}^2}{n}$$
$$= \sum_{i=1}^{n} \frac{\{a(x_i - \overline{x})\}^2}{n} = a^2 \sum_{i=1}^{n} \frac{(x_i - \overline{x})^2}{n} = a^2 s_x^2$$

もともとの x の得点分布が正規分布でなければ式（9.7）で線形変換した Z 得点も正規分布にはなりません。Z 得点は必ずしも正規化されているわけではありませんが、得点の累積相対度数を標準正規分布の累積相対度数と対応させて換算した z を用いて正規化された偏差値は Z 得点と区別して T 得点と呼びます。

(3) Excel による正規分布の作図

Excel を利用して次の手順で標準正規分布 $N(0,\ 1^2)$ の確率密度関数を描いてみましょう（石村，2006）。

① まず、Excel のワークシートに x の値を -3 から $+3$ まで 0.2 刻みで入力します（図 9.3、A 列）。その際、最初の 2 つのセル（A2 と A3）にそれぞれ -3 と -2.8 を手入力して、その 2 つのセルを選択した状態で、オートフィル機能を使います（詳しくは第 8 章の図 8.13～図 8.15 を参照）。A3 セルの右下のフィルハンドルと呼ばれる小さな四角（■）にマウスポインタを合わせると、黒い十字形（+）が現れるので、これを A32 セルまでドラッグすれば、A 列に続きの -2.6 から $+3$ まで 0.2 刻みで数値が入力されます。x の値を -3 から $+3$ までの範囲にするのは、標準正規分布ではその区間に x が入る確率が、$F(x) = \int_{-3}^{3} f(x)\,dx = 0.9973$ となりほぼ 100% であるからです。

② 次に、x の値に対応する $f(x)$ の値を、式（9.4）を用いて算出します。$\mu = 0,\ \sigma^2 = 1$ ですから図 9.3 の B2 セルに、すべて半角で「=EXP((-1/2)*A2^2)/(2*PI())^(1/2)」と入力します[†6]。

③ B3～B32 の各セルについても、A 列の x の各値と対応させながら B2 セルと同様の計算をするので、オートフィル機能を使います。B2 セルを選択するとセルの右下にフィルハンドルと呼ばれる小さな四角（■）が表示されます。フィルハンドルにマウスポインタを合わせると、黒い十字形（+）が現れるので、これを B32 セルまでドラッグすれば、A 列の x の各値に対応した $f(x)$ の値が表示されます。

④ x とそれに対応する $f(x)$ の値（A1:B32）を選択し、Excel の「挿入」タブの「グラフ」グループの「散布図（平滑線）」を選択します。すると、標

†6　Excel では「=」（半角の等号）で始まる計算式を数式として扱い、「Enter」キーを押せば計算結果を返します。

準正規分布の密度関数のグラフが描けます（図 9.3 右下グラフ）。

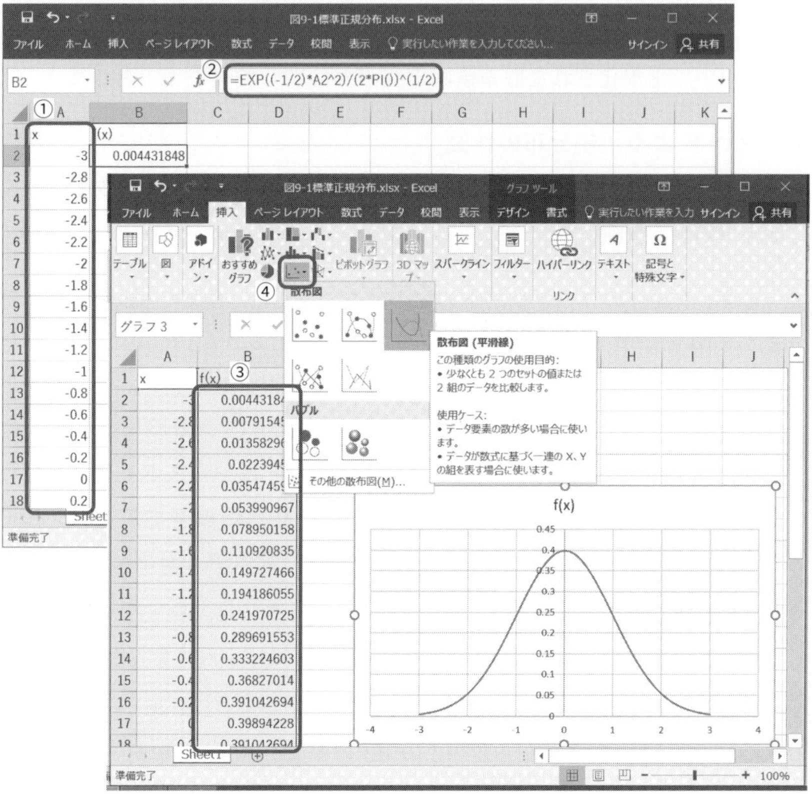

図 9.3　Excel で描く標準正規分布

❖ 9.1.4　統計量と標本分布

さて、推測統計学では、母集団分布を規定する未知の母数を、標本のデータを用いて推測することが重要な課題の 1 つだと述べました。

母集団から無作為抽出によって得られた標本の平均を**標本平均**といいます。1 度の無作為抽出でたまたま得られた標本の平均が母集団の平均に一致することはほぼないでしょうし、場合によっては、標本平均が母平均からかけ離れた値になる可能性もあります。標本平均は n 個の確率変数 $X_1, X_2, \cdots, X_n$ の関数 $T = t(X_1, X_2, \cdots, X_n)$ といえ、次式のように表すことができます。

$$T = t(X_1, X_2, \cdots, X_n) = \frac{1}{n}\sum_{i=1}^{n} X_i \tag{9.8}$$

未知の母数の推測のために標本を要約した、n 個の確率変数 X_1, X_2, …, X_n の関数 $T = t(X_1, X_2, \cdots, X_n)$ のことを、**統計量**（**statistic**）といいます。ただし、この関数には未知母数を含みません。標本平均も統計量の１つです。

無作為抽出によって得られた標本は、n 個の値のそれぞれが確率的に変動する確率変数ですから、それらの値に基づく統計量も確率変数ということになり、その分布が問題になります。標本を任意にとったときに統計量が特定の区間にある確率は、母集団の確率分布の関数になっています。このような統計量の確率分布のことを**標本分布**（**sampling distribution**）[†7] といいます。

未知の母数の推定にあたって、統計量 $T = t(X_1, X_2, \cdots, X_n)$ の標本分布に関係する重要な定理があります。

(1) 標本平均の分布

標本平均は、標本ごとに特定の値をとり、分布を持っています。その標本分布の平均値と分散については、母集団分布の形にかかわらず、次の【定理 1】が成り立ちます（証明略）[†8]。

【定理 1】標本平均の分布の平均値と分散

確率変数 X の確率分布の平均が μ、分散が σ^2 である（母集団分布の平均値が μ、分散が σ^2 である）とする。この母集団分布から大きさ n の標本 $\{X_1, X_2, \cdots, X_n\}$ を無作為抽出したとき、その標本平均 $\bar{X}$、

$$\bar{X} = \frac{1}{n}\sum_{i=1}^{n} X_i = \frac{X_1 + X_2 + \cdots + X_n}{n}$$

の平均は μ、分散は $\dfrac{\sigma^2}{n}$ となる。

---

† 7　標本分布は、特定の標本における n 個の値の度数分布ではありません。母集団から大きさ n の標本を何度も繰り返し抽出すると、標本ごとに得られるデータは変動するので、それぞれの標本データから算出される統計量の値も変動します。その統計量の変動を表す理論的な分布を標本分布といいます。

† 8　証明は、森棟（2000）などを参照してください。

この定理では、母集団分布の平均値と分散が存在する必要はありますが、それらの値が既知である必要はなく、母集団分布の形が特定される必要もありません。同一母集団から大きさ n の標本を無作為抽出することを繰り返せば、それら無作為標本の標本平均の分布の平均値は母平均値 μ に等しくなり、標本平均の分布の分散は母分散 σ^2 の $\dfrac{1}{n}$ に等しくなります。つまり、n が大きくなれば分散は小さくなっていくので、散らばりが小さくなっていくことがわかります。

また、統計量の標本分布の標準偏差のことを**標準誤差**と呼びます。したがって、標本平均 $\bar{x}$ の標準誤差は $\sqrt{\dfrac{\sigma^2}{n}}$ ということになります。

(2) 正規確率変数の一次関数の分布

複数の確率変数が独立に正規分布している場合の、それらの確率変数の一次関数の分布に関して、次の【定理2】が成り立ちます（証明略）。

> **【定理2】正規分布の再生性**
>
> 確率変数 $X_1,\ X_2,\ \cdots,\ X_n$ が互いに独立にそれぞれ正規分布 $N(\mu_1,\ {\sigma_1}^2)$, $N(\mu_2,\ {\sigma_2}^2)$, $\cdots$, $N(\mu_n,\ {\sigma_n}^2)$ に従うとき、a_i $(i=1,\ 2,\ \cdots,\ n)$ を定数列とすれば、
>
> $$a_1X_1 + a_2X_2 + \cdots + a_nX_n = \sum_{i=1}^{n} a_iX_i$$
>
> は、正規分布 $N\left(\sum_{i=1}^{n} a_i\mu_i,\ \sum_{i=1}^{n}(a_i\sigma_i)^2\right)$（つまり、平均 $a_1\mu_1 + a_2\mu_2 + \cdots + a_n\mu_n$, 分散 $a_1^2\sigma_1^2 + a_2^2\sigma_2^2 + \cdots + a_n^2\sigma_n^2$ の正規分布）に従う。

【定理2】は、n 個の独立な正規確率変数から得られた任意の一次関数 $a_1X_1 + a_2X_2 + \cdots + a_nX_n$ が正規確率変数になることを示しています。この関数の平均と分散を求めれば、その分布が完全にわかります。

(3) 標本平均における大数の法則と中心極限定理

標本平均に関して、「**大数の法則（law of large numbers）**」と「**中心極限定理（central limit theorem）**」と呼ばれる2つの定理は、重要な意味を持っています。

まず、「大数の法則」により、「標本平均は、標本の大きさ（sample size）が大きくなるにつれて、真の値である母平均に近づく」ということを示すことができます。「大数の法則」は次の【定理3】のように表せます（証明略）†9。

【定理3】大数の法則

確率変数 X に関する無作為標本 $\{X_1, X_2, \cdots, X_n\}$ があり、X の母平均が μ、母分散が σ^2 であるとする。任意の正の実数を ε とすると、標本平均 $\bar{X}$ が、母平均から ε 以上はずれる確率の極限は0、つまり、

$$\lim_{n\to\infty} P(\{|\bar{X}-\mu| \geq \varepsilon\}) = 0$$

となる。

【定理1】により、標本平均 $\bar{X}$ の期待値（平均）は n の大きさに無関係に常に母平均 μ に一致し、$\bar{X}$ の分散は n に反比例して減少することがわかっています。この安定化の傾向を発展させた定理が「大数の法則」といえます。大数の法則では、n が大きくなれば、標本平均が母平均 μ に収束していくことを示しています。

次に、「中心極限定理」により、「標本平均の分布は、母集団分布が正規分布でなくても、標本の大きさが十分に大きければ、正規分布に近づく」ことがわかっています。「中心極限定理」は次の【定理4】のように表せます（証明略）。

【定理4】中心極限定理

確率変数 X に関する無作為標本 $\{X_1, X_2, \cdots, X_n\}$ があり、X の母平均が μ、母分散が σ^2 であるとする。標本平均 $\bar{X}$ の分布は、n が十分大きくなると、正規分布 $N\left(\mu, \frac{\sigma^2}{n}\right)$ で近似できる。

中心極限定理では母集団分布が平均と分散を持つことが条件で、分布型はわかっていなくてもよいわけです。つまり、母集団の分布がどんな分布であっても、標本平均の分布は正規分布に近づくということが重要です。

†9　大数の法則はチェビシェフの不等式を使って証明することができます。

先のサイコロの例で中心極限定理について考えてみましょう。

先述のとおり、サイコロを1回振ったときに出る目の数を X とすると、X は1から6までの整数の値をとり、サイコロに歪みがなければ、どの目が出る確率も $\frac{1}{6}$ になり、その確率分布は、離散一様分布です。

Excelで確率分布表を作成し、「挿入」タブの「おすすめグラフ」の中から「集合縦棒」を選んで表の体裁を整えると、図9.4のようになります。

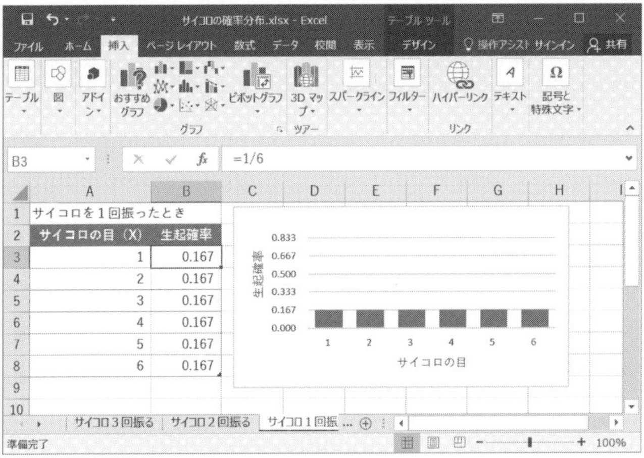

図9.4　サイコロを1回振ったときの確率分布

また、母平均 μ は、確率変数 X の**期待値**（**expectation**）であり、$E(X)$ で表され、以下のように算出されます。

$$
\begin{aligned}
\mu = E(X) &= \sum_{i=1}^{6} X_i P(X_i) \\
&= 1\times\frac{1}{6} + 2\times\frac{1}{6} + 3\times\frac{1}{6} + 4\times\frac{1}{6} + 5\times\frac{1}{6} + 6\times\frac{1}{6} \\
&= 3.5
\end{aligned}
$$

同様に、母分散 σ^2 は、確率変数 X の平均からの偏差の平方の期待値であり、$E(X-\mu)^2$ あるいは $V(X)$ で表され、以下のように算出されます。

$$\sigma^2 = V(X) = \sum_{i=1}^{6}(X_i - \mu)^2 P(X_i) = \sum_{i=1}^{6} X_i^2 P(X_i) - \mu^2$$

$$= \frac{1^2 + 2^2 + 3^2 + 4^2 + 5^2 + 6^2}{6} - 3.5^2$$

$$= 2.9166\cdots$$

次に、サイコロを２回振ったとき、すなわち、$n=2$ の無作為標本 $\{X_1, X_2\}$ をとるなら、平均値 $\bar{X}$ の分布は図 9.5 のようになります。

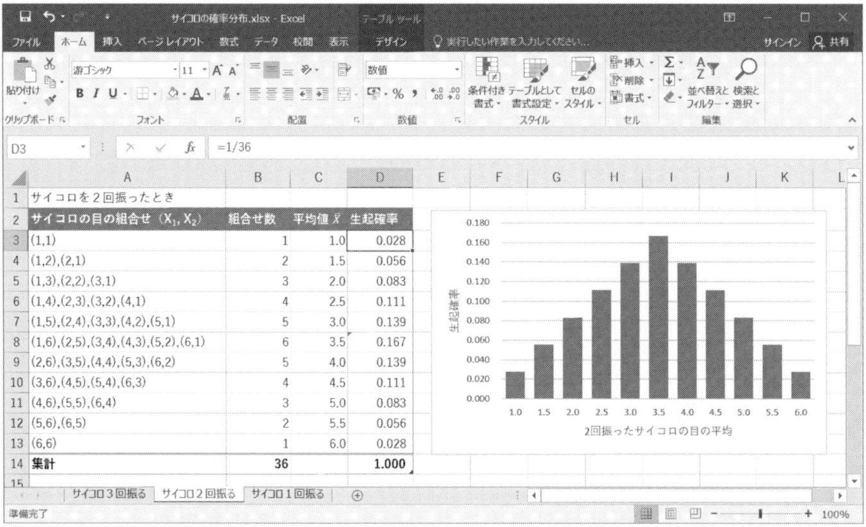

サイコロを２回振ったとき			
サイコロの目の組合せ（X_1, X_2）	組合せ数	平均値 $\bar{X}$	生起確率
(1,1)	1	1.0	0.028
(1,2),(2,1)	2	1.5	0.056
(1,3),(2,2),(3,1)	3	2.0	0.083
(1,4),(2,3),(3,2),(4,1)	4	2.5	0.111
(1,5),(2,4),(3,3),(4,2),(5,1)	5	3.0	0.139
(1,6),(2,5),(3,4),(4,3),(5,2),(6,1)	6	3.5	0.167
(2,6),(3,5),(4,4),(5,3),(6,2)	5	4.0	0.139
(3,6),(4,5),(5,4),(6,3)	4	4.5	0.111
(4,6),(5,5),(6,4)	3	5.0	0.083
(5,6),(6,5)	2	5.5	0.056
(6,6)	1	6.0	0.028
集計	36		1.000

図 9.5　サイコロを２回振ったときの平均の確率分布[†10]

サイコロを１回振ったときの目の出方は６通りであり、確率分布は離散一様分布で矩形の分布であったのに対して、サイコロを２回振ったときの目の出方（順列）は 36 通り（6 × 6 通り）であり、２回の目の平均の確率分布は三角形のような山型になり、正規分布に一歩近づいた形となっています。

２回サイコロを振ったときの平均値の平均は、

† 10　表中には２回のサイコロの目の出方を「サイコロの目の組合せ」としていますが、「組合せ」は目の出る順序を考慮しないので、ここでは順序を考慮する「順列」を意味しています。あえて、一般的にイメージしやすい「組合せ」という言葉を使用しています。図 9.6 も同様です。

$$E(\bar{X}) = 1\times\frac{1}{36} + 1.5\times\frac{2}{36} + 2\times\frac{3}{36} + 2.5\times\frac{4}{36} + 3\times\frac{5}{36} + 3.5\times\frac{6}{36}$$

$$+4\times\frac{5}{36} + 4.5\times\frac{4}{36} + 5\times\frac{3}{36} + 5.5\times\frac{2}{36} + 6\times\frac{1}{36}$$

$$= 3.5$$

となり μ に一致し、その分散は、

$$V(\bar{X}) = (1^2\times1 + 1.5^2\times2 + 2^2\times3 + 2.5^2\times4 + 3^2\times5 + 3.5^2\times6$$

$$+4^2\times5 + 4.5^2\times4 + 5^2\times3 + 5.5^2\times2 + 6^2\times1)\,/\,36 - 3.5^2$$

$$= 1.45833\cdots$$

となり $\dfrac{\sigma^2}{n}$ と一致します。

次に、サイコロを 3 回振ったとき、すなわち、$n=3$ の無作為標本 $\{X_1,\ X_2,\ X_3\}$ をとるなら、目の出方（順列）は 216 通り（6 × 6 × 6 通り）であり、平均値 $\bar{X}$ の分布は図 9.6 のようになり、$n=2$ のときよりもさらに正規分布に近づきます。

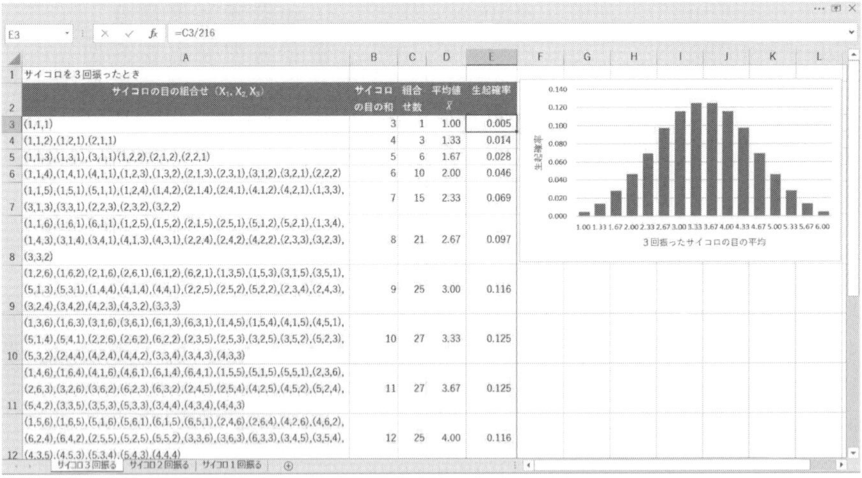
E3　=C3/216

	A	B	C	D	E
1	サイコロを 3 回振ったとき				
2	サイコロの目の組合せ（X_1, X_2, X_3）	サイコロの目の和	組合せ数	平均値 $\bar{X}$	生起確率
3	(1,1,1)	3	1	1.00	0.005
4	(1,1,2),(1,2,1),(2,1,1)	4	3	1.33	0.014
5	(1,1,3),(1,3,1),(3,1,1)(1,2,2),(2,1,2),(2,2,1)	5	6	1.67	0.028
6	(1,1,4),(1,4,1),(4,1,1),(1,2,3),(1,3,2),(2,1,3),(2,3,1),(3,1,2),(3,2,1),(2,2,2)	6	10	2.00	0.046
7	(1,1,5),(1,5,1),(5,1,1),(1,2,4),(1,4,2),(2,1,4),(2,4,1),(4,1,2),(4,2,1),(1,3,3),(3,1,3),(3,3,1),(2,2,3),(2,3,2),(3,2,2)	7	15	2.33	0.069
8	(1,1,6),(1,6,1),(6,1,1),(1,2,5),(1,5,2),(2,1,5),(2,5,1),(5,1,2),(5,2,1),(1,3,4),(1,4,3),(3,1,4),(3,4,1),(4,1,3),(4,3,1),(2,2,4),(2,4,2),(4,2,2),(2,3,3),(3,2,3),(3,3,2)	8	21	2.67	0.097
9	(1,2,6),(1,6,2),(2,1,6),(2,6,1),(6,1,2),(6,2,1),(1,3,5),(1,5,3),(3,1,5),(3,5,1),(5,1,3),(5,3,1),(1,4,4),(4,1,4),(4,4,1),(2,2,5),(2,5,2),(5,2,2),(2,3,4),(2,4,3),(3,2,4),(3,4,2),(4,2,3),(4,3,2),(3,3,3)	9	25	3.00	0.116
10	(1,3,6),(1,6,3),(3,1,6),(3,6,1),(6,1,3),(6,3,1),(1,4,5),(1,5,4),(4,1,5),(4,5,1),(5,1,4),(5,4,1),(2,2,6),(2,6,2),(6,2,2),(2,3,5),(2,5,3),(3,2,5),(3,5,2),(5,2,3),(5,3,2),(2,4,4),(4,2,4),(4,4,2),(3,3,4),(3,4,3),(4,3,3)	10	27	3.33	0.125
11	(1,4,6),(1,6,4),(4,1,6),(4,6,1),(6,1,4),(6,4,1),(1,5,5),(5,1,5),(5,5,1),(2,3,6),(2,6,3),(3,2,6),(3,6,2),(6,2,3),(6,3,2),(2,4,5),(2,5,4),(4,2,5),(4,5,2),(5,2,4),(5,4,2),(3,3,5),(3,5,3),(5,3,3),(3,4,4),(4,3,4),(4,4,3)	11	27	3.67	0.125
12	(1,5,6),(1,6,5),(5,1,6),(5,6,1),(6,1,5),(6,5,1),(2,4,6),(2,6,4),(4,2,6),(4,6,2),(6,2,4),(6,4,2),(2,5,5),(5,2,5),(5,5,2),(3,3,6),(3,6,3),(6,3,3),(3,4,5),(3,5,4),(4,3,5),(4,5,3),(5,3,4),(5,4,3),(4,4,4)	12	25	4.00	0.116

図 9.6　サイコロを 3 回振ったときの平均の確率分布（確率分布表は一部のみ掲載）

3 回サイコロを振ったときの平均値の平均は、

$$E(\bar{X}) = \frac{3}{3}\times\frac{1}{216} + \frac{4}{3}\times\frac{3}{216} + \cdots + \frac{18}{3}\times\frac{1}{216} = 3.5$$

となり μ に一致し、その分散は、

$$V(\bar{X}) = \frac{(3/3)^2 \times 1 + (4/3)^2 \times 3 + \cdots + (18/6)^2 \times 1}{216} - 3.5^2$$
$$= 0.97222\cdots$$

となり、$\dfrac{\sigma^2}{n}$ と一致します。

9.2　統計的推定

前節では、母集団分布に何らかの仮定を設定して、その標本統計量がどのように分布するかについて、代表的な定理を紹介しました。次に、このような定理を利用して、逆に、データから得られた統計量の値を用いて、母集団分布を特徴づける母数について推測します。

❖ 9.2.1　母数の点推定と区間推定

母集団分布から無作為抽出された n 個の標本の観測値 $x_1,\ x_2,\ \cdots,\ x_n$ によって算出された 1 つの値 $t(x_1,\ x_2,\ \cdots,\ x_n)$、すなわち、統計量の実現値によって母数を推定することを**点推定**（**point estimation**）といい、$t(x_1,\ x_2,\ \cdots,\ x_n)$ を点推定値、あるいは単に**推定値**（**estimate**）といいます。それに対し、$t(X_1,\ X_2,\ \cdots,\ X_n)$ のように確率変数の関数として表すときは、**推定量**（**estimator**）といいます。先に、n 個の確率変数 $X_1,\ X_2,\ \cdots,\ X_n$ の関数 $T = t(X_1,\ X_2,\ \cdots,\ X_n)$ を統計量（statistic）と呼びましたが、特に母数の推定のために用いる統計量を推定量（estimator）といいます。したがって、推定値は推定量の実現値ということができます。

9.1.3 項で示したように、母集団分布を特徴づける特定の数値を母数と呼びます。例えば正規分布は $N(\mu,\ \sigma^2)$ と表されるように、母平均 μ、母分散 σ^2 が母数です。

点推定は、何らかの根拠に基づいて設定された母集団分布の母数 θ が未知であるときに、母数 θ の値を 1 点の推定値で示す方法です。点推定で得られた 1 つの推定値が、母数に一致することはほとんど期待できないことですが、例えば、母平均 μ の推定値として、1 つの標本から得られた標本平均値が用いられることはよくあります。

一方、**区間推定**（**interval estimation**）は、母数θの値を、幅を持たせた範囲で、推定区間として示す方法です。1つの母集団から同じ大きさの標本を多数回抽出し、毎回同一手続きで区間推定をしたときに、それぞれの区間に母数が入っている場合を成功とすると、区間推定が成功する確率を、区間推定の信頼係数として表すことができます。母数は未知ではありますが、1点として存在しており、確率変数ではなく、確率的に値が変化するものではないので、1標本から推定された区間に「母数が入る確率」はいくつであるとか、信頼係数を1つの推定された区間に「母数の入る確率」ということはできません。

❖ 9.2.2　点推定

母平均μの点推定値としては、標本から求められる平均値のほかにも、中央値や最頻値などが考えられます。いくつかの統計量の中から、よりよい点推定値を与える可能性の高い推定量を判断するための性質として、フィッシャー（Fisher, R. A.）は、一致性、不偏性、有効性、十分性などをあげています。

（1）一致性

標本の大きさが大きくなるほど、標本統計量が推定すべき母数に近づく性質を**一致性**（**consistency**）といいます。θを推定すべき母数として、それを推定するための大きさnの標本に基づく統計量$t(X_1, X_2, \cdots, X_n)$を$\hat{\theta}_n$（^：「ハット」と読み、母数の上に^をつけると、その母数の推定量を表す）とすると、「$n \to \infty$のとき、$\hat{\theta}_n \to \theta$」ということができます。そして、そのような性質を持つ標本統計量を**一致推定量**（**consistent estimator**）と呼びます。より厳密に定義すると以下のようになります。

【定義】一致推定量

任意の正の実数εに対して、

$$\lim_{n\to\infty} P(\{|\hat{\theta}_n - \theta| \geq \varepsilon\}) = 0$$

となるとき、$\hat{\theta}_n$を一致推定量という。つまり、一致推定量$\hat{\theta}_n$は、$n \to \infty$のとき、$\hat{\theta}_n$がθに確率収束する。

標本の大きさが大きくなれば、母集団分布の形が再現されやすくなり、母数に関してもより正確に推定されそうなので、当たり前のように聞こえるかもしれませんが、一致性のない統計量もあります。

標本平均 $\bar{X}$ は、大数の法則が示すとおり、標本の大きさ n が大きくなれば、母平均 μ に近づくので、標本平均 $\bar{X}$ は母平均 μ の一致推定量といえます。また、標本分散と不偏分散はどちらも母分散の一致推定量です。

(2) 不偏性

標本分布の期待値（平均）が母数に一致する性質を**不偏性**（**unbiasedness**）といいます。一般に推定量 $\hat{\theta}_n$ の期待値 $E[\hat{\theta}_n]$ と真の母数の値との差（$E[\hat{\theta}_n]-\theta$）をバイアス（偏り）と呼び、それがゼロになるとき、その推定量 $\hat{\theta}_n$ を**不偏推定量**（**unbiased estimator**）といい、次のように表します。

【定義】不偏推定量

推定量 $\hat{\theta}_n$ の期待値 $E[\hat{\theta}_n]$ が推定すべき母数 θ に等しいとき、つまり、

$$E[\hat{\theta}_n]=\theta$$

のとき、$\hat{\theta}_n$ を母数 θ の不偏推定量という。

母集団分布がどのようなものであっても、母集団分布から大きさ n の標本 $\{X_1, X_2, \cdots, X_n\}$ が無作為抽出されたとき、母平均の不偏推定量は標本平均、

$$\bar{X}=\frac{1}{n}\sum_{i=1}^{n}X_i=\frac{X_1+X_2+\cdots+X_n}{n}$$

となり、母分散の不偏推定量は、

$$\begin{aligned}\hat{\sigma}^2&=\frac{1}{n-1}\left\{(X_1-\bar{X})^2+(X_2-\bar{X})^2+\cdots+(X_n-\bar{X})^2\right\}\\&=\frac{1}{n-1}\sum_{i=1}^{n}(X_i-\bar{X})^2\end{aligned}$$

になります。実は分散の期待値は次のようになり（証明略）、

$$E\left[\frac{1}{n}\sum_{i=1}^{n}(X_i-\bar{X})^2\right]=\frac{n-1}{n}\sigma^2$$

真の分散よりも $\frac{\sigma^2}{n}$ だけ小さくなり、母分散の不偏推定量ではありません。

また、不偏推定量に一意性はなく、一般に多くの不偏推定量の中からよいものを選ぶ必要があります。

(3) 最小分散性と有効性

複数の推定量の中からどの推定量を点推定量として選ぶかを考えるときに、推定量 $\hat{\theta}$ が真の母数 θ に確率的に近くなることの1つの基準として、平均二乗誤差（$E\left[(\hat{\theta}-\theta)^2\right]$）を小さくすることが考えられます。平均二乗誤差は次のように分解（バイアス－バリアンス分解）できるので、

$$\begin{aligned}E\left[(\hat{\theta}-\theta)^2\right]&=E\left[\{(E[\hat{\theta}]-\theta)+(\hat{\theta}-E[\hat{\theta}])\}^2\right]\\&=(E[\hat{\theta}]-\theta)^2+V[\hat{\theta}]\end{aligned}$$

$\hat{\theta}$ が不偏推定量であれば、第1項はゼロになります。

したがって、平均二乗誤差を最小にする不偏推定量は、その分散が最小のものになります。このような不偏推定量は、θ の値によらず、一様に分散を最小化するので、**一様最小分散不偏推定量**（**Uniformly Minimum-Variance Unbiased Estimator**、略して **UMVUE**）と呼ばれます。

ある不偏推定量 $\hat{\theta}$ が一様最小分散不偏推定量かどうかを判断する方法の1つが、**クラメール－ラオの下限**（**Cramér-Rao's lower bound**）を用いる方法です[†11]。不偏推定量の分散 $V[\hat{\theta}]$ には、クラメール－ラオの不等式（Cramér-Rao's inequality）によって与えられる下限があることが知られています。クラメール－ラオの下限はフィッシャー情報量、

$$I(\theta)=E\left[\left(\frac{\partial}{\partial\theta}\log f(x;\theta)\right)^2\right]$$

が正であるとき、

† 11　日本統計学会編（2013）、岩田（1983）などを参照してください。

$$V[\hat{\theta}] \geq I(\theta)^{-1}$$

と表され、不偏推定量 $\hat{\theta}$ の分散はフィッシャー情報量 $I(\theta)$ の逆数より小さくならないことを示しています。$V[\hat{\theta}] = I(\theta)^{-1}$ となる不偏推定量 $\hat{\theta}$ のことを**有効推定量**（**efficient estimator**）といいます。

【定義】有効推定量

不偏推定量 $\hat{\theta}$ の分散 $V[\hat{\theta}]$ が、クラメール－ラオの不等式、

$$V[\hat{\theta}] \geq I(\theta)^{-1}$$

の下限を達成するとき、すなわち、$V[\hat{\theta}] = I(\theta)^{-1}$ となるとき、不偏推定量 $\hat{\theta}$ を有効推定量という。

ちなみに、正規分布のもとで、標本平均は母平均の有効推定量ですが、不偏分散 $\frac{1}{n-1}\sum_{i=1}^{n}(X_i - \bar{X})^2$ は母分散の一様最小分散不偏推定量ではあるものの、有効推定量ではありません。

(4) 十分性

十分性（**sufficiency**）は、標本に含まれている母数 θ に関するすべての情報が推定量 $\hat{\theta}_n$ に反映されていることを意味し、そのような推定量 $\hat{\theta}_n$ を**十分統計量**（**sufficient statistic**）といいます。

【定義】十分統計量

θ を推定すべき母数として、それを推定するための大きさ n の標本に基づく統計量 $T(X_1, X_2, \cdots, X_n)$ を $\hat{\theta}_n$ として、

$$f(X_1, X_2, \cdots, X_n | \theta) = f(X_1, X_2, \cdots, X_n)\, f(\hat{\theta}_n | \theta)$$

が成り立つとき、$\hat{\theta}_n$ を十分統計量という。

上式の右辺の $f(X_1, X_2, \cdots, X_n)$ には母数 θ に関する情報は含まれておらず、$(X_1, X_2, \cdots, X_n)$ の分布が母数 θ によらず、$\hat{\theta}_n$ を通じてのみ与えられることにな

ります。

正規分布の場合には、標本平均は母平均の十分統計量になります。

フィッシャーは、一致性、有効性、十分性を満たす推定量を最適推定量（optimal estimator）としました。

(5) 最尤推定法

フィッシャーがいうところの一致性、有効性、十分性を満たす最適推定量は、**最尤法**（maximum likelihood method）により求められます（豊川・柳井, 1982）。

最尤法とは、母集団から無作為に n 個の標本 $x_1, x_2, \cdots, x_n$ が抽出されたとき、この標本に対する**尤度関数**（likelihood function）というものを最大にする母数 θ を求める方法です。

ここでは連続型確率分布の尤度関数について説明することにします。

母数 θ が与えられたときの母集団分布の確率密度関数を $f(x|\theta)$ として、そこから無作為に n 個の標本 $x_1, x_2, \cdots, x_n$ が抽出されたときの確率密度は次のように表されました。

$$f(x_1|\theta) \times f(x_2|\theta) \times \cdots \times f(x_n|\theta) \tag{9.9}$$

ここまでは、$f(x|\theta)$ は x の関数としてみていますが、逆に x を固定して母数 θ を変数とする関数とみなすとき、式（9.9）を尤度関数と呼びます。$x_1, x_2, \cdots, x_n$ を固定したうえで、式（9.10）の L を θ の関数とみなし、θ のとりうるさまざまな値に対する L を θ の**尤度**（**likelihood**）と呼びます。

$$L = \prod_{i=1}^{n} f(x_i|\theta) = f(x_1|\theta) \times f(x_2|\theta) \times \cdots \times f(x_n|\theta) \tag{9.10}$$

最尤法は、尤度 L を最大にする推定量 $\hat{\theta}$ を求める方法です。尤度 L を最大にする推定量を**最尤推定量**（maximum likelihood estimator）と呼びます。

最尤推定量は式（9.10）を θ で微分すれば求められますが、式（9.10）の L の対数をとった式（9.11）を用いて計算した方が便利です。

$$\log L = \sum_{i=1}^{n} \log f(x_i|\theta) \tag{9.11}$$

$\log L$ の最大値を与える $\hat{\theta}$ が最尤推定量になります。

正規母集団 $N(\mu, \sigma^2)$ において、母集団 μ の最尤推定値は、

$$\hat{\mu} = \frac{1}{n}\sum_{i=1}^{n} x_i = \overline{x}$$

となり（証明略）、母分散 σ^2 の最尤推定値は、$\hat{\mu} = \overline{x}$ を用いると、

$$\hat{\sigma}^2 = \frac{1}{n}\sum_{i=1}^{n}(x_i - \overline{x})^2 = s^2$$

となります（証明略）。母分散 σ^2 の最尤推定値は不偏分散にはなりません。

(6) 母平均の点推定

母平均 μ を点推定するための統計量（推定量）としては、標本平均、標本中央値、標本最頻値などさまざまなものが考えられます。母集団の平均の推定ですから、標本平均を用いるのが自然であるようにみえますし、統計量の分布の持っている性質からも標本平均にはさまざまな利点がありました。標本平均 $\overline{X}$ は母平均 μ の一致推定量であり、不偏推定量です。正規分布のもとでは、標本平均は母平均の有効推定量であり、十分統計量であり、最尤推定量でもあります。したがって、母平均の点推定には通常、標本平均を用います。

❖ 9.2.3 区間推定

点推定では、母数 θ の値を、いくつかの統計量の中から、一致性、不偏性、有効性、十分性などの性質を考慮して選択した 1 つの推定量 $\hat{\theta}$ の 1 つの実現値で推定しましたが、区間推定では、選択した 1 つの推定量 $\hat{\theta}$ について、**信頼区間**（confidence interval）と呼ばれる一定の区間を示し、確率的に変動する区間が定数である母数 θ を含む確率を**信頼係数**（confidence coefficient）としてその区間の信頼度をあわせて示す方法です。例えば、信頼係数 0.95 の信頼区間は、95％信頼区間とも呼ばれ、母集団から同じ大きさの標本を 100 回抽出して、それぞれ $\hat{\theta}$ について区間推定したときに、95 回くらいは母数がその区間に入っていることを意味します。

信頼係数は 0.95 である必要はありませんが、信頼係数を高くすれば信頼区間の幅は広がります。そのため、人文・社会科学の分野では信頼係数を 0.95 に設

定することが多く、高く設定してもせいぜい 0.99 までのことが多いようです。

(1) 母平均 μ の区間推定 1（母分散 σ^2 が既知の場合）

正規母集団 $N(\mu,\ \sigma^2)$ の母平均 μ の区間推定を行う際には、前節で紹介した【定理 2】（正規分布の再生性）から導き出せる標本平均についての次の定理を利用します。

> **【定理】母集団分布が正規分布 $N(\mu, \sigma^2)$ であるときの標本平均の分布**
>
> 確率変数 $X_1,\ X_2,\ \cdots,\ X_n$ が互いに独立にそれぞれ正規分布 $N(\mu,\ \sigma^2)$ に従うとき、統計量（標本平均）$\bar{X} = \frac{1}{n}\sum_{i=1}^{n} X_i = \frac{X_1 + X_2 + \cdots + X_n}{n}$ の分布は、正規分布 $N\left(\mu,\ \frac{\sigma^2}{n}\right)$ に従う。

さらにこの統計量（標本平均）を標準化すれば、次のように表すことができます。

> 確率変数 $X_1,\ X_2,\ \cdots,\ X_n$ が互いに独立にそれぞれ正規分布 $N(\mu,\ \sigma^2)$ に従うとき、統計量（標準化された標本平均）$\dfrac{\bar{X} - \mu}{\sqrt{\dfrac{\sigma^2}{n}}}$ の分布は、標準正規分布 $N(0,\ 1^2)$ に従う。

つまり、正規分布 $N\left(\mu,\ \frac{\sigma^2}{n}\right)$ に従う標本平均 $\bar{X}$ を線形変換して標準化したものを $z_{\bar{X}}$ とすれば、標準化された標本平均という統計量 $z_{\bar{X}} = \dfrac{\bar{X} - \mu}{\sqrt{\dfrac{\sigma^2}{n}}}$ は標準正規分布 $N(0,\ 1^2)$ に照らして確率の計算ができることになります。

統計量 $z_{\bar{X}}$ は正規分布するので、分布は平均を中心にして左右対称であり、平均から遠ざかるほど出現確率（確率密度）は低くなります。したがって、確率 $1-\alpha$ に対応する $z_{\bar{X}}$ の範囲を求めるのであれば、図 9.7 に示すように、確率（密度）の低い両端からそれぞれ確率 $\frac{\alpha}{2}$ に対応する 2 つの $z_{\bar{X}}$ の値で囲まれた範囲（$z_{\bar{X}}\left(\frac{\alpha}{2}\right) \sim z_{\bar{X}}\left(1-\frac{\alpha}{2}\right)$）が最短の $z_{\bar{X}}$ の範囲となります。ここでは、上側確率 $\frac{\alpha}{2}$ に対応する $z_{\bar{X}}$ の値を $z_{\bar{X}}\left(1-\frac{\alpha}{2}\right)$ とし、下側 $\frac{\alpha}{2}$ に対応する $z_{\bar{X}}$ の値を $z_{\bar{X}}\left(\frac{\alpha}{2}\right)$ と

しています。

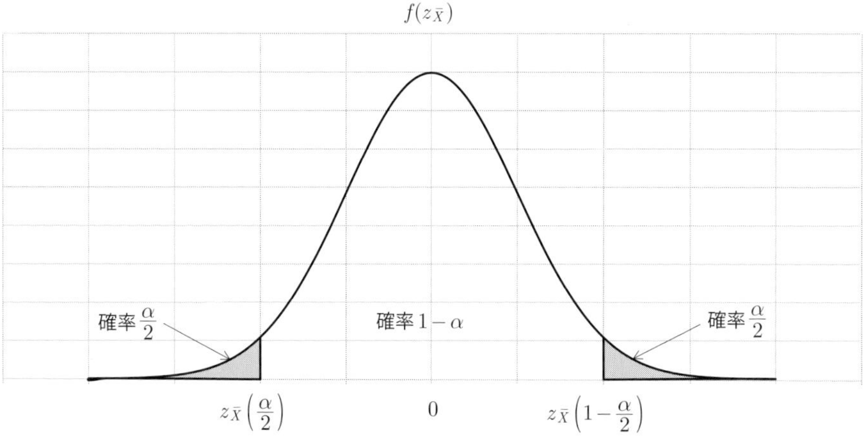

図 9.7　統計量 $z_{\bar{X}}=\dfrac{\bar{\boldsymbol{X}}-\boldsymbol{\mu}}{\sqrt{\dfrac{\boldsymbol{\sigma}^2}{\boldsymbol{n}}}}$ の標本分布

このことを数式で表すと次のようになります。

$$P\left(z_{\bar{X}}\left(\frac{\alpha}{2}\right)\leq\frac{\bar{X}-\mu}{\sqrt{\dfrac{\sigma^2}{n}}}\leq z_{\bar{X}}\left(1-\frac{\alpha}{2}\right)\right)=1-\alpha \tag{9.12}$$

式（9.12）の ( ) 内の不等式を $\bar{X}$ について解くと次のように表されます。

$$P\left(\mu+z_{\bar{X}}\left(\frac{\alpha}{2}\right)\sqrt{\frac{\sigma^2}{n}}\leq\bar{X}\leq\mu+z_{\bar{X}}\left(1-\frac{\alpha}{2}\right)\sqrt{\frac{\sigma^2}{n}}\right)=1-\alpha \tag{9.13}$$

ここで、例えば $\alpha=0.05$ とするなら、$z_{\bar{X}}\left(1-\frac{\alpha}{2}\right)=z_{\bar{X}}(0.975)$ の値は、標準正規分布表（巻末付録の数表 1）から求めることができます。標準正規分布は $z=0$ を中心に左右対称に分布するので、z の値が正になる確率と負になる確率とはそれぞれ 0.5 になり、$P(0\leq \mathrm{z}\leq z_{\bar{X}}(0.975))=P(z_{\bar{X}}(0.025)\leq z\leq 0)$ となります。数表 1 は標準正規分布における $z=0$ からある正の値までの確率を示しており、$P(0\leq z\leq z_{\bar{X}}(0.975))=0.475$ に対応する $z_{\bar{X}}(0.975)$ の値を数表 1 から求めると、図 9.8 に示すように $z_{\bar{X}}(0.975)=1.96$ であることがわかります。数表から確率 0.475 を見つけ、それに対応する行と列をみて、同じ行の1列目の値 1.9 と同じ列の1行目の値 0.06 を組み合わせた z の値 1.96 が得られます。$z_{\bar{X}}(0.975)=1.96$ は、標準正規分布の上側確率 0.025 に対応する $z_{\bar{X}}$ の値であり、また、下側確率 0.975 に対応する $z_{\bar{X}}$ の値ということもできます。

z	0.00	0.01	・・・	0.06	・・・
0.0	0.0000	0.0040			
0.1	0.0398	0.0438			
・ ・ ・					
1.9				0.4750	
・ ・ ・					

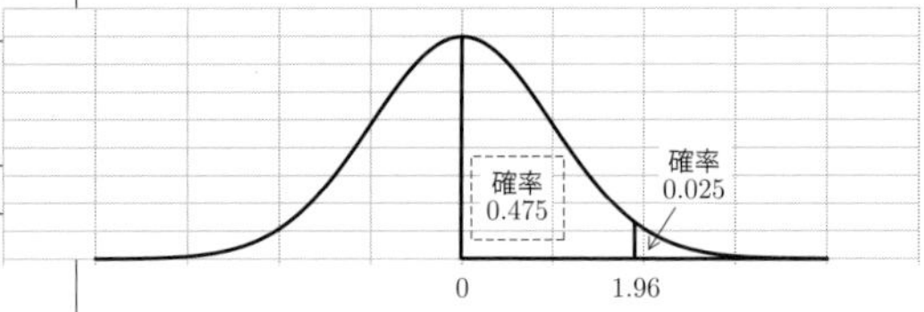

図 9.8　標準正規分布の上側確率 0.025 に対応する $z_{\bar{X}}(0.975)$ の値の求め方（標準正規分布表の利用）

あるいは、Excel の「数式」タブの「その他の関数」から「統計」を選択して、“NORM.S.INV” という関数を利用することもできます。図 9.9 のように、“NORM.S.INV” を選択すると、「関数の引数」ダイアログボックスが示されるので、確率には標準正規分布の下側確率を入力します。ここでは、$P(z_{\bar{X}} \leq z_{\bar{X}}(0.975))=0.975$ となる $z_{\bar{X}}(0.975)$ の値を求めたいので、図 9.9 の「確率」には 0.975 を入力します。ダイアログボックスの数式の結果に、1.959963985 が示されますが、「OK」をクリックすると、“NORM.S.INV” を入力したセルに 1.959963985 という値が返されます。

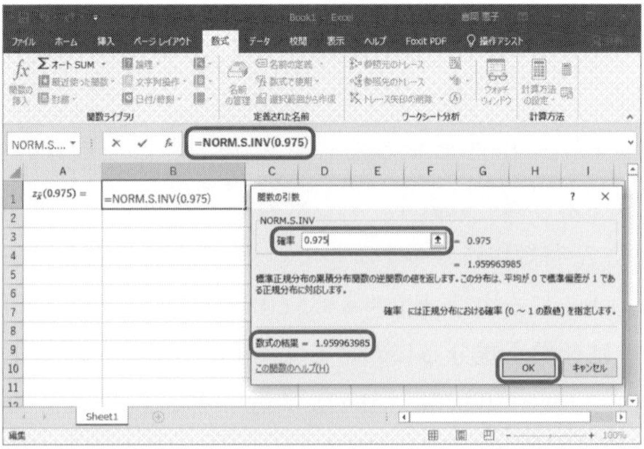

図 9.9　標準正規分布の上側確率 0.025 に対応する $z_{\bar{X}}(0.975)$ の値の求め方（Excel 関数の利用）

したがって、式（9.13）は、$\alpha = 0.05$ のとき次のようになります。

$$P\left(\mu - 1.96\sqrt{\frac{\sigma^2}{n}} \le \bar{X} \le \mu + 1.96\sqrt{\frac{\sigma^2}{n}}\right) = 0.95 \tag{9.14}$$

つまり、$\bar{X}$ という統計量が $\mu \pm 1.96\sqrt{\frac{\sigma^2}{n}}$ の範囲に入る確率は 0.95 ということになります。次に、式（9.14）左辺の ( ) 内の不等式の部分を取り出して、μ について解くと次のようになります。

$$\bar{X} - 1.96\sqrt{\frac{\sigma^2}{n}} \le \mu \le \bar{X} + 1.96\sqrt{\frac{\sigma^2}{n}} \tag{9.15}$$

この $\bar{X} \pm 1.96\sqrt{\frac{\sigma^2}{n}}$ の範囲を母平均 μ の 95%信頼区間といいます。

注意してほしいのは、$\bar{X}$ は確率変数で分布しますが、μ は未知であったとしても定数なので分布しないことです。図 9.10 に示すように、n 個の標本を繰り返し抽出したとき、標本平均 $\bar{X}$ という統計量（各標本の信頼区間の中央の●）が $\mu \pm 1.96\sqrt{\frac{\sigma^2}{n}}$ の範囲に入る確率は 0.95 です。一方、式（9.15）で示した 95%信頼区間 $\bar{X} \pm 1.96\sqrt{\frac{\sigma^2}{n}}$ は、標本平均 $\bar{X}$ が $\mu \pm 1.96\sqrt{\frac{\sigma^2}{n}}$ の範囲内にあれば μ を含みますが、その範囲の外にあれば μ を含みません。したがって、標本平均 $\bar{X}$ が $\mu \pm 1.96\sqrt{\frac{\sigma^2}{n}}$ の範囲に入る確率が 0.95 であるのなら、母平均 μ の 95%信頼区間 $\bar{X} \pm 1.96\sqrt{\frac{\sigma^2}{n}}$ は、n 個の標本を 100 回繰り返し抽出してそれぞれ信頼区間を求めたとき 95 回くらいは母平均 μ を含むだろうということを意味します（栗原, 2017）。

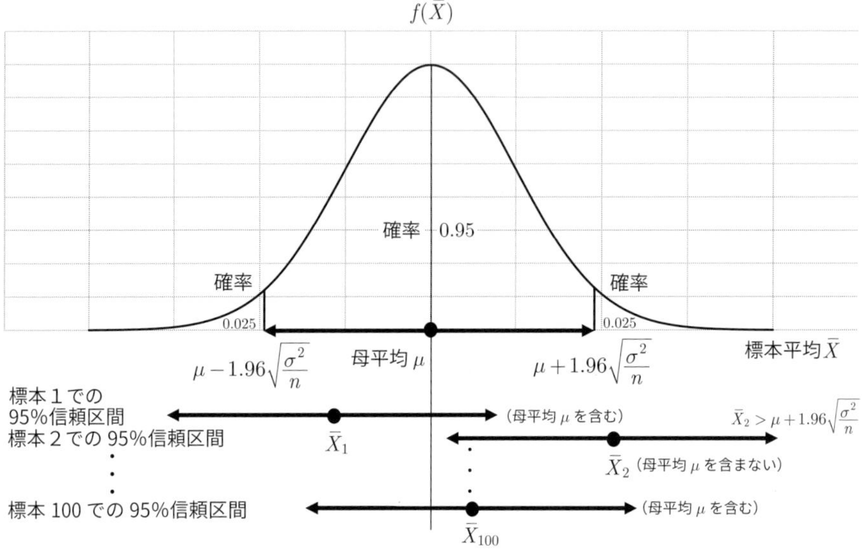

図 9.10　母平均 μ と 95%信頼区間

実際に、正規母集団 $N(\mu,\ \sigma^2)$ の母平均 μ の区間推定を行う際には、もう一方の母数 σ^2 が既知であれば、母平均 μ の 95％信頼区間 $\bar{X} \pm 1.96\sqrt{\dfrac{\sigma^2}{n}}$ は容易に求められます。まずは正規母集団 $N(\mu,\ \sigma^2)$ から無作為に n 個の標本 $\{x_1,\ x_2,\ \cdots,\ x_n\}$ を 1 回抽出し、$\bar{X}$ を計算して、$\bar{X}$ と n と既知の σ^2 を $\bar{X} \pm 1.96\sqrt{\dfrac{\sigma^2}{n}}$ に代入すればよいわけです。

ここまで、確率変数 X の母集団分布を正規分布 $N(\mu,\ \sigma^2)$ と仮定してきましたが、中心極限定理（定理 4）で示したように、確率変数 X の母平均が μ、母分散が σ^2 であれば、母集団分布が正規分布からかけ離れていても、標本平均 $\bar{X}$ の分布は、標本の大きさ n が十分大きくなると、正規分布 $N\left(\mu, \dfrac{\sigma^2}{n}\right)$ で近似できます。「母集団の分布が著しく歪んでいたり、多モード型であったりしても、n が 30 以上になれば、$\bar{X}$ の標本分布は正規分布とみなして差し支えなくなる」（山上・倉知，2003）ともいわれています。

(2) 母平均 μ の区間推定 2（母分散 σ^2 が未知の場合）

正規母集団 $N(\mu,\ \sigma^2)$ の未知の母平均 μ の区間推定を行う際に、母分散も未知であることが少なくありません。その場合、母分散 σ^2 の代わりに、母分散の推定量を用います。母分散の推定量として、不偏分散、

$$\hat{\sigma}^2 = \frac{1}{n-1}\left\{(x_1-\overline{x})^2+(x_2-\overline{x})^2+\cdots+(x_n-\overline{x})^2\right\}$$

$$= \frac{1}{n-1}\sum_{i=1}^{n}(x_i-\overline{x})^2$$

を用いると、次の定理を利用することができます。ここでは、不偏分散 $\hat{\sigma}^2 = s'^2$ で表すことにします。

【定理】

確率変数 $X_1,\ X_2,\ \cdots,\ X_n$ が互いに独立にそれぞれ正規分布 $N(\mu,\ \sigma^2)$ に従うとき、

統計量　$\dfrac{\overline{X}-\mu}{\sqrt{\dfrac{s'^2}{n}}}$

の分布は、自由度 $n-1$ の t 分布となる。ただし、

$$s'^2 = \frac{1}{n-1}\left\{(x_1-\overline{x})^2+(x_2-\overline{x})^2+\cdots+(x_n-\overline{x})^2\right\}$$

$$= \frac{1}{n-1}\sum_{i=1}^{n}(x_i-\overline{x})^2$$

とする。

母分散 σ^2 の代わりに、母分散の推定値として、不偏分散 s'^2 を用いた統計量

$\dfrac{\bar{X}-\mu}{\sqrt{\dfrac{s'^2}{n}}}$ の分布は、標準正規分布ではなく、自由度 $n-1$ の t 分布[†12]に従います。t 分布の分布形は、ゼロを中心として左右対称な形をしており、自由度が大きくなれば標準正規分布によく近似できますが、自由度が小さい場合は正規分布よりも両裾が重たい形になります。

統計量 $\dfrac{\bar{X}-\mu}{\sqrt{\dfrac{s'^2}{n}}}$ の確率 $1-\alpha$ の範囲を求める場合は自由度 $n-1$ の t 分布の確率（密度）の低い両端からそれぞれ確率 $\dfrac{\alpha}{2}$ に対応する 2 つの t_{n-1} の値で囲まれた範囲（$-t_{n-1}\left(\dfrac{\alpha}{2}\right) \sim t_{n-1}\left(\dfrac{\alpha}{2}\right)$）が最短の t_{n-1} の範囲となります。ここでは、上側確率 $\dfrac{\alpha}{2}$ に対応する t_{n-1} の値を $t_{n-1}\left(\dfrac{\alpha}{2}\right)$ とし、下側 $\dfrac{\alpha}{2}$ に対応する t_{n-1} の値を $-t_{n-1}\left(\dfrac{\alpha}{2}\right)$ としています[†13]。このことは次式で表すことができます。

$$P\left(-t_{n-1}\left(\frac{\alpha}{2}\right) \leq \frac{\bar{X}-\mu}{\sqrt{\dfrac{s'^2}{n}}} \leq t_{n-1}\left(\frac{\alpha}{2}\right)\right) = 1-\alpha \tag{9.16}$$

理論分布は異なっていても、区間推定の考え方は、母分散 σ^2 が既知の場合の正規分布に対する考え方と同じです。

式（9.16）左辺の ( ) 内の不等式を μ について次のように変形すれば、その範囲が、母分散 σ^2 が未知の場合の母平均 μ の信頼係数 $1-\alpha$ の信頼区間となります。

---

† 12　確率変数 X の確率密度関数 $f(x)$ が、

$$f(x) = \frac{\Gamma\left(\dfrac{m+1}{2}\right)}{\sqrt{m\pi}\,\Gamma\left(\dfrac{m}{2}\right)\left(1+\dfrac{x^2}{m}\right)^{\frac{m+1}{2}}}, \quad -\infty < x < \infty$$

で表されるとき、この分布を自由度 m の t 分布という。Γ はガンマ関数を表す。t 分布の平均は 0、分散は $m>2$ のとき $\dfrac{m}{m-2}$ で与えられる。

† 13　$\alpha = 0.05$ としたとき、上側確率 $\dfrac{\alpha}{2} = 0.025$ に対応する自由度 $n-1$ の t 値は $t_{n-1}(0.025)$ で表すことにします。すなわち、$t_{n-1}(0.025)$ は下側確率 0.975 $\left(=1-\dfrac{\alpha}{2}\right)$ に対応する t 値ともいえます。しかし、先に示した $z_{\bar{X}}(0.975)$ は標準正規分布の上側確率 0.025，かつ，下側確率 0.975 に対応する z 値を表します。ここでの t 値は ( ) 内に上側確率を示していますが、z 値の ( ) 内には下側確率を示しているので注意してください。

$$\bar{X} - t_{n-1}\left(\frac{\alpha}{2}\right)\sqrt{\frac{s'^2}{n}} \le \mu \le \bar{X} + t_{n-1}\left(\frac{\alpha}{2}\right)\sqrt{\frac{s'^2}{n}} \tag{9.17}$$

通常、母平均が未知であれば、母分散も未知であることが多いわけですが、自由度が大きくなれば t 分布は標準正規分布によく近似できます。したがって、母分散が未知であっても、標本の大きさ n が十分に大きければ、t 分布の代わりに標準正規分布を用いて母平均の区間推定をすることがあります。しかし、標本の大きさが小さく（n が 25 以下)、母分散が未知の場合には、標本平均 $\bar{X}$ の分布を自由度 $n-1$ の t 分布として母平均 μ の区間推定を行います（山上・倉知, 2003)。

(3) Excel を利用した母平均 μ の区間推定（母分散 σ^2 が未知の場合）

母分散が未知の場合の母平均 μ の信頼区間であれば、Excel のアドインプログラムの「分析ツール」を用いて容易に計算できます。ここでは、鉄道の自動運転に関する調査を例にして母平均の 95%信頼区間を求めます。

例）母平均の 95%信頼区間

20 代から 50 代までの東京都在住で山手線を週数回以上利用し、かつ東海道新幹線を年数回以上利用する人を母集団として無作為抽出によって 243 名から「鉄道の自動運転に関する調査」に対する有効回答が得られたとします。質問項目の 1 つである「現在工事を進めているリニア中央新幹線（営業最高速度 500 km/h を予定）のような運転士のいない自動運転の高速列車に乗ることを怖いと感じますか。」という問いでは、「1. 怖い」、「2. どちらかといえば怖い（少し怖い)」、「3. どちらかといえば怖くない（あまり怖くない)」、「4. 怖くない」の 4 件法で回答を求めました。この問いの回答から怖さの母平均 μ の 95%信頼区間を求めます。

Excel のアドインプログラムの「分析ツール」によって、母分散が未知の場合の母平均 μ の信頼区間を算出するには自由度 $n-1$ の t 分布を用います。この調査は標本の大きさが $n=243$ で小さくはありませんから、t 分布の代わりに標準正規分布に近似させてもよいのですが、ここでは t 分布を用いて母分散が未知の場合の母平均 μ の 95%信頼区間を求めます。算出方法は次のとおりです。

① 「データ」タブの「分析」グループの「データ分析」を利用します。「データ分析」が表示されない場合は、6.3.3 項を参照して、分析ツールアドインプログラムを読み込みます。

② 「データ分析」をクリックすると、「データ分析」ダイアログボックスが表示されるので、「基本統計量」を選択して、「OK」をクリックします。ここは図 8.19 と同様です。

③ すると、図 9.11 のように「基本統計量」ダイアログボックスが表示されるので、必要な情報を入力し、「OK」をクリックします。

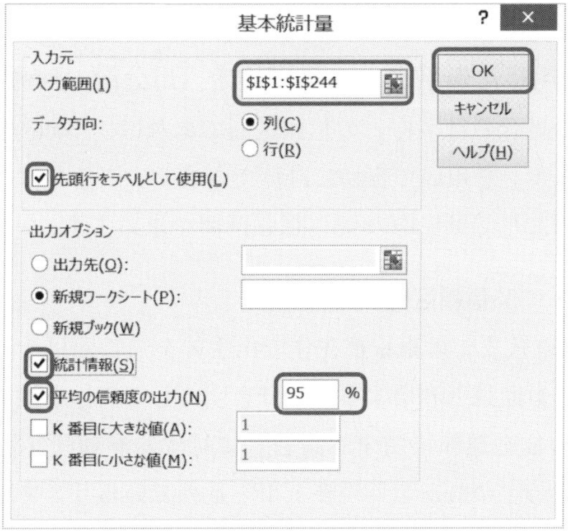

図 9.11　分析ツールによる母平均の 95%信頼区間の算出（1）

a）「入力範囲」には、対象となるデータの範囲を入力するか、マウスをドラッグして範囲を選択します。

b）「入力範囲」に先頭行の変数名の文字列部分も含めた場合は「先頭行をラベルとして使用」にチェック☑を入れます。

c） そして、「統計情報」と「平均の信頼度の出力」の 2 か所にチェック☑を入れて、「OK」をクリックします。信頼係数は「平均の信頼度の出力」のところの「%」で変更することができるので、デフォルトで 95%（信頼係数 0.95）になっていなければ「95」という数値を入力します。

d） そうすれば、「統計情報」と「平均の信頼度の出力」が指定された場所に出力されます。出力先を指定することもできますが、デフォルトでは「新規ワークシート」が指定されています。

④　出力結果は図9.12のようになります。

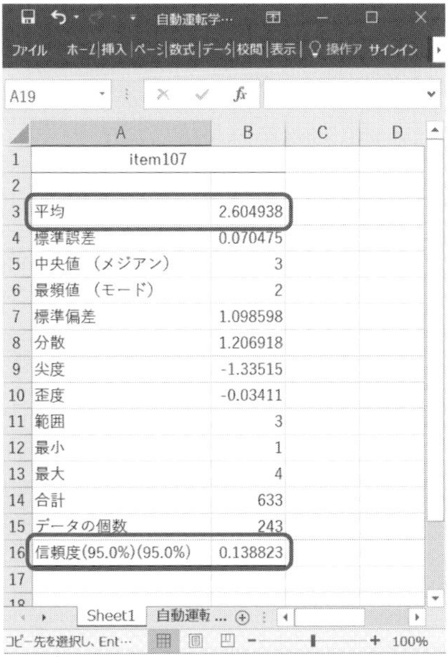

図9.12　分析ツールによる母平均の95%信頼区間の算出（2）

母平均μの95%信頼区間は、図9.12の「平均」±「信頼度（95.0%）」となります。この項目における母平均μの95%信頼区間は、2.604938±0.138823となります。1〜4の整数での4件法の回答ですから、実際にはここまで桁数はいりません。直感的にもわかりにくいので、報告書などに記載するときには桁数を減らして、2.60±0.14程度でも問題はありません。

仮に「平均の信頼度の出力」を行わなかったとしても、「信頼度（95.0%）」以外の統計情報とt分布表から、母平均μの95%信頼区間を求めることができます。

式（9.17）から母平均μの95%信頼区間は、$\bar{X} \pm t_{n-1}(0.025)\sqrt{\frac{s'^2}{n}}$になります。図9.12から、標本平均$\bar{X}$の値が2.604938，不偏分散$s'^2$の値は1.206918、データの個数（標本の大きさ）nは243であることがわかります。

自由度 242 の $t_{242}(0.025)$ の値は t 分布表（巻末付録の数表 2）を利用するか、あるいは、Excel の「数式」タブの「その他の関数」から「統計」を選択して、“T.INV.2T(両側確率 , 自由度)” という関数を利用すれば 1.969815 という値が返されます。後者の方法では、図 9.13 のように、Excel の「数式」タブの「その他の関数」の「統計」から “T.INV.2T” を選ぶと、「関数の引数」ダイアログボックスが表示されますので、α の値 0.05 と自由度 242 を入力して「OK」をクリックすれば、$t_{242}(0.025) = 1.969815\cdots$ が得られます。したがって、母平均 μ の 95% 信頼区間は、

$$\bar{X} \pm t_{n-1}(0.025)\sqrt{\frac{s'^2}{n}} = 2.604938 \pm 1.969815 \times \sqrt{\frac{1.206918}{243}}$$
$$= 2.604938 \pm 0.138823$$

となります。$t_{n-1}(0.025)\sqrt{\frac{s'^2}{n}}$ の部分についてはExcel の空いているセルを使って数式を作成すれば楽に計算ができます。数式は「=」（半角の等号）から始めて計算式を続けるので、「=1.969815*(1.206918/243)^0.5」と入力して「Enter」キーを押せば 0.138823 を返します。

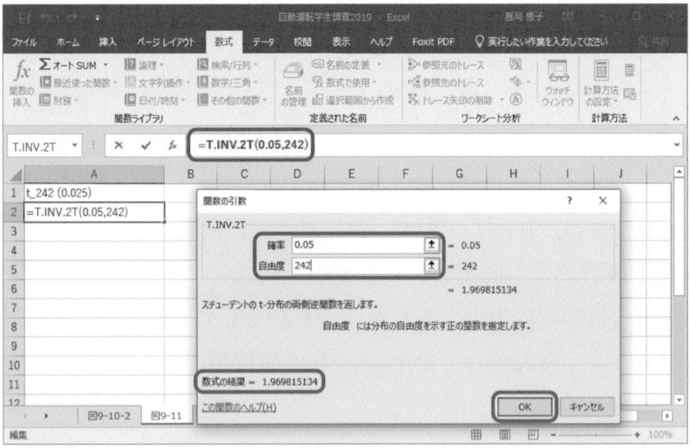

図 9.13　Excel 関数を利用した t 値の算出

つまり、「信頼度（95.0%）」の出力（③ c の「基本統計量」の「平均の信頼度の出力」）をしなくても信頼区間を求められます。t 分布表も自由度が大きい

ものは省略されていることがあるので内挿法などで t 値を推定するか、Excel 関数を利用するか、あるいは、自由度 $n-1$ の $t_{n-1}(0.025)$ の代わりに標準正規分布の $z(0.975)=1.96$ の値を代用するということをしてもよいでしょう。この $z(0.975)=1.96$ の値は統計の勉強をするときによく出てきますので、覚えている人も多い値です。

引用・参考文献

1) 石村貞夫（2006）．入門はじめての統計　東京図書　pp.81-83.

2) 岩田暁一（1983）．経済分析のための統計的方法（第 2 版）　東洋経済新報社　pp.354-358.

3) 加納悟・浅子和美（1992）．入門 経済のための統計学　日本評論社　p.27, 52.

4) 栗原伸一・丸山敦史（2017）．統計学図鑑　オーム社　p.61.

5) 森棟公夫（2000）．統計学入門 第 2 版　新世社　pp.125-130.

6) 日本統計学会編（2013）．日本統計学会公式認定統計検定 1 級対応統計学　東京図書　pp.68-69.

7) 芝祐順・渡部洋・石塚智一（編）（1984）．統計用語辞典（項目「記述統計学」）　新曜社　p.43r.

8) 東京大学教養学部統計学教室（編）（1991）．統計学入門　東京大学出版会　pp.38-39.

9) 豊川裕之・柳井晴夫（1982）．医学・保健学の例題による統計学　現代数学社　pp.135-137.

10) 山上暁・倉知佐一（2003）．要説 心理統計法（新版）　北大路書房　p.94, 98.

第10章

推測統計学（2）～統計的仮説検定と効果量～

推測統計学における重要な課題の１つが、母集団分布を規定する母数に関する推測を行うことです。この推測に関しては、標本理論を用いた統計的推定と統計的仮説検定の、大きく２つの方法があります。前章では統計的推定について紹介し、母数の値を１点で示す点推定や、信頼度を付した区間で示す区間推定について解説しました。本章では**統計的仮説検定**による推測を行います。統計的仮説検定は、母集団について設定された統計的仮説を、標本として得られたデータから、検証していく方法です。その仮説とデータとのずれが、誤差の範囲内か、統計的に意味のある差なのかを判断する方法が統計的仮説検定です。この方法は、心理学の実証的研究において結果が統計的に意味のあるものか否かを判断するために利用されたり、新薬の効果の判断に利用されたり、品質管理のための抜取検査において不良品ロットか否かを判断するためなどさまざまな分野で利用されています。しかし、この手法については、問題点を指摘する研究者も少なくなく、アメリカ心理学会では、統計的仮説検定の結果だけでなく、効果の大きさを表現する効果量という指標を併記することを推奨しています。効果量についても解説します。

10.1 統計的仮説検定の枠組み

確率変数の分布によって、それを特定する定数である母数にはさまざまなものがあります。ここでは例題を通して、正規分布の母数の１つである母平均に関して統計的仮説検定の枠組みを示します。

❖ 10.1.1　統計的仮説検定の手順

例 10.1 では、A 塾の子どもたちと一般の子どもたちとの知能を比較するために統計的仮説検定を用います。

例 10.1）母平均に関する検定（母分散が既知）

A 塾に通う 6 歳 0 ヵ月児を無作為に 9 人抽出し、保護者の同意を得て、知能検査 WISC- Ⅳの全検査 IQ（Full Scale IQ, FSIQ）を調べたところ、低い方から順に、{88, 90, 97, 105, 117, 118, 120, 125, 130} でした。

WISC- Ⅳでは、全検査 IQ の分布は正規分布 $N(\mu_0,\ \sigma_0^2)$ を仮定しており、月齢ごとに平均 100、標準偏差 15 で標準化されています（松田，2015）。したがって、一般の 6 歳 0 ヵ月児の全検査 IQ の分布は、平均 $\mu_0 = 100$，分散 $\sigma_0^2 = 15^2$ の正規分布になります。

A 塾に通う 6 歳 0 ヵ月児の全検査 IQ は一般の同月齢の子どもたちと差があるといえるでしょうか。

例 10.1 では、A 塾の 6 歳 0 ヵ月児の WISC- Ⅳの全検査 IQ の標本平均（$\bar{X}_A$）は $\bar{X}_A = 110$ になります。一般の同月齢児の母平均 $\mu_0 = 100$ との差 10 は、標本誤差によるものであって、この標本が母平均 $\mu_0 = 100$ の母集団からの 1 標本とみなせるのか、あるいは、$\mu_0 = 100$ の母集団とは異なる別の母集団からの標本とみなせるのかを判断することになります。統計的仮説検定という方法では以下の手順で判断します（石村，2006；栗原・丸山，2017）。

(1) 仮説を立てる

統計的仮説検定においては、研究対象とする母集団に関する 2 つの仮説を立てて対比させます。

例 10.1 では、まず、A 塾の 6 歳 0 ヵ月児の全検査 IQ の母平均が、一般の 6 歳 0 ヵ月児と同じであるという仮説を立てます。もう 1 つは両者が異なるという仮説になります。

したがって、塾の子どもたちの全検査 IQ の母平均を μ とすれば、第 1 の仮説は、$\mu = \mu_0 = 100$（一般の 6 歳 0 ヵ月児と同じ）となり、“$H_0 : \mu = 100$” という書き方をします。H_0 は**帰《き》無《む》仮《か》説《せつ》**（**null hypothesis**）または**検定仮説**（**hypothesis to be tested**）と呼ばれます。心理学研究などでは通常、差があることや効果があることを主張するために統計的仮説検定を用います。帰無仮説では、研究で主張したい内容とは逆の仮定をおくことになるため、否定したい仮説であって、

「無に帰する可能性のある仮説」[†1] という意味でそう呼ばれます。

第 2 の仮説には、帰無仮説を否定する仮説を立てます。ここでは、“$H_1 : \mu \neq 100$”（一般の 6 歳 0 ヵ月児とは異なる）とします。H_1 は**対立仮説**（**alternative hypothesis**）と呼ばれ、通常こちらが主張したい内容になります。塾に通う子どもたちが、一般の子どもたちよりも優秀であることを主張したいのであれば、対立仮説は“$H_1 : \mu > 100$”（一般の 6 歳 0 ヵ月児よりも全検査 IQ が高い）とします。対立仮説が“$H_1 : \mu \neq 100$”であるか、“$H_1 : \mu > 100$”であるかによって、帰無仮説を棄てるか棄てないかの基準は異なってきますが、いずれの場合も帰無仮説が棄てられれば、対立仮説を採択することになります。

（2）検定統計量を決める

次に、仮説を検証するための、**検定統計量**を決めます。検定統計量とは統計的仮説検定を行うための統計量のことをいいます（芝・渡部・石塚，1984）。

帰無仮説“$H_0 : \mu = 100$”が真であるならば、つまり、得られた標本が母平均 $\mu_0 = 100$ の母集団からの 1 標本であるならば、母集団分布が平均 $\mu_0 = 100$、分散 $\sigma_0^2 = 15^2$ の正規分布（一般の 6 歳 0 ヵ月児の全検査 IQ の分布）ということになります。分散が既知なので、検定統計量には、$z_{\bar{X}} = \dfrac{\bar{X} - \mu_0}{\sqrt{\dfrac{\sigma_0^2}{n}}}$ を用います。標準化された標本平均である検定統計量 $z_{\bar{X}}$ は、標準正規分布 $N(0,\ 1^2)$ に従います（9.2.3 項（1）参照）。

（3）有意水準 α を決め、棄却域を設定する

統計的仮説検定では、標本から得られた検定統計量の値が、帰無仮説が真であると仮定したときの標本分布（統計量の確率分布）のどこに位置するかで、帰無仮説を棄てるか否かを決定します。例 10.1 では、標本平均（$\bar{X}_A$）が $\mu_0 = 100$ から大きく離れてくれば、すなわち、検定統計量 $z_{\bar{X}}$ が標準正規分布の平均 0 から大きく離れてくれば帰無仮説を棄てることになります。帰無仮説を棄てるか否かは、帰無仮説が真であるときにどのくらい稀なことが起きたかで判断します。

† 1　帰無仮説（null hypothesis）は、一般には「無に帰する可能性のある仮説」として説明されます。しかし、研究内容によっては、「差がない」ことや「効果がない」ことを主張したいこともあり、差が「ない」や効果が「ない」という意味で“null”という言葉が使われることもあるため、H_0 を「帰無仮説」といわず、「検定仮説」と呼ぶ研究者もいます（芝・渡部，1984）。

その稀なことであると判断するための基準となる確率のことを**有意水準**（**level of significance**）と呼び、α で表します。有意水準 α の値は、帰無仮説が真であるときの検定統計量の分布の中で出現が稀な区間を**棄却域**（**critical region, rejection region**, 帰無仮説を棄てるという判断をする区間）としたときの、棄却域内に検定統計量の値が出現する確率を示します。棄却域に検定統計量の値が入れば帰無仮説は棄てられ、棄却域に検定統計量の値が入らなければ帰無仮説は棄てられません。帰無仮説が棄てられない区間（帰無仮説を採択する[†2]区間）を採択域といいます。

統計量 $z_{\bar{X}}$ は正規分布するので、分布は平均を中心にして左右対称であり、平均から遠ざかるほど出現確率（確率密度）は低くなります。したがって、有意水準 α に対応する $z_{\bar{X}}$ の棄却域は、図 10.1 に示すように、確率（密度）の低い両端のそれぞれ確率 $\frac{\alpha}{2}$ に対応する $z_{\bar{X}}$ の範囲（$z_{\bar{X}} \leq z_{\bar{X}}\left(\frac{\alpha}{2}\right)$, または, $z_{\bar{X}} \geq z_{\bar{X}}\left(1-\frac{\alpha}{2}\right)$）になります。

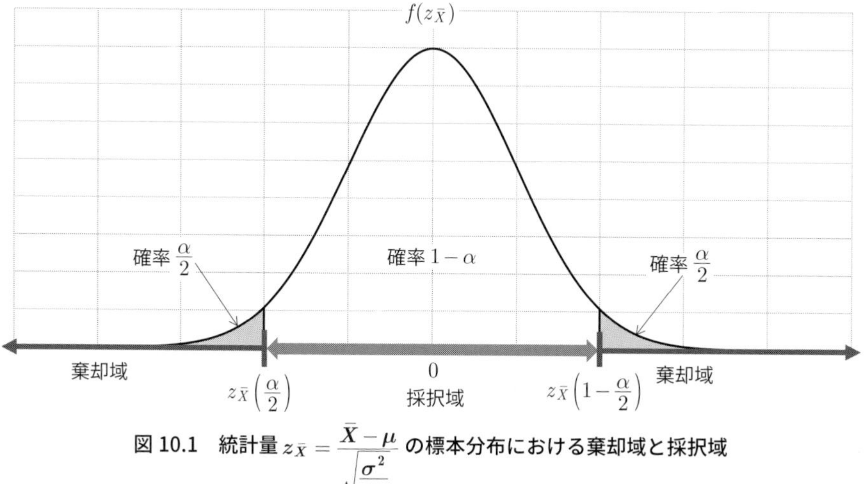

図 10.1　統計量 $z_{\bar{X}} = \dfrac{\bar{X}-\mu}{\sqrt{\dfrac{\sigma^2}{n}}}$ の標本分布における棄却域と採択域

†2　統計的仮説検定は「帰無仮説が正しい」という前提をおいて、背理法の論理によって帰無仮説を棄却しようとするものであって、帰無仮説が棄却されなかったからといって、帰無仮説が積極的に支持されたわけではなく、帰無仮説が真であることを積極的に「証明」したわけではありません（縄田・松原, 1991；大久保・岡田, 2012)。

有意水準 α は、帰無仮説が真であったなら、$(1-\alpha)$ の確率で帰無仮説を棄てない（採択する）という正しい判断ができますが、α の確率で帰無仮説を棄却してしまうという誤った判断をする可能性があることを意味しています。帰無仮説が真であるときに、これを誤って棄却することを**第1種の過誤**（**type I error, error of the first kind**）といいます。

逆に帰無仮説が偽であった場合に、帰無仮説を棄てない（採択してしまう）誤りを**第2種の過誤**（**type II error, error of the second kind**）といい、その確率を β で表します。帰無仮説が偽であった場合に、正しく帰無仮説を棄てられる確率 $(1-\beta)$ を**検定力**（**power of test**）または**検出力**と呼びます。β の値は、帰無仮説が偽であるということだけでは決められません。真の値がどこにあるかがわからないと決められない値です[†3]。

表10.1に示すように、統計的仮説検定に基づく判断がいつも正しいわけではなく、帰無仮説が真であれば第1種の過誤を犯す可能性があり、帰無仮説が偽であれば第2種の過誤を犯す可能性があります。

表10.1　統計的仮説検定における2種類の過誤

		統計的仮説検定による判断	
		帰無仮説 H_0 を棄てない	帰無仮説 H_0 を棄てる
事実	帰無仮説 H_0 が真	正しい判断（確率 $1-\alpha$）	第1種の過誤（確率 α）
	帰無仮説 H_0 が偽	第2種の過誤（確率 β）	正しい判断（検定力：確率 $1-\beta$）

つまり、第1種の過誤は「帰無仮説 H_0 が真」という条件付きでの判断を誤る確率であり、第2種の過誤は「帰無仮説 H_0 が偽」という条件付きでの判断を誤る確率を示しています。図10.2は、帰無仮説 H_0 のもとでの標本平均の分布と対立仮説 H_1 のもとでの標本平均の分布の一例に、第1種の過誤を犯す確率 α と第2種の過誤を犯す確率 β を示しています。

† 3　4.5節で紹介したG*Powerという検定力分析ソフトウェアを用いて検定力を求めることができます。検定族、統計的仮説検定の種類を指定し、検定力分析のタイプを“Post hoc: Compute achieved power-given α, sample size, and effect size”とし、入力パラメタとして、両側検定か片側検定か（10.1.2項参照）、有意水準 α、標本の大きさ、後述する効果量（10.4節参照）の大きさを指定することによって、検定力を出力してくれます。また、4.5節の図4.7では標本の大きさを求めるためにG*Powerを用いていますが、検定力も出力されていますし、β が図示されているので、検定力 $(1-\beta)$ もイメージしやすくなっています。

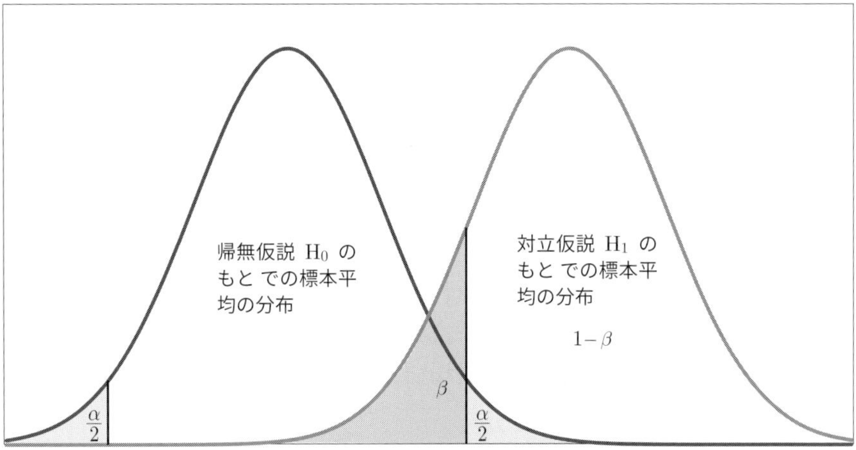

図 10.2　統計的仮説検定における第 1 種の過誤と第 2 種の過誤

有意水準 α は慣例として、$\alpha = 0.05$ や $\alpha = 0.01$ が使われることが多いのですが、そうでなければならないという数値ではなく、その基準が目的に応じて判断の誤りを減らせるものであること、つまり、第 1 種、第 2 種の両方の誤りの確率（α、β）を小さくできるものであることが望ましいといえます（芝・南風原，1990）。

ここでは、慣例に従って、有意水準 $\alpha = 0.05$ とします。

帰無仮説 H_0：$\mu = 100$
対立仮説 H_1：$\mu \neq 100$

とするなら、検定統計量 $z_{\bar{X}} = \dfrac{\bar{X} - \mu_0}{\sqrt{\dfrac{\sigma_0^2}{n}}}$ が標準正規分布 $N(0,\ 1^2)$ に従うことから、棄却域は図 10.1 に示すように、$z_{\bar{X}} \leq z_{\bar{X}}\left(\dfrac{\alpha}{2}\right)$，または，$z_{\bar{X}} \geq z_{\bar{X}}\left(1-\dfrac{\alpha}{2}\right)$ になります。$\alpha = 0.05$ としたので、$z_{\bar{X}}(0.025)$ と $z_{\bar{X}}(0.975)$ の値を求めればよいわけです。標準正規分布の上側確率 0.025 に対応する $z_{\bar{X}}(0.975)$ の値は標準正規分布表（巻末付録の数表 1）を利用するか、あるいは、Excel の「数式」タブの「その他の関数」から「統計」を選択して、“NORM.S.INV” という関数を利用すれば、$z_{\bar{X}}(0.975) = 1.96$ であることがわかります（9.2.3 項（1）に詳述、数表の見方については図 9.8 の説明を、“NORM.S.INV” の使い方については図 9.9 の説明を参照）。また、標準正規分布は $z_{\bar{X}} = 0$ を中心として左右対称であることか

ら、$z_{\bar{X}}\left(\frac{\alpha}{2}\right)=-z_{\bar{X}}\left(1-\frac{\alpha}{2}\right)$ なので、$z_{\bar{X}}(0.025)=-z_{\bar{X}}(0.975)=-1.96$ になります。したがって、棄却域は、$z_{\bar{X}}\leq -1.96$ または $z_{\bar{X}}\geq 1.96$ になります。

(4) 検定統計量の値を求める

次に、標本を母集団から無作為に抽出して、検定統計量を算出します。

前述のとおり、すでにA塾の6歳0ヵ月児から9人が無作為抽出され、WISC-Ⅳの全検査IQのデータ {88, 90, 97, 105, 117, 118, 120, 125, 130} が示されており、その標本平均（$\bar{X}_A$）は $\bar{X}_A=110$ でした。

この標本のデータ（$n=9,\ \bar{X}_A=110$）から検定統計量 $z_{\bar{X}}=\dfrac{\bar{X}-\mu_0}{\sqrt{\dfrac{\sigma_0^2}{n}}}$ の値を求めます。帰無仮説が真ならば、母集団分布の平均は $\mu_0=100$、分散は $\sigma_0^2=15^2$ ですから、

$$z_{\bar{X}}=\frac{110-100}{\sqrt{\dfrac{15^2}{9}}}=2$$

となり、検定統計量の値は $z_{\bar{X}}=2$ です。

(5) 帰無仮説が棄却されるかされないかを判定する

(3) で設定した棄却域は $z_{\bar{X}}\leq -1.96$ または $z_{\bar{X}}\geq 1.96$ だったので、(4) で算出した検定統計量の値 $z_{\bar{X}}=2$（≥ 1.96）は棄却域に入ります。したがって、帰無仮説 H_0 は有意水準5%で棄却されます。つまり、一般の6歳0ヵ月児とA塾に通う子どもたちとの間には全検査IQに関して統計的に有意な差があった、と結論されます。

統計的仮説検定では背理法の論理を使っているため、帰無仮説が棄却されれば差があったと結論づけ、対立仮説が採択されることになりますが、帰無仮説が棄却されない場合は「差がない」という帰無仮説が積極的に採択されるわけではなく、「差があるとはいえない」となります。実際にはあまり背理法であることを意識しないで、帰無仮説と対立仮説のどちらを採択するのかの問題のように扱われている場合も少なくありません。

❖ 10.1.2　両側検定と片側検定

10.1.1 項（1）の「仮説を立てる」ところで、帰無仮説 “$H_0：\mu = 100$” を否定する対立仮説として 2 種類の対立仮説 “$H_1：\mu \neq 100$”（一般の 6 歳 0 ヵ月児とは異なる）と “$H_1：\mu > 100$”（一般の 6 歳 0 ヵ月児よりも全検査 IQ が高い）を紹介しました。実際には対立仮説として、“$H_1：\mu < 100$”（一般の 6 歳 0 ヵ月児よりも全検査 IQ が低い）とすることもできます。

母平均に関する統計的仮説検定において、前述したとおり、対立仮説をどのように設定するかで棄却域が異なります。

帰無仮説　　$H_0：\mu = \mu_0$

として、対立仮説を以下の 3 種類に分けます。

対立仮説①　$H_1：\mu \neq \mu_0$
対立仮説②　$H_1：\mu > \mu_0$
対立仮説③　$H_1：\mu < \mu_0$

対立仮説①の場合は、$\mu - \mu_0 > 0$ であっても、$\mu - \mu_0 < 0$ であってもかまわず、差があるかないかだけを問題としており、差の方向性は問題としていません。一方、対立仮説②は、$\mu - \mu_0 > 0$ の方向の差にしか関心がなく、逆に、対立仮説③は、$\mu - \mu_0 < 0$ の方向の差にしか関心がありません。②と③については差に方向性があります。そのため、対立仮説が①の場合は**両側検定**（**two-sided test, two-tailed test**）を、対立仮説が②または③の場合は**片側検定**（**one-sided test, one-tailed test**）を行います。

両側検定と片側検定では、棄却域の設定のしかたが異なります。両側検定では両端にそれぞれ確率 $\frac{\alpha}{2}$ に対応する棄却域を設けます。片側検定では②の場合、検定統計量の分布の大きい方から確率 α に対応する棄却域を設け、③の場合には逆に小さい方から確率 α に対応する棄却域を設けます。

図 10.3 では、検定統計量の分布が標準正規分布の場合を例にして、対立仮説の違いによる棄却域の違いを示しています。

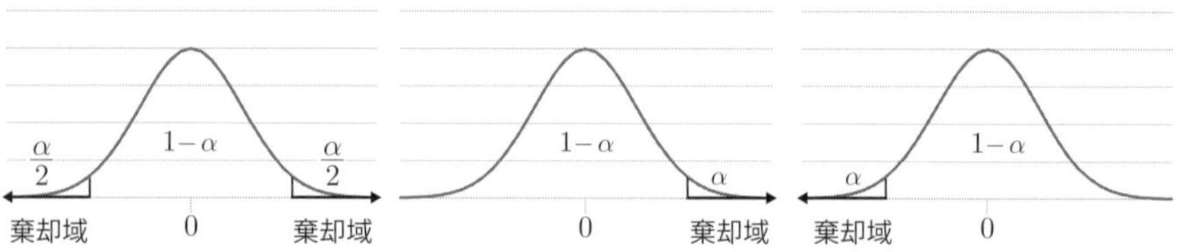

対立仮説①　$H_1 : \mu \neq \mu_0$　　対立仮説②　$H_1 : \mu > \mu_0$　　対立仮説③　$H_1 : \mu < \mu_0$

図 10.3　両側検定と片側検定の棄却域（帰無仮説 H_0：$\mu = \mu_0$）

10.2 対応のある 2 標本の母平均の差の検定

前節では、ある 1 標本の母平均が特定の値（$\mu = \mu_0$）と異なるか否かを検定しました。本節では、対応のある、対《つい》（**pair**）になった 2 つの標本、**対標本**（**paired sample**）の母平均に差があるといえるのか否かを検定します。

「対応のある（対になった）」2 標本、対標本は、標本間に関連があって独立ではありません。対標本には、例えば、ある大学の学生の 1 年次と 2 年次の英語の語彙力の比較のように同一個体の 2 時点での測定であったり、50 代の父親の身長と 20 代の息子の身長の比較のように遺伝的に関連のある親子での同時測定であったり、さまざまなものがあります。特に、前者の、同じ学生の 1 年次と 2 年次のデータのように、同一測定対象を時間を追って繰り返し測定することによって得られるデータは**縦断的データ**（**longitudinal data**）と呼ばれます（芝・渡部・石塚, 1984）。

一方、「対応のない（独立な）」2 標本というのは、例えば、ある年度の 1 年生と 2 年生の英語の語彙力であったり、ある年度の 20 代の男性と 50 代の男性の身長であったり、2 標本間に関連がなく独立な場合をいいます。同一年度の 1 年生と 2 年生のデータも、同一年度の 20 代と 50 代の男性のデータも、一時点での差異を問題にしており、このようなデータを**横断的データ**（**cross sectional data**）といいます[†4]。

† 4　縦断的データは、人の発達的変化をとらえる場合などによく利用され、特定の標本を時間経過に従って追跡調査（縦断的調査）することによって得られます。しかしながら、調査の機会が 1 時点に限られている場合、異なる年齢の標本を同時に調査（横断的調査）をして横断的データを収集することがあります。縦断的データによる年齢的（発達的）差異と、横断的データによる年齢的差異とは必ずしも一致しませんし、検定結果の解釈については両者で異なることに注意を要します。

以下の例 10.2 では、対標本を扱います。対標本では、2 標本とはいっても、対ごとに差をとって、その差のデータを 1 標本として統計的仮説検定を行います。

例 10.2）対応のある（対になった）2 標本の母平均の差の検定

9.2.3 項（3）と同様に鉄道の自動運転に関する調査を分析します。非自動運転の（運転士が手動で運転する）列車に乗ることを怖いと感じるかという問い（item103）と、無人の自動運転の（運転士や車掌がいない）列車に乗ることを怖いと感じるかという問い（item106）の 2 つの質問に対して、それぞれ「1.　怖い」、「2.　どちらかといえば怖い（少し怖い）」、「3.　どちらかといえば怖くない（あまり怖くない）」、「4.　怖くない」の 4 件法で回答を求めました。2 つの質問に対する回答者集団は全く同じ 243 名なので、対標本になっています。

非自動運転と無人運転の列車とで怖さに差があるでしょうか。

❖ 10.2.1　Excel 関数による対応のある 2 標本の平均値差の検定の手順

例 10.2 の「非自動運転と無人運転とでどちらが怖いと感じるのか」という課題を統計的仮説検定という手法を使って解いていきます。

例 10.2 の検定の手順は基本的には 10.1.1 項と同じです[†5]。

(1) 仮説を立てる

同一個体（回答者）による 2 つの問いに対する回答の比較なので、対応のある 2 標本の平均値差の検定になります。対応があるので、回答者ごとに 2 項目の評定差（$d = x_1 - x_2$）をとって、評定差 d の母集団分布から無作為かつ独立に d を抽出したとして 1 標本として取り扱うことができます（西平・村上，1978）。しかも、そうすることによって、知りたい条件の差以外の諸々の条件をそろえたうえで比較することが可能になります（竹村，1992）。

非自動運転（item103）に対する評定値を x_1 とし、無人運転（item106）に対する評定値を x_2 とすると、その差 $d = x_1 - x_2$ の母平均 μ_d が 0 であるという帰無仮説（H_0：$\mu_d = 0$）を立てることになります。また、非自動運転と無人運転と

†5　10.2.2 項の「分析ツール」による方法を使った方が容易に結果を出せますが、統計的仮説検定をはじめて学ぶ人は本項の「Excel 関数」による方法を一つひとつ実践していった方が理解は深まると思います。

ではどちらが怖いのかはわからないので、対立仮説は「両者に差がある」とします。したがって、仮説は次のように記述できます。

帰無仮説 H_0：$\mu_d = 0$
対立仮説 H_1：$\mu_d \neq 0$

ちなみに、X_1 と X_2 の母平均をそれぞれ μ_1, μ_2 とすると、$\mu_d = \mu_1 - \mu_2$ となるので、仮説は次のように表すこともできます。

帰無仮説 H_0：$\mu_1 = \mu_2$
対立仮説 H_1：$\mu_1 \neq \mu_2$

(2) 検定統計量を決める

次に、仮説を検証するための、検定統計量を決めます。

評定差 $d = x_1 - x_2$ の 1 標本問題とし、その母平均についての検定ということになるので、10.1.1 項と同じ検定統計量 $z_{\bar{d}} = \dfrac{\bar{d} - \mu_d}{\sqrt{\dfrac{\sigma_d^2}{n}}}$ を使いたいところですが、例 10.2 では σ_d^2 が未知です。そのため、9.2.3 項（2）のように σ_d^2 の推定値として、不偏分散 $s_d'^2$ を利用します。したがって、検定統計量として、$t_{\bar{d}} = \dfrac{\bar{d} - \mu_d}{\sqrt{\dfrac{s_d'^2}{n}}}$ を使うことになります。標本の大きさは $n = 243$ でしたから、この統計量は自由度 242 の t 分布に従います。

(3) 有意水準 α を決め、棄却域を設定する

有意水準 α は慣例に従い、$\alpha = 0.05$ とします。検定統計量の分布と有意水準が決まれば、棄却域を求めることができます。t 分布による両側検定の場合は、上側確率 $\dfrac{\alpha}{2} = 0.025$ に対応した自由度 242 の $t_{242}(0.025)$ の値を、t 分布表（巻末付録の数表 2）から求めるか、Excel の "T.INV.2T(両側確率, 自由度)" という関数を利用して求めるか、あるいは、次項（10.2.2 項）の分析ツールを利用して求めることができます。

ここでは Excel 関数を利用します。有意水準 $\alpha = 0.05$ の両側検定で、自由度が 242 であれば、その上側確率 0.025 に対応した t の値を Excel 関数の "=T.

INV.2T(0.05, 242)”によって求められます（9.2.3 項（3）④、図 9.13 参照）。Excel の「数式」タブの「その他の関数」の「統計」から“T.INV.2T”を選ぶと、「関数の引数」ダイアログボックスが表示されますので、α の値と自由度を入力すれば、$t_{242}(0.025) = 1.9698\cdots$ が得られます。t 分布は左右対称なので、棄却域は $t < -1.9698\cdots$，または，$t > 1.9698\cdots$ となります。自由度が大きいため、標準正規分布の棄却域とあまり変わりません。

(4) 検定統計量の値を求める

帰無仮説が真ならば、母集団分布の平均 $\mu_d = 0$ となります。標本の大きさは $n = 243$ でした。差の平均 $\bar{d}$ と差の不偏分散 s'^2 の値を計算すれば、検定統計量 $t_{\bar{d}} = \dfrac{\bar{d} - \mu_d}{\sqrt{\dfrac{s'^2_d}{n}}}$ の値は求まります。差の平均 $\bar{d}$ と差の不偏分散 s'^2 の値は以下の手順で求められます。

① 評定差 $d = x_1 - x_2$ という変数を新たに作成します。ここでは、$x_1 =$ item103, $x_2 =$ item106 として、$d =$ item103 − item106 という変数を作成します。図 10.4 では、item103 は E 列の変数で、item106 は H 列の変数です。まず、新しい列（R 列）の 1 行目（R1 セル）に変数名「d=item103-item106」を入力し、次に、2 行目（R2 セル）に数式「=E2-H2」を入力して 1 人目の d の値を求めます。このとき、R2 セルに「=」と書いたのち、E2 セルをクリックし、R2 セル内が「=E2」になった[†6]ところで、R2 セルの「=E2」に「-」（マイナス）を加え、「=E2-」となったところで、H2 セルをクリックすれば、R2 セル内が「=E2-H2」になります（図 10.4）。「Enter」キーを押せば、R2 セルに計算結果の「-2」が出力されます。2 人目以降の d の値については、オートフィルを利用して R2 セルの数式をコピーします。$n = 243$ ですから、R2 セルの数式を R244 セルまでコピーします。図 10.5 のように数式を入力した R2 セルをクリックしてアクティブにし、セル R2 の右下のフィルハンドルと呼ばれる小さな四角（■）にマウスポインタを合わせると、黒い十字形（＋）が現れるので、これを R244 セルまでドラッグす

† 6　「=」と R2 セルに入力することにより、R2 セルが数式として扱われることになり、続いてクリックしたセル番地 E2 が数式内に自動的に入力されます。したがって、数式内で使用するセル番地は手入力する必要はありません。

れば、243 人分の $d=\text{item103}-\text{item106}$ の値が計算されます（詳しくは第 8 章の図 8.13～図 8.15 を参照）。

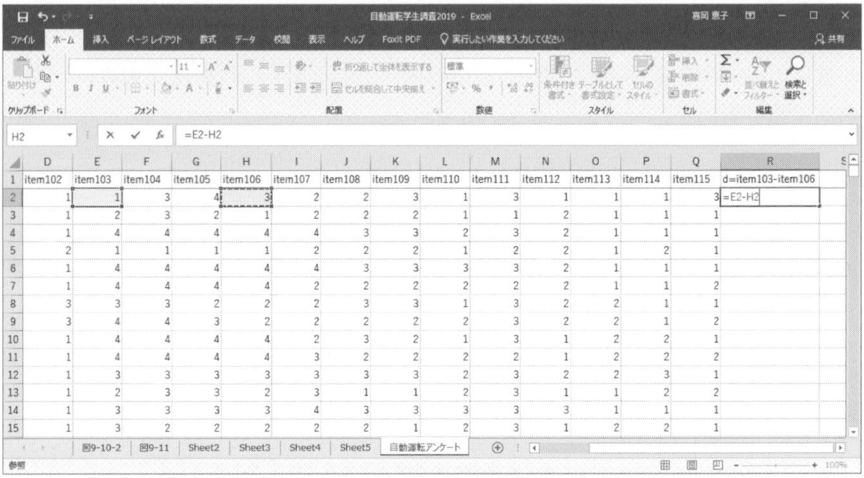

	D	E	F	G	H	I	J	K	L	M	N	O	P	Q	R
1	item102	item103	item104	item105	item106	item107	item108	item109	item110	item111	item112	item113	item114	item115	d=item103-item106
2	1	1	3	4	3	2	2	3	1	3	1	1	1	3	=E2-H2
3	1	2	3	2	1	2	2	2	1	1	2	1	1	1	
4	1	4	4	4	4	4	3	3	2	3	2	1	1	1	
5	2	1	1	1	1	2	2	2	1	2	2	1	2	1	
6	1	4	4	4	4	4	3	3	3	3	2	1	1	1	
7	1	4	4	4	4	2	2	2	2	2	2	1	1	2	
8	3	3	3	2	2	2	3	3	1	3	2	2	1	1	
9	3	4	4	3	2	2	2	2	2	3	2	2	1	2	
10	1	4	4	4	4	2	3	2	1	3	1	2	2	1	
11	1	4	4	4	4	3	2	2	2	2	1	2	2	2	
12	1	3	3	3	3	3	3	3	2	3	2	2	3	1	
13	1	2	3	3	2	3	1	1	2	3	1	1	2	2	
14	1	3	3	3	3	4	3	3	3	3	3	1	1	1	
15	1	3	2	2	2	2	2	1	2	3	1	2	2	1	

図 10.4　対応のある 2 標本の平均値差の検定（数式の作成）

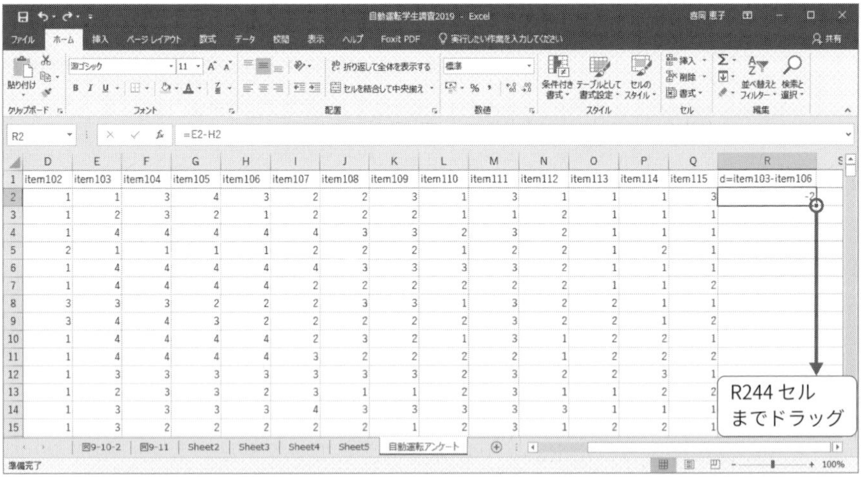

	D	E	F	G	H	I	J	K	L	M	N	O	P	Q	R
1	item102	item103	item104	item105	item106	item107	item108	item109	item110	item111	item112	item113	item114	item115	d=item103-item106
2	1	1	3	4	3	2	2	3	1	3	1	1	1	3	-2
3	1	2	3	2	1	2	2	2	1	1	2	1	1	1	
4	1	4	4	4	4	4	3	3	2	3	2	1	1	1	
5	2	1	1	1	1	2	2	2	1	2	2	1	2	1	
6	1	4	4	4	4	4	3	3	3	3	2	1	1	1	
7	1	4	4	4	4	2	2	2	2	2	2	1	1	2	
8	3	3	3	2	2	2	3	3	1	3	2	2	1	1	
9	3	4	4	3	2	2	2	2	2	3	2	2	1	2	
10	1	4	4	4	4	2	3	2	1	3	1	2	2	1	
11	1	4	4	4	4	3	2	2	2	2	1	2	2	2	
12	1	3	3	3	3	3	3	3	2	3	2	2	3	1	
13	1	2	3	3	2	3	1	1	2	3	1	1	2	2	
14	1	3	3	3	3	4	3	3	3	3	3	1	1	1	
15	1	3	2	2	2	2	2	1	2	3	1	2	2	1	

図 10.5　対応のある 2 標本の平均値差の検定（オートフィルによる数式のコピー）

② 評定差 d の平均 $\bar{d}$ は「数式」タブの「その他の関数」から「統計」を選択して、“AVERAGE”という関数を利用します（8.1.5 項（1）、図 8.9～図 8.12 参照）。“=AVERAGE(R2:R244)”により、$\bar{d}=0.481\cdots$ が得られます。

③　不偏分散 s'^2 を求めるには「統計」関数の“VAR.S”を利用します（8.1.5 項 (1)（イ）参照）。“=VAR.S(R2:R244)”により、$s'^2 = 0.986\cdots$が得られます。

④　したがって、検定統計量 $t_{\bar{d}} = \dfrac{\bar{d} - \mu_d}{\sqrt{\dfrac{s_d'^2}{n}}}$ の値は、$t_{\bar{d}} = \dfrac{0.481 - 0}{\sqrt{\dfrac{0.986}{243}}} = 7.558$ となります（図 10.6）。

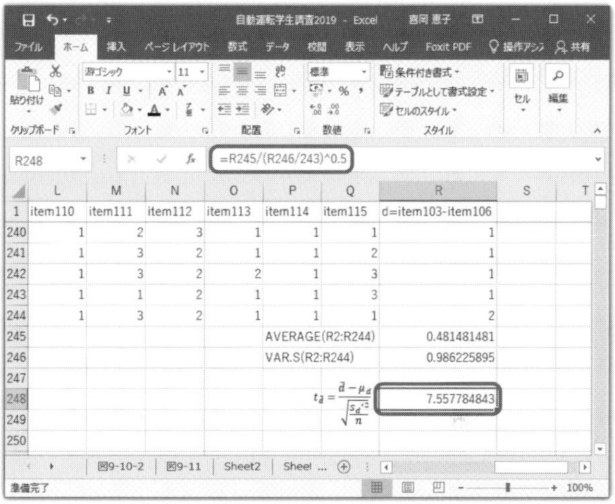

図 10.6　対応のある 2 標本の平均値差の検定（検定統計量の値の算出）

(5) 帰無仮説が棄却されるかされないかを判定する

(3) で設定した棄却域は $t < -1.9698\cdots$，または，$t > 1.9698\cdots$でしたから、(4) で算出した検定統計量の値 $t_{\bar{d}} = 7.558$ は棄却域に入ります。したがって、帰無仮説 H_0 は棄却され、非自動運転と無人運転とでは怖さに差があることがわかりました。

❖ 10.2.2　分析ツールによる対応のある 2 標本の平均値差の検定の手順

10.2.1 項の「Excel 関数による対応のある 2 標本の平均値差の検定の手順」で用いた (1)～(5) の手順は Excel の「データ」タブの「データ分析」の分析ツール「t 検定：一対の標本による平均の検定」を利用すれば、より簡単に結果を出すことができます。算出方法は次のとおりです。

① 「データ」タブの「分析」グループの「データ分析」を利用します。「データ分析」が表示されない場合は、6.3.3 項を参照して、分析ツールアドインプログラムを読み込みます。

② 「データ分析」ボタンをクリックすると、「データ分析」ダイアログボックスが表示されるので、図 10.7 のように「t 検定：一対の標本による平均の検定」を選択して、「OK」をクリックします。

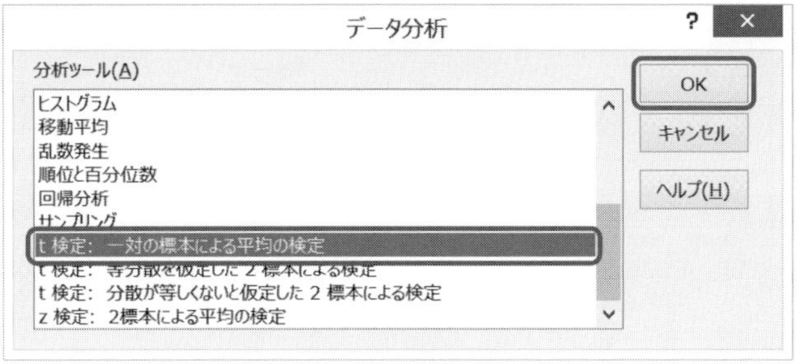

図 10.7　対応のある 2 標本の平均値差の検定（分析ツールの選択）

③ すると、図 10.8 のように「t 検定：一対の標本による平均の検定」ダイアログボックスが表示されるので、必要な情報を入力します。

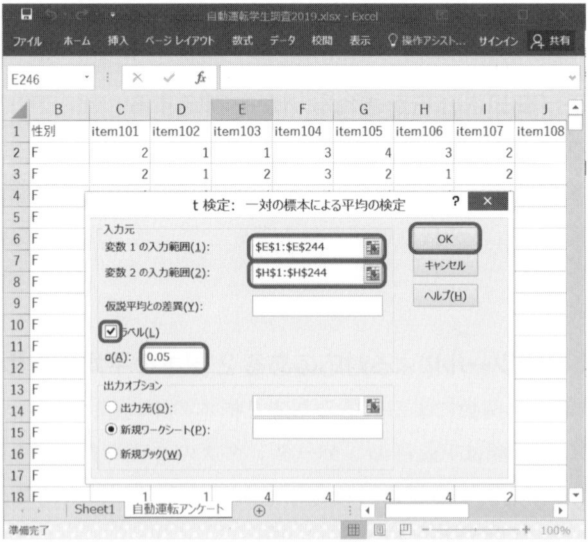

図 10.8　対応のある 2 標本の平均値差の検定（分析に必要な情報の入力）

a)「変数 1 の入力範囲 (1)」には、item103 の 243 名分のデータ範囲を変数名と共に指定し、「変数 2 の入力範囲 (2)」には、item106 の 243 名分のデータ範囲を変数名と共に指定します。

b) 入力範囲に先頭行の変数名の文字列部分も含めているので、「ラベル」にチェック☑を入れます。

c) 有意水準 α はデフォルトで 0.05 が入っていますので、そのままの値を使用します。そして、「OK」をクリックします。

④ 出力結果は図 10.9 のようになります。

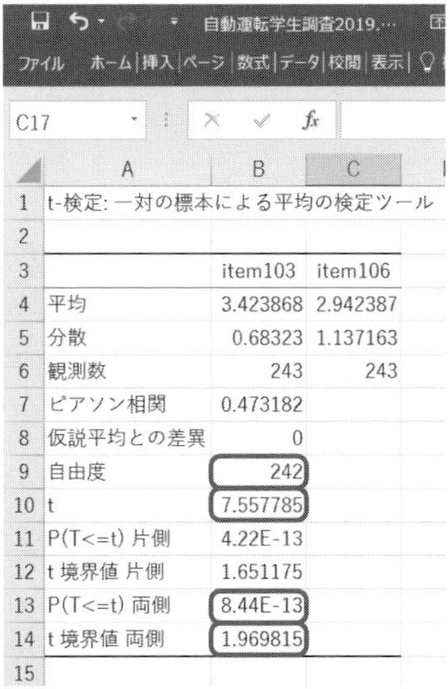
自動運転学生調査2019.…
ファイル　ホーム　挿入　ページ　数式　データ　校閲　表示
C17

	A	B	C
1	t-検定: 一対の標本による平均の検定ツール		
2			
3		item103	item106
4	平均	3.423868	2.942387
5	分散	0.68323	1.137163
6	観測数	243	243
7	ピアソン相関	0.473182	
8	仮説平均との差異	0	
9	自由度	242	
10	t	7.557785	
11	P(T<=t) 片側	4.22E-13	
12	t 境界値 片側	1.651175	
13	P(T<=t) 両側	8.44E-13	
14	t 境界値 両側	1.969815	
15			

図 10.9　対応のある 2 標本の平均値差の検定（出力結果）

検定統計量は「自由度」242 の t 分布に従い、「t」の値、すなわち、$t_{\bar{d}} = \frac{\bar{d} - \mu_d}{\sqrt{\frac{s_d'^2}{n}}}$ の値は 7.557785 であり、上側確率 0.025 に対応する採択域と棄却域の限界値 $t_{242}(0.025)$ の値は「t 境界値 両側」の 1.969815 になります。データから得られた検定統計量の絶対値 $|t| = 7.557785$ の値の方が $t_{242}(0.025) = 1.969815$ よりも大きいので、帰無仮説は棄却されます。

「P(T<=t) 両側」の値、「8.44E-13」は「$8.44 \times 10^{-13} =$ 0.000000000000844」を表し、自由度 242 の t 分布において検定統計量の絶

対値よりも大きな値が得られる確率、ここでは、$t > 7.557785$，または，$t < -7.557785$ となる確率を示しています。例10.2は両側検定なので、「P(T<=t) 両側」の値を **p 値**（***p*-value**）と呼びます[†7]。「P(T<=t) 両側」の値が0.05よりも小さければ、有意水準5%の両側検定で帰無仮説が棄却されることを意味します。つまり、出力結果のうちの「P(T<=t) 両側」の値だけみれば、帰無仮説が棄却されるか否かを判断することができます。

論文などにこの検定結果を載せるときには、「非自動運転と無人運転とでは怖さに差があることが確認された（$t(242) = 7.56$, $p < .001$）。」などという書き方をします。検定の結果から何がいえるかとその根拠となる検定統計量 t の値と自由度、p 値に関する情報を添えます。統計概念の記号として用いる文字である t や p はイタリック体にします。

10.3 対応のない2標本の母平均の差の検定

次に、対応のない、独立した2つの母集団A、Bの平均に差があるかないかを検定します。2標本問題であり、統計的仮説検定を行うには、母集団A、Bそれぞれからの2つの標本の平均値の差の標本分布を知る必要があります。独立した2標本の平均値差の標本分布は、母分散 σ_1^2, σ_2^2 が既知であるか未知であるか、未知の場合はさらに2つの分散が等しいと仮定できるか否かによって標本分布が異なります。つまり、①母分散 σ_1^2, σ_2^2 が既知の場合、②母分散 σ_1^2, σ_2^2 が未知だが、等分散性（$\sigma_1^2 = \sigma_2^2$）を仮定できる場合、③母分散 σ_1^2, σ_2^2 が未知であり、等分散性を仮定できない（$\sigma_1^2 \neq \sigma_2^2$）場合の3通りの状況によって、それぞれ検定統計量が異なるものになります。

❖ 10.3.1　母分散 σ_1^2, σ_2^2 が既知の場合の検定統計量

母集団A、Bからそれぞれ大きさ n_1, n_2 の標本を無作為に抽出した標本A$\{X_{11}, X_{12}, \cdots, X_{1n_1}\}$、標本B$\{X_{21}, X_{22}, \cdots, X_{2n_2}\}$ のそれぞれの標本平均を $\bar{X}_1$, $\bar{X}_2$ とします。また、ここでは、2つの母集団A、Bの分布をそれぞれ正規

---

†7　両側検定ではなく、片側検定であれば、データから得られた検定統計量の値よりも極端な値が観測される確率を示す「P(T<=t) 片側」の値が p 値になります。

分布 $N(\mu_1,\ \sigma_1^2)$，$N(\mu_2,\ \sigma_2^2)$ と仮定します。そうすれば、$\bar{X}_1,\ \bar{X}_2$ それぞれの標本分布は、第 9 章で示した「正規分布の再生性」（定理 2）により、次のように記述できます。

$$\bar{X}_1 \sim N\left(\mu_1,\ \frac{\sigma_1^2}{n_1}\right),\quad \bar{X}_2 \sim N\left(\mu_2, \frac{\sigma_2^2}{n_2}\right)$$

（もっとも、第 9 章で示した「中心極限定理」（定理 4）により、母集団分布がどんな分布であっても、標本の大きさ n が十分に大きくなれば、標本平均 $\bar{X}$ は正規分布に近似されるので、母集団の分布形はそれほど神経質になる必要はありません。）

したがって、$\bar{X}_1 - \bar{X}_2$ の分布も「正規分布の再生性」（定理 2）により、次のように記述できます。

$$(\bar{X}_1 - \bar{X}_2) \sim N\left(\mu_1 - \mu_2,\ \frac{\sigma_1^2}{n_1} + \frac{\sigma_2^2}{n_2}\right) \tag{10.1}$$

$\bar{X}_1 - \bar{X}_2$ を標準化したものを z とすると、z は標準正規分布に従うことになります。すなわち、次のように表せます。

$$z = \frac{(\bar{X}_1 - \bar{X}_2) - (\mu_1 - \mu_2)}{\sqrt{\dfrac{\sigma_1^2}{n_1} + \dfrac{\sigma_2^2}{n_2}}} \sim N(0, 1) \tag{10.2}$$

したがって、母分散 σ_1^2, σ_2^2 が既知であれば、式（10.2）の

$z = \dfrac{(\bar{X}_1 - \bar{X}_2) - (\mu_1 - \mu_2)}{\sqrt{\dfrac{\sigma_1^2}{n_1} + \dfrac{\sigma_2^2}{n_2}}}$ を検定統計量とすることができます。

❖ 10.3.2　母分散 σ_1^2, σ_2^2 は未知であるが等分散性を仮定できる場合の検定統計量

2 つの標本の平均値の差から母集団平均の差を推論したいとき、通常は母集団平均だけでなく、母分散も未知であることがほとんどです。その場合、標本の分散から母分散を推定する必要があります。

2群の母分散が等しければ共通の母分散を σ^2 とし、式（10.1）から $\bar{X}_1-\bar{X}_2$ の母分散は $\sigma^2_{\bar{X}_1-\bar{X}_2}=\sigma^2\left(\frac{1}{n_1}+\frac{1}{n_2}\right)$ と表されます。その不偏推定値 $\hat{\sigma}^2_{\bar{X}_1-\bar{X}_2}=s'^2_{\bar{X}_1-\bar{X}_2}$ は、2つの標本分散、

$$s_1^2=\frac{1}{n_1}\left\{(x_{11}-\bar{x}_1)^2+(x_{12}-\bar{x}_1)^2+\cdots+(x_{1n_1}-\bar{x}_1)^2\right\}=\frac{1}{n_1}\sum_{i=1}^{n_1}(x_{1i}-\bar{x}_1)^2$$

$$s_2^2=\frac{1}{n_2}\left\{(x_{21}-\bar{x}_2)^2+)(x_{22}-\bar{x}_2)^2+\cdots+(x_{2n_2}-\bar{x}_2)^2\right\}=\frac{1}{n_2}\sum_{i=1}^{n_2}(x_{2i}-\bar{x}_2)^2$$

を用いる場合と、2群のそれぞれの不偏分散、

$$s_1'^2=\frac{1}{n_1-1}\sum_{i=1}^{n_1}(x_{1i}-\bar{x}_1)^2,\quad s_2'^2=\frac{1}{n_2-1}\sum_{i=1}^{n_2}(x_{2i}-\bar{x}_2)^2$$

を用いる場合とで混乱しないように注意が必要です。

$$\begin{aligned}\hat{\sigma}^2_{\bar{X}_1-\bar{X}_2}&=s'^2_{\bar{X}_1-\bar{X}_2}\\&=\left(\frac{n_1s_1^2+n_2s_2^2}{n_1+n_2-2}\right)\left(\frac{1}{n_1}+\frac{1}{n_2}\right)\\&=\left(\frac{(n_1-1)s_1'^2+(n_2-1)s_2'^2}{n_1+n_2-2}\right)\left(\frac{1}{n_1}+\frac{1}{n_2}\right)\end{aligned}$$

この $\bar{X}_1-\bar{X}_2$ の母分散の不偏推定値の平方根を用いた次式は自由度 n_1+n_2-2 の t 分布に従います。

$$\begin{aligned}t&=\frac{(\bar{X}_1-\bar{X}_2)-(\mu_1-\mu_2)}{\sqrt{\hat{\sigma}^2_{\bar{X}_1-\bar{X}_2}}}\\&=\frac{(\bar{X}_1-\bar{X}_2)-(\mu_1-\mu_2)}{\sqrt{\left(\frac{(n_1-1)s_1'^2+(n_2-1)s_2'^2}{n_1+n_2-2}\right)\left(\frac{1}{n_1}+\frac{1}{n_2}\right)}}\end{aligned}\qquad(10.3)$$

したがって、これを、母分散 σ_1^2, σ_2^2 は未知であるが等分散性（$\sigma_1^2=\sigma_2^2$）を仮定できる場合の検定統計量とします。

❖ 10.3.3　母分散σ_1^2, σ_2^2が未知で等分散性が仮定できない場合の検定統計量

2つの標本平均の差$(\bar{X}_1-\bar{X}_2)$の分布は、2つの母集団分布がそれぞれ正規分布$N(\mu_1,\ \sigma_1^2)$，$N(\mu_2,\ \sigma_2^2)$であって、母分散σ_1^2, σ_2^2がともに既知であれば、母分散が等しくなかったとしても式（10.1）で示したように正規分布します。仮に、2つの母分散が未知であったとしても、標本の大きさが十分に大きければ、式（10.2）を近似的に検定統計量として利用することができますが、標本の大きさがそれほど大きくなければ式（10.2）で近似することはできません。また、2つの母分散が未知であったとしても、等分散性（$\sigma_1^2=\sigma_2^2$）を仮定できる場合には、自由度n_1+n_2-2のt分布に従う式（10.3）を検定統計量として利用することができますが、等分散が仮定できない、$\sigma_1^2 \neq \sigma_2^2$の条件下では式（10.3）は$t$分布に従いません。未知の2つの母分散の値とは無関係に利用できる統計量がないため、近似的な方法の1つとしてウェルチの検定（Welch test）を紹介します。

ウェルチの検定では、次式の近似的なt統計量を検定統計量として用います（正確にはtではないので、t'を用います）。

$$t'=\frac{\bar{X}_1-\bar{X}_2}{\sqrt{\dfrac{\hat{\sigma}_1^2}{n_1}+\dfrac{\hat{\sigma}_2^2}{n_2}}}=\frac{\bar{X}_1-\bar{X}_2}{\sqrt{\dfrac{s_1'^2}{n_1}+\dfrac{s_2'^2}{n_2}}}$$

この検定統計量は、自由度、

$$df=\frac{\left(\dfrac{\hat{\sigma}_1^2}{n_1}+\dfrac{\hat{\sigma}_2^2}{n_2}\right)^2}{\dfrac{\hat{\sigma}_1^4}{n_1^2(n_1-1)}+\dfrac{\hat{\sigma}_2^4}{n_2^2(n_2-1)}}=\frac{\left(\dfrac{s_1'^2}{n_1}+\dfrac{s_2'^2}{n_2}\right)^2}{\dfrac{s_1'^4}{n_1^2(n_1-1)}+\dfrac{s_2'^4}{n_2^2(n_2-1)}}$$

のt分布に近似的に従います。

ただし、$\hat{\sigma}_1^2=s_1'^2=\dfrac{1}{n_1-1}\displaystyle\sum_{i=1}^{n_1}(x_{1i}-\bar{x}_1)^2$，$\hat{\sigma}_2^2=s_2'^2=\dfrac{1}{n_2-1}\displaystyle\sum_{i=1}^{n_2}(x_{2i}-\bar{x}_2)^2$であり、不偏分散を表します。

❖ 10.3.4　等分散性の検定の手順

母分散σ_1^2, σ_2^2が既知か未知かの判断は自明であることが多いですが、未知の

場合の等分散性（$\sigma_1^2 = \sigma_2^2$）を仮定できるかどうかについては容易に判断できるとは限りません。その際、等分散性に関する判断をするためによく利用される方法が、分散の比の分布として知られている F 分布を利用した F 検定です。F 分布については次のような定理が成り立ちます。

【定理】

2つの正規母集団 $N\left(\mu_1, \sigma_1^2\right), N\left(\mu_2, \sigma_2^2\right)$ のそれぞれから抽出された大きさ $n_1,\ n_2$ の標本の不偏分散を、それぞれ、$s_1'^2 = \dfrac{1}{n_1 - 1}\displaystyle\sum_{i=1}^{n_1}(x_{1i} - \bar{x}_1)^2$, $s_2'^2 = \dfrac{1}{n_2 - 1}\displaystyle\sum_{i=1}^{n_2}(x_{2i} - \bar{x}_2)^2$ とすると、

$$\text{統計量}\quad F = \frac{s_1'^2 \sigma_2^2}{s_2'^2 \sigma_1^2}$$

の分布は、自由度（$n_1 - 1,\ n_2 - 1$）の F 分布となる。

F 検定の手順は次のとおりです（具体例は後述の 10.3.5 項、10.3.6 項を参照）。

(1) 仮説を立てる

帰無仮説 H_0：$\sigma_1^2 = \sigma_2^2$、対立仮説 H_1：$\sigma_1^2 \neq \sigma_2^2$ とします。

(2) 検定統計量を決める

2つの分散の比を含んだ次式の統計量が自由度 $(n_1 - 1,\ n_2 - 1)$ の F 分布に従うことが知られています。

$$F = \frac{s_1'^2 \sigma_2^2}{s_2'^2 \sigma_1^2} \tag{10.4}$$

このとき、自由度の順序を無視してはいけません。

帰無仮説が真であると仮定すると、$\sigma_1^2 = \sigma_2^2$ ですから、式（10.4）は以下のような不偏分散の比になります。

$$F = \frac{s_1'^2}{s_2'^2} \tag{10.5}$$

この統計量が自由度（$n_1-1,\ n_2-1$）の F 分布に従うので、これを検定統計量とします。

(3) 有意水準 α を決め、棄却域を設定する

有意水準 α は慣例に従い、$\alpha=0.05$ にすることが多いわけですが、F 分布が左右非対称な形にもかかわらず、通常、F 分布の数表は分布の上側確率 .05 または .025 に対する F 値（$F_{.95},\ F_{.975}$）しか掲載されていません。下側確率 .05 または .025 に対する F 値（$F_{.05},\ F_{.025}$）は示されていません。実は F 分布では、次の等式が成り立つので、F 分布の上側確率 α に対応する自由度（$n,\ m$）の F 値（$F_{1-\alpha}$）から、自由度（$m,\ n$）の下側確率 α に対応する F 値（F_α）を求められるからです。

$$F_\alpha(m, n)=\frac{1}{F_{1-\alpha}(n, m)}$$

検定統計量の分布と有意水準が決まれば、棄却域を求めることができます[†8]。

Excel 関数の“=F.INV.RT(上側確率, 自由度 1, 自由度 2)”または“=F.INV(下側確率, 自由度 1, 自由度 2)”によって、それぞれの確率に対応する F 値が求められるので、棄却域を決められます（10.3.5 項参照）。また、Excel の「データ分析」の分析ツールの「F 検定：2 標本を使った分散の検定」を利用することもできます（10.3.6 項参照）。

(4) 検定統計量の値を求める

検定統計量の値は式（10.5）に、実際に得られた 2 群の不偏分散の値を代入すれば求められます。

(5) 帰無仮説が棄却されるかされないかを判定する

(3) で設定した棄却域に、(4) で算出した検定統計量の値が入れば、帰無仮説 H_0 を棄却します。

---

† 8　式（10.5）の検定統計量の値を求めるときに、あらかじめどちらか一方の群の不偏分散を分子にすると決めておかなければ、数表で求めた F 値が数表に示された確率に対応しません。もし、2 群の不偏分散の値を計算してから、常に大きい方の不偏分散を式(10.5)の分子に代入するなら、F の値は 1 以上に限定されてしまうため、数表で求めた上側確率 α に対応する F 値（$F_{1-\alpha}$）よりも検定統計量が大きくなる確率は 2 倍の 2α になることに注意しなければなりません。

❖ 10.3.5　Excel 関数による対応のない 2 標本の平均値差の検定の手順

対応のない（独立な）2 標本の平均値差の検定における検定統計量は母分散の条件によって異なりますが、基本的な検定の手順はこれまでの検定の例（10.1.1 項、10.2.1 項、10.3.4 項）と同様で、(1) 仮説を立てる、(2) 検定統計量を決める、(3) 有意水準 α を決め、棄却域を設定する、(4) 検定統計量の値を求める、(5) 帰無仮説が棄却されるかされないかを判定する、という手順になります。

例 10.3 にこの手順をあてはめてみます。

例 10.3）対応のない（独立な）2 標本の母平均の差の検定

ほぼ同レベルのロンドンの A 大学と東京の B 大学の社会学部の学生を無作為抽出して鉄道の自動運転に関する調査を行いました。「鉄道の無人運転化の進展が社会に良い変化をもたらすと思うか、悪い変化をもたらすと思うか」という問いに対して、単一回答で、「1. 悪くなる」、「2. どちらかというと悪くなる」、「3. 変わらない」、「4. どちらかというと良くなる」、「5. 良くなる」、「6. わからない」の 6 つの選択肢の中から 1 つを選んでもらい、「6. わからない」を選択した人を除き、5 件法として A 大学 92 名（A 群とする）と B 大学 90 名（B 群とする）の回答が得られたとします。鉄道の無人運転化が社会にどのような変化をもたらすかについて、A 大学と B 大学の社会学部生間で評価に差があるといえるでしょうか。

(1) 仮説を立てる

A 群と B 群の 2 群の個体間に対応関係はなく、2 標本が独立しているため、対応のない（独立な）2 標本の平均値差の検定になります。独立な 2 群に差があるかないかを、2 標本のデータを用いて両群の母平均（A 群：μ_1, B 群：μ_2）に差があるといえるか否かで判断します。したがって、帰無仮説は両群の母平均は等しい（$H_0 : \mu_1 = \mu_2$）とし、対立仮説は両群の母平均は等しくない（$H_1 : \mu_1 \neq \mu_2$）とします。A 群と B 群とでどちらの平均が高くなるかの見通しは立っていないので、両側検定にします。

(2) 検定統計量を決める

次に、仮説を検証するための、検定統計量を決めます。

A 群も B 群も母分散 σ_1^2, σ_2^2 は未知で、等分散性（$\sigma_1^2 = \sigma_2^2$）を仮定できるか

否かはわからない状態です。まず、等分散性（$\sigma_1^2=\sigma_2^2$）を仮定できるか否かを判断するために、10.3.4項で示したように、帰無仮説 H_0：$\sigma_1^2=\sigma_2^2$、対立仮説 H_1：$\sigma_1^2\neq\sigma_2^2$ とした等分散性に関する検定を、平均値差の検定の前に行います。

等分散性に関する検定

検定統計量は、式（10.5）の $F=\dfrac{s_1'^2}{s_2'^2}$ を用います。

帰無仮説 H_0：$\sigma_1^2=\sigma_2^2$ が真であれば、$F=\dfrac{s_1'^2}{s_2'^2}$ は自由度（n_1-1, n_2-1）の F 分布に従うので、その棄却域は、Excelの「数式」タブの「その他の関数」の「統計」から“=F.INV.RT(上側確率, 自由度1, 自由度2)”または“=F.INV(下側確率, 自由度1, 自由度2)”を用いて求めることができます。“F.INV.RT”または“F.INV”関数を選べば、「関数の引数」ダイアログボックスが表示され、確率、自由度1、自由度2について入力できるようになります。有意水準 $\alpha=0.05$ とするなら、上側確率0.025に対応する F 値は“=F.INV.RT(0.025, 91, 89)”より $F=1.516398\cdots$（図10.10のF8セル）、また下側確率0.025に対応する F 値は“=F.INV(0.025, 91, 89)”より $F=0.660099\cdots$ が得られ、棄却域は、$F<0.660099\cdots$、または $F>1.516398\cdots$ となります。

次に、実際のデータから検定統計量の F 値を求めるために、不偏分散 $s_1'^2$, $s_2'^2$ の値をそれぞれ算出します。不偏分散の関数“VAR.S”を選ぶと、「関数の引数」ダイアログボックスが表示されるので、データの範囲[†9]を指定して、「OK」をクリックすれば、不偏分散が得られます。そのようにして算出したA群、B群の不偏分散はそれぞれ、$s_1'^2=1.323817\cdots$, $s_2'^2=1.061673\cdots$ であったので、それらの比をとって、$F=\dfrac{s_1'^2}{s_2'^2}=1.246917\cdots$ となります（図10.10）。この F 値は先に求めた棄却域には入らないので、帰無仮説 H_0：$\sigma_1^2=\sigma_2^2$ は棄却されず、消極的ながら等分散性が支持されたとみなすことができます。

†9　例10.3の問いへの回答がC列に入力されていますが、A群の回答はC2セルからC93セルまで、B群の回答はC94セルからC183セルまでになります。

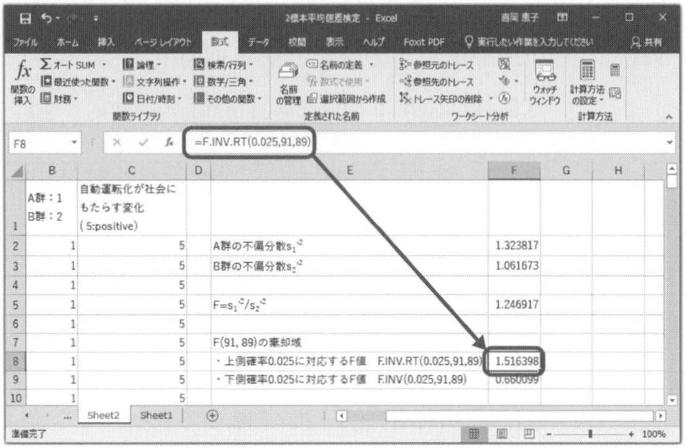

図 10.10　Excel 関数を用いた F 値の算出

対応のない 2 標本の平均値差の検定のための検定統計量

等分散性の検定において H_0： $\sigma_1^2 = \sigma_2^2$ が棄却されなかったので、平均値差の検定は、母分散 σ_1^2, σ_2^2 が未知だが、等分散性（$\sigma_1^2 = \sigma_2^2$）を仮定できる場合にあたります。したがって、自由度 $n_1 + n_2 - 2$ の t 分布に従う式（10.3）の、

$$t = \frac{(\bar{X}_1 - \bar{X}_2) - (\mu_1 - \mu_2)}{\sqrt{\hat{\sigma}^2_{\bar{X}_1 - \bar{X}_2}}}$$

$$= \frac{(\bar{X}_1 - \bar{X}_2) - (\mu_1 - \mu_2)}{\sqrt{\left(\dfrac{(n_1 - 1)s_1'^2 + (n_2 - 1)s_2'^2}{n_1 + n_2 - 2}\right)\left(\dfrac{1}{n_1} + \dfrac{1}{n_2}\right)}}$$

を検定統計量として用います。

(3) 有意水準 α を決め、棄却域を設定する

有意水準 α は慣例に従い、$\alpha = 0.05$ とします。

以下、10.2.1 項の (3)～(5) と同様の方法で結果を導くこともできますが、“T.TEST” という Excel 関数を用いれば、これ 1 つで (3)～(5) の手間をかなり省略できますので、この関数を使う方法を紹介します。

ここまでにおいて、

① 両側検定とすること
② 母分散 σ_1^2, σ_2^2 が未知だが、等分散性（$\sigma_1^2 = \sigma_2^2$）を仮定できるので、自由度 $n_1 + n_2 - 2$ の t 分布に従う式（10.3）を検定統計量とすること
③ 有意水準 $\alpha = 0.05$ とすること

が決まっているので、Excel 関数“T.TEST”にそれらの条件とデータとを入力すれば、データから算出される検定統計量の値に対応する p 値を返します。“T.TEST”の書式は“T.TEST(配列 1, 配列 2, 検定の指定, 検定の種類)”となります。ここでは、「配列 1」に A 群 92 名分のデータ範囲を指定し、「配列 2」に B 群 90 名分のデータの範囲を指定します。「検定の指定」には、片側検定で片側確率を求める場合に「1」を、両側検定で両側確率を求める場合に「2」を指定するので、ここでは「2」を入力します。「検定の種類」には、対応のある 2 標本の場合に「1」を、2 標本が独立で等分散を仮定できる場合は「2」を、2 標本が独立で等分散を仮定できない場合は「3」を指定するので、ここは「2」を入力します。出力させたいセルに直接“=T.TEST(C2:C93, C94:C183, 2, 2)”と入力するか、あるいは、図 10.11 のように、Excel の「数式」タブの「その他の関数」の「統計」から“T.TEST”を選択し、「関数の引数」ダイアログボックスが表示されてから、必要な項目を入力し、「OK」をクリックして、p 値を得ることもできます。また、ダイアログボックス上において「関数の引数」の条件をすべて入力すれば、ダイアログボックス上の下部に p 値が「数式の結果 = 0.01167326」として表示されているのがわかります。

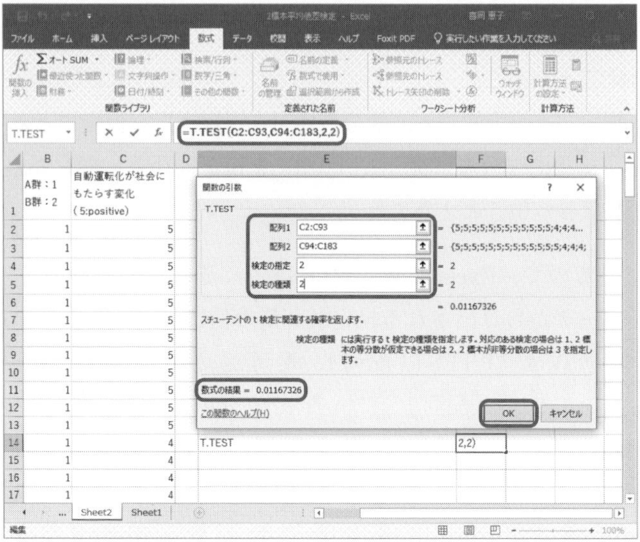

図 10.11　Excel 関数“T.TEST”の引数

(4) 検定統計量の値を求める

ここは飛ばせます。

(5) 帰無仮説が棄却されるかされないかを判定する

Excel 関数“T.TEST”により、データから算出された検定統計量の値に対応する p 値が求められ、その値が 0.05 よりも小さかったので ($p = 0.01167326 < 0.05$)、帰無仮説 H_0 は棄却されます。したがって、A 群と B 群とでは、「鉄道の無人運転化の進展が社会に良い変化をもたらすか、悪い変化をもたらすか」についての評価に差があることがわかりました。

❖ 10.3.6　分析ツールによる対応のない 2 標本の平均値差の検定の手順

対応のない 2 標本の平均値差の検定の（1）～(5）の手順は Excel の「データ」タブの「データ分析」の分析ツールを利用すれば、より簡単に結果を出せます。その方法を、前項と同じ例 10.3 の A 群と B 群とのデータを使って紹介します。両群の母平均（A 群：μ_1、B 群：μ_2）に差があるかないかの検定なので、帰無仮説は両群の母平均は等しい（$H_0 : \mu_1 = \mu_2$）とし、対立仮説は両群の母平均は等しくない（$H_1: \mu_1 \neq \mu_2$）とします。

① 「データ」タブの「分析」グループの「データ分析」を利用します。「データ分析」が表示されない場合は、6.3.3 項を参照して、分析ツールアドインプログラムを読み込みます。

② 「データ分析」ボタンをクリックすると、図 10.12 に示す「データ分析」ダイアログボックスが表示されるので、母分散の条件に応じて 1）～ 3）のいずれかを選びます。

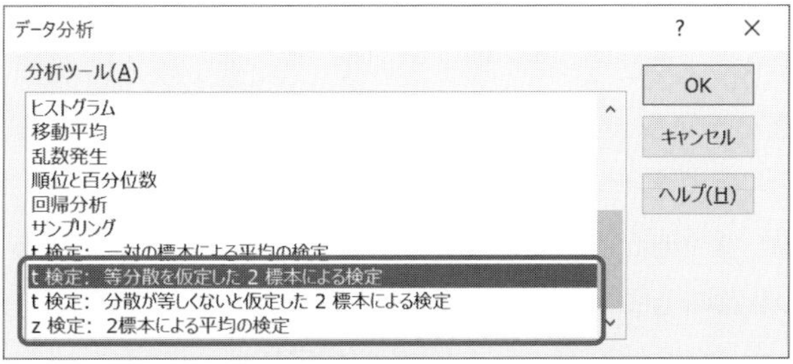

図 10.12　対応のない 2 標本の平均値差の検定（分析ツールの選択）

1）　母分散 σ_1^2, σ_2^2 が既知の場合：「z 検定：2 標本による平均の検定」

2）　母分散 σ_1^2, σ_2^2 が未知だが、等分散性（$\sigma_1^2 = \sigma_2^2$）を仮定できる場合：「t 検定：等分散を仮定した 2 標本による検定」

3）　母分散 σ_1^2, σ_2^2 が未知であり、等分散性を仮定できない（$\sigma_1^2 \neq \sigma_2^2$）場合：「t 検定：分散が等しくないと仮定した 2 標本による検定」

A 群と B 群の母分散は未知なので、等分散性を仮定できるか否かを判断しなければなりません。帰無仮説 H_0：$\sigma_1^2 = \sigma_2^2$、対立仮説 H_1：$\sigma_1^2 \neq \sigma_2^2$、検定統計量を式（10.5）の $F = \dfrac{s_1'^2}{s_2'^2}$ として、等分散性に関する検定を、「分析ツール」の「F 検定：2 標本を使った分散の検定」により行います。

a）　図 10.12 に示す「データ分析」ダイアログボックスの「分析ツール」をスクロールアップしていくと、図 10.13 のように「F 検定：2 標本を使った分散の検定」が現れるので、これを選択します。

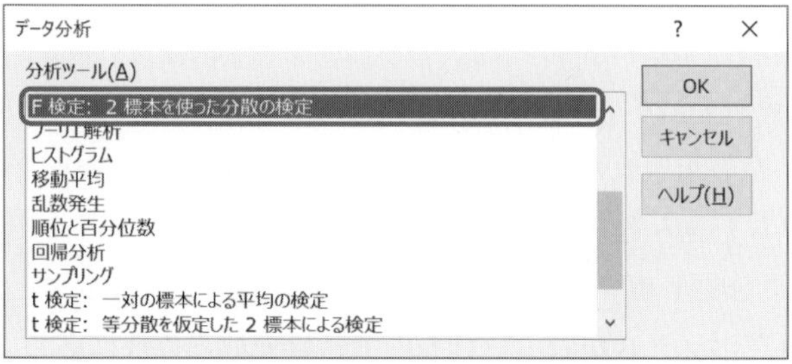

図 10.13　等分散性に関する検定のための分析ツール

b)「F 検定：2 標本を使った分散の検定」を選択すると、図 10.14 のダイアログボックスが表示されますので、「変数 1 の入力範囲（1）」には A 群 92 名のデータ範囲を指定し、「変数 2 の入力範囲（2）」には B 群 90 名のデータ範囲を指定して「OK」をクリックします。（「α」にはデフォルト値として「0.05」が入っていますが、α の本来の意味である有意水準を必ずしも意味していないので注意が必要です[†10]。実際の、帰無仮説 H_0：$\sigma_1^2 = \sigma_2^2$、対立仮説 H_1：$\sigma_1^2 \neq \sigma_2^2$ の検定には、この「α」に関連した出力結果を使わなくてもできますが、正しく入力するのであれば両側検定の場合は「0.025」を入力します。）

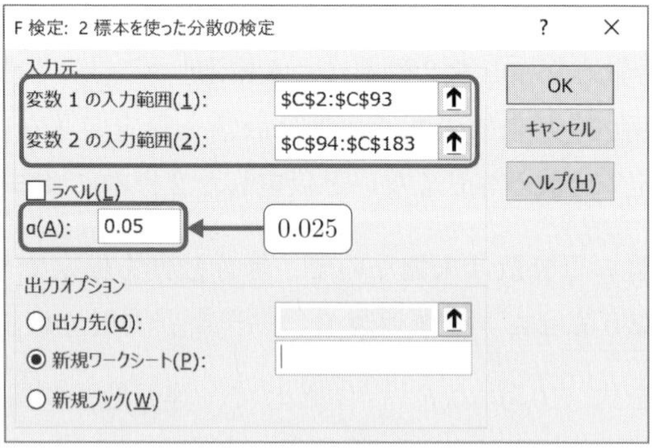

図 10.14　等分散性に関する検定のための分析ツール

† 10　等分散性に関する検定において、両側検定で有意水準を 0.05 とするなら、「F 検定：2 標本を使った分散の検定」では、「α」には「0.025」を入力することをお勧めします。ここでの「α」に関連して算出される数値を使わなくても等分散性に関する検定ができるので、あえて変更する必要もないのですが、「α」に 0.05 を指定した場合、上側（または下側）確率 0.05 に対応する F 値が、出力結果の「F 境界値 片側」の値として出力されます。つまり、「α」は有意水準というよりは F 分布の上側（または下側）確率を意味し、上側（または下側）確率 α に対応する F 値を出力しているからです。

c)　出力結果は表 10.2 の①のとおりです。検定結果は下から２行目の「P(F<=f) 片側」の値で判断できます。「P(F<=f) 片側」は、データから得られた検定統計量（観測された分散比）よりも極端な値になる確率を算出します。「P(F<=f) 片側」の値が 0.025 より小さければ、有意水準 $\alpha = 0.05$ の両側検定の結果、帰無仮説 H_0：$\sigma_1^2 = \sigma_2^2$ は棄却されます。「P(F<=f) 片側」の値が 0.025 より大きければ帰無仮説 H_0：$\sigma_1^2 = \sigma_2^2$ は棄却されません。ここでは、「P(F<=f) 片側」の値が 0.148817 であることから、0.025 よりも大きな値なので帰無仮説 H_0：$\sigma_1^2 = \sigma_2^2$ は棄却されず、等分散性を仮定してよいことになります（表 10.2 の詳細については【補足 1】参照）。

表 10.2　分析ツール「F 検定：2 標本を使った分散の検定」による出力結果

①F 検定：2 標本を使った分散の検定

(α=0.025)	A 群	B 群
	変数 1	変数 2
平均	3.076087	3.488889
分散	1.323817	1.061673
観測数	92	90
自由度	91	89
観測された分散比	1.246917	
P(F<=f) 片側	0.148817	
F 境界値片側	1.516398	

②F 検定：2 標本を使った分散の検定

(α=0.05)	A 群	B 群
	変数 1	変数 2
平均	3.076087	3.488889
分散	1.323817	1.061673
観測数	92	90
自由度	91	89
観測された分散比	1.246917	
P(F<=f) 片側	0.148817	
F 境界値片側	1.417674	

③F 検定：2 標本を使った分散の検定

(α=0.05)	B 群	A 群
	変数 1	変数 2
平均	3.488889	3.076087
分散	1.061673	1.323817
観測数	90	92
自由度	89	91
観測された分散比	0.801978	
P(F<=f) 片側	0.148817	
F 境界値片側	0.705381	

d)　したがって、図 10.12 の「t 検定：等分散を仮定した２標本による検定」を選択して「OK」をクリックします。

【補足1】分析ツール「F検定：2標本を使った分散の検定」による出力結果

表10.2の3つの表を比較しながら出力結果の意味を考えてみます。これら3つの表はいずれも「F検定：2標本を使った分散の検定」の出力結果です。各表の「観測された分散比」の値が、データから得られた検定統計量の値を示します。形式はすべて同じですが、①の表は $\alpha = 0.025$ を指定し、②の表と③の表は $\alpha = 0.05$ を指定した出力結果です。また、①の表と②の表はともに、変数1をA群、変数2をB群としていますが、③の表は変数1と変数2を入れ替えて、変数1がB群、変数2がA群としています。つまり、①の表と②の表の「観測された分散比」は分子がA群の不偏分散で、分母がB群の不偏分散ですが、③の表は分母・分子が逆になっていて、分子にB群の不偏分散、分母にA群の不偏分散が入ります。

表中の「P(F<=f) 片側」の値は、帰無仮説 H_0：$\sigma_1^2 = \sigma_2^2$ が真であると仮定した場合に、「観測された分散比」（F 値）に対応する F 分布の上側または下側確率を示します。「観測された分散比」が1より大きければ「観測された分散比」に対応する上側確率を示し、「観測された分散比」が1より小さければ「観測された分散比」に対応する下側確率を示します。つまり、①の表と②の表の場合は確率 $P(F(91, 89) \geqq 1.246917) = 0.148817$ であり、③の表は確率 $P(F(89, 91) \leqq 0.801978) = 0.148817$ となって両者は同確率になります。したがって、「P(F<=f) 片側」の値が0.025よりも小さければ、有意水準 $\alpha = 0.05$ の両側検定の結果、帰無仮説 H_0：$\sigma_1^2 = \sigma_2^2$ が棄却され、等分散性を仮定できない（$\sigma_1^2 \neq \sigma_2^2$）という結論になりますし、「P(F<=f) 片側」の値が0.025よりも大きければ帰無仮説 H_0：$\sigma_1^2 = \sigma_2^2$ は棄却されず、等分散性（$\sigma_1^2 = \sigma_2^2$）を仮定できるという結論になります。

表10.2の出力結果の「F境界値 片側」の値は、①の表のように $\alpha = 0.025$ とし、「観測された分散比」が1より大きければ、上側確率0.025に対応する F 値（1.516398）が示され、②の表のように $\alpha = 0.05$ とし、「観測された分散比」が1より大きければ、上側確率0.05に対応する F 値（1.417674）が示され、③の表のように $\alpha = 0.05$ とし、「観測された分散比」が1より小さければ、下側確率0.05に対応する F 値（0.705381）が示されます。これら3つの表の「F境界値 片側」の値はそれぞれ、F.INV.RT(0.025, 91, 89)、F.INV.RT(0.05, 91, 89)、F.INV(0.05, 89, 91) の値と一致します。

③　「t 検定：等分散を仮定した 2 標本による検定」を選択すると、図 10.15 のように「t 検定：等分散を仮定した 2 標本による検定」ダイアログボックスが表示されるので、必要な情報を入力します。

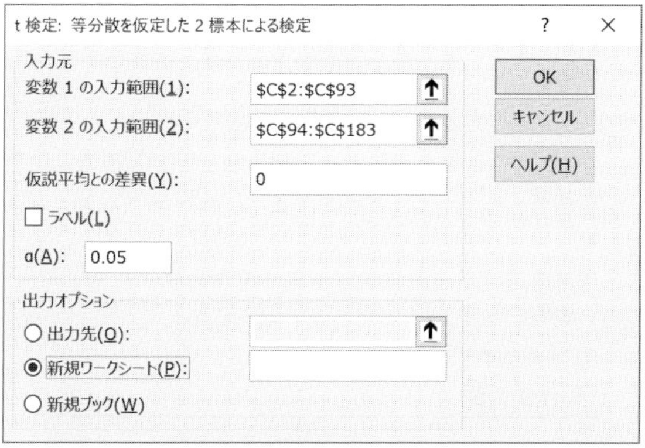

図 10.15　t 検定：等分散を仮定した 2 標本による検定

a）「変数 1 の入力範囲」には A 群 92 名のデータ範囲を指定し、「変数 2 の入力範囲」には B 群 90 名のデータ範囲を指定します。

b）a）の入力範囲はすべて数値なので（入力範囲に先頭行の変数名の文字列部分を含めていない）、「□ラベル」にチェックは入れません。

c）「仮説平均との差異」には、「0」を入力します（デフォルトの空欄のままでも問題ありません）。帰無仮説は両群の母平均は等しい（H_0：$\mu_1 = \mu_2$）としているからです。

d）有意水準 α はデフォルトで 0.05 が入っていますので、そのままの値を使用します。そして、「OK」をクリックします。

④　出力結果は表 10.3 のようになります。

「P(T<=t) 両側」の値が 0.05 よりも小さければ、有意水準 $\alpha = 0.05$ の両側検定の結果、帰無仮説 H_0：$\mu_1 = \mu_2$ は棄却されます。逆に、0.05 よりも大きければ、帰無仮説 H_0：$\mu_1 = \mu_2$ は棄却されません。ここでは、「P(T<=t) 両側」の値が 0.011673 となり、0.05 よりも小さいので帰無仮説 H_0：$\mu_1 = \mu_2$ は棄却されます。したがって、A 群と B 群とでは、「鉄道の無人運転化の進展が社会に良い変化をもたらすか、悪い変化をもたらすか」についての評価

に差があることがわかりました（表 10.3 の詳細については【補足 2】参照）。

表 10.3　分析ツール「t 検定：等分散を仮定した 2 標本による検定」による出力結果

	変数 1	変数 2
平均	3.076087	3.488889
分散	1.323817	1.061673
観測数	92	90
プールされた分散	1.194202	
仮説平均との差異	0	
自由度	180	
t	–2.5479	
P(T<=t) 片側	0.005837	
t 境界値 片側	1.653363	
P(T<=t) 両側	0.011673	
t 境界値 両側	1.973231	

10.2.2 項の検定と同様、論文などに検定結果を載せるときには、検定結果から何がいえるのかとその根拠となる t 値と p 値に関する情報を添えます。例えば、「A 群と B 群とでは、『鉄道の無人運転化の進展が社会に良い変化をもたらすか、悪い変化をもたらすか』についての評価に差があることが示された（$t(180) = 2.55,\ p < .05$）。」などという書き方をします。t 値が負の数であっても、絶対値（正の数）で報告することが多いようです。統計概念の記号として用いる文字である t や p はイタリック体にします。

【補足2】分析ツール「t検定：等分散を仮定した2標本による検定」による出力結果

表10.3の下から4行目の「P(T<=t) 片側」の値は、データから得られた検定統計量「t」よりも極端な値になる確率を算出します。表中の「t」の値が「−2.5479」という負の数なので、このt値よりも小さくなる確率（下側確率）が示されています。tの分布は0を中心に左右対称な形になるので、「t」の値が「2.5479」で正の数であれば、このt値よりも大きくなる確率（上側確率）が示されます。「t」が負の数でも正の数でも、絶対値が同じであれば、「P(T<=t) 片側」は同じ値になります。ここでは、対立仮説が$H_1：\mu_1 \neq \mu_2$であることから両側検定となり、有意水準$\alpha = 0.05$なので、「P(T<=t) 片側」が0.025よりも小さければ$H_0：\mu_1 = \mu_2$は棄却され、0.025よりも大きければ$H_0：\mu_1 = \mu_2$は棄却されません。ここでは、「P(T<=t) 片側」の値が0.005837であることから、0.025よりも小さいため、$H_0：\mu_1 = \mu_2$は棄却されます。「P(T<=t) 片側」の値だけでも帰無仮説が棄却されるか否かを判断することができるわけです。

表10.3の「P(T<=t) 両側」の値0.011673は、t値の絶対値が、データから得られた検定統計量の絶対値よりも大きな値になる確率、ここでは、$t < -2.5479$, または, $t > 2.5479$となる確率を示しています。両側検定であることから「P(T<=t) 両側」の値がp値となります。「P(T<=t) 両側」の値が0.05よりも小さければ、有意水準5%の両側検定で帰無仮説が棄却されることを意味します。つまり、出力結果のうちの「P(T<=t) 両側」の値をみれば、帰無仮説が棄却されるか否かを判断することができます。

データから得られた検定統計量の値が棄却域に入るか否かによって判断することもできます。データから得られた検定統計量「t」値は−2.5479です。「t境界値 両側」の値1.973231は、有意水準が$\alpha = 0.05$であることから、上側確率0.025に対応する採択域と棄却域の限界値$t_{180}(0.025)$を意味します。t分布は左右対称なので、検定統計量「t」の絶対値が「t境界値 両側」よりも大きければ棄却域に入り、小さければ棄却域に入りません。「t」の絶対値$|t| = |-2.5479| = 2.5479$の方が$t_{180}(0.025) = 1.973231$よりも大きいので、帰無仮説は棄却されます。

10.4 効果量

Cohen（1994）の“The earth is round ($p < .05$)”という論文を契機に心理学における統計改革が始まったといわれています。タイトルは「地球は丸い ($p < .05$)」という検定結果を示しています。この論文では、研究者たちが統計的仮説検定による $p < .05$ を基準とした機械的な二値的な決定に固執することに対して警鐘を鳴らしています。また、アメリカ心理学会（APA[†11], 2020）の論文執筆・投稿の手引き（Publication Manual of the American Psychological Association）第 7 版には、「統計的仮説検定は始まりであって、結果の意味を十分に伝えるために効果量や信頼区間、広範な記述といった要素を報告に加えることが必要である（Wilkinson & APA Task Force on Statistical Inference, 1999)」と書かれており、多くの学会にその影響を与えています。アメリカ心理学会ではじめて検定結果に効果量を付記することが推奨されたのは 1994 年の論文執筆・投稿の手引き第 4 版（APA, 1994）にさかのぼります。

効果量（**effect size**）とは、効果の大きさを表す統計的な指標ですが、原因が結果に及ぼす影響の大きさと言い換えることもできます。有意水準が同じで標本の大きさも同じであれば、効果量が大きくなるほど検定力は大きくなるので、帰無仮説がどの程度、真の分布から離れているかを示す指標ともいえます。

効果量は **d 族**（d family）と **r 族**（r family）に分けることができます。d 族は 2 群の平均値差など群間差を示す指標であり、r 族は相関係数や分散の説明率の大きさのような関連性を示す指標となっています。

❖ 10.4.1　対応のない 2 群の差を表す効果量

ここでは、前節で取り上げた等分散性が仮定できる場合の、対応のない 2 標本の平均値差について、d 族の効果量を紹介します。

対応のない 2 群の差の母効果量には、母平均の群間の差を表す単純効果量とそれを標準化した標準化効果量とがあります。

単純効果量　$\mu_{\mathrm{D}} = \mu_1 - \mu_2$

標準化効果量　$\delta = \dfrac{\mu_1 - \mu_2}{\sigma}$　（ただし、σ は両群に共通の母標準偏差）

† 11　APA は American Psychological Association の略です。

標準化すれば、もともとの測定単位に依存せずに差を表すことができます。

μ_1, μ_2, σ は通常いずれも未知であり、データから推定しなければなりません。母平均を推定するためには標本平均を使うことができますが、母標準偏差の推定にはさまざまな考え方があり、さまざまな推定法があります。

標準化効果量の推定量としては、**コーエン（Cohen）の d** と**ヘッジズ（Hedges）の g** がよく知られていますが、それぞれ次式で表されます。

$$\text{コーエンの } d = \frac{\bar{X}_1 - \bar{X}_2}{\sqrt{\dfrac{n_1 s_1^2 + n_2 s_2^2}{n_1 + n_2}}}$$

$$\text{ヘッジズの } g = \frac{\bar{X}_1 - \bar{X}_2}{\sqrt{\dfrac{(n_1 - 1)s_1'^2 + (n_2 - 1)s_2'^2}{n_1 + n_2 - 2}}}$$

コーエンの d の分母は、分散 s_1^2, s_2^2 にそれぞれ標本の大きさ n_1, n_2 を重みづけて平均した、プールした分散の平方根になっています。一方、ヘッジズの g の分母は 2 群に共通な母分散を標本から推定するときの不偏推定量である、プールした不偏分散の平方根になっています。

コーエンの d のプールした分散の分子とヘッジズの g のプールした不偏分散の分子は等しく、つまり、

$$n_1 s_1^2 + n_2 s_2^2 = (n_1 - 1)s_1'^2 + (n_2 - 1)s_2'^2$$

であることから、コーエンの d とヘッジズの g との違いは、プールした分散の分母の部分だけです。したがって、両者の間には次式のような関係が成り立ちます。

$$\begin{aligned} g &= \frac{\bar{X}_1 - \bar{X}_2}{\sqrt{\dfrac{(n_1 - 1)s_1'^2 + (n_2 - 1)s_2'^2}{n_1 + n_2} \times \dfrac{n_1 + n_2}{n_1 + n_2 - 2}}} \\ &= d \times \sqrt{\frac{n_1 + n_2 - 2}{n_1 + n_2}} \end{aligned} \tag{10.6}$$

❖ 10.4.2　対応のない 2 標本の平均値差の検定と効果量

さて、対応のない 2 標本の平均値差の検定（$\mathrm{H}_0：\mu_1 = \mu_2$）において、母分散 σ_1^2, σ_2^2 が未知だが、等分散性（$\sigma_1^2 = \sigma_2^2$）を仮定できる場合の検定統計量が次式

（式（10.3））で表され、自由度 n_1+n_2-2 の t 分布に従うことがわかっています。

$$t=\frac{(\bar{X}_1-\bar{X}_2)-(\mu_1-\mu_2)}{\sqrt{\hat{\sigma}^2_{\bar{X}_1-\bar{X}_2}}}$$

$$=\frac{(\bar{X}_1-\bar{X}_2)-(\mu_1-\mu_2)}{\sqrt{\left(\dfrac{(n_1-1)s_1'^2+(n_2-1)s_2'^2}{n_1+n_2-2}\right)\left(\dfrac{1}{n_1}+\dfrac{1}{n_2}\right)}}$$

帰無仮説が真であると仮定するので、$\mu_1-\mu_2=0$ だから、

$$t=\frac{(\bar{X}_1-\bar{X}_2)}{\sqrt{\left(\dfrac{(n_1-1)s_1'^2+(n_2-1)s_2'^2}{n_1+n_2-2}\right)\left(\dfrac{1}{n_1}+\dfrac{1}{n_2}\right)}}$$

先のヘッジズの g に上式 t を代入すると次式が得られます。

$$\text{ヘッジズの}\ g=\frac{\bar{X}_1-\bar{X}_2}{\sqrt{\dfrac{(n_1-1)s_1'^2+(n_2-1)s_2'^2}{n_1+n_2-2}}}=t\times\sqrt{\frac{1}{n_1}+\frac{1}{n_2}} \qquad (10.7)$$

つまり、ヘッジズの g を求めるには、データから得られた検定統計量 t 値に $\sqrt{\dfrac{1}{n_1}+\dfrac{1}{n_2}}$ をかければよいことになります。

❖ 10.4.3　効果量の算出と効果の大きさの目安

10.3.5 項で取り上げた事例、「鉄道の無人運転化の進展が社会に良い変化をもたらすか、悪い変化をもたらすか」という質問に対する A 群 92 名と B 群 90 名による回答から、標準化効果量 $\delta=\dfrac{\mu_1-\mu_2}{\sigma}$ をヘッジズの g により推定してみます。効果量も絶対値（正の数）で報告すればよいので、式（10.7）の t を $|t|$ として、表 10.3 の $t=-2.5479$ を式（10.7）に代入すると、

$$g=|t|\times\sqrt{\frac{1}{n_1}+\frac{1}{n_2}}=|-2.5479|\sqrt{\frac{1}{92}+\frac{1}{90}}=0.37775$$

が得られました。さらに、式（10.6）を変形して、コーエンの d を求めると、

$$d = g \times \sqrt{\frac{n_1 + n_2}{n_1 + n_2 - 2}} = 0.37775 \times \sqrt{\frac{182}{180}} = 0.37984$$

となります。

論文などに調査結果を載せるときには、例 10.3 であれば、「A 群と B 群とでは、『鉄道の無人運転化の進展が社会に良い変化をもたらすか、悪い変化をもたらすか』についての評価に差があることが示された（$t(180) = 2.55$, $p < .05$, $d = 0.38$）。」などという書き方をします。

Cohen（1969）は効果量の大きさの目安として、$\delta = 0.2$ を小さな効果とし、$\delta = 0.5$ を中程度の効果とし、$\delta = 0.8$ を大きな効果としました。したがって、ここでは小さな効果があったことになります。

引用・参考文献

1) American Psychological Association（1994）. *Publication Manual of the American Psychological Association*（*4th ed.*）. Washington, DC： American Psychological Association.

2) American Psychological Association（2020）. *Publication Manual of the American Psychological Association*（*7th ed.*）（p.87）. Washington, DC： American Psychological Association.

3) Cohen, J.（1969）. *Statistical Power Analysis for the behavioral Sciences.* New York： Academic Press.

4) Cohen, J.（1994）. The earth is round（$p < .05$）. *American Psychologist,* 49, 997-1003.

5) 石村貞夫（2006）. 入門はじめての統計　東京図書.

6) 栗原伸一・丸山敦史（2017）. 統計学図鑑　オーム社.

7) 松田修（2015）. WISC-Ⅳの解釈と報告で使う心理統計用語　上野一彦（編）　日本版 WISC-Ⅳテクニカルレポート, 12, 1.　日本文化科学社.

8) 縄田和満・松原望（1991）. 仮説検定　東京大学教養学部統計学教室（編）　統計学入門　基礎統計学Ⅰ　pp.233-255　東京大学出版会.

9) 西平重喜・村上征勝（1978）. 統計の基礎－考え方と使い方－　p.92　サイエンス社.

10) 大久保街亜・岡田謙介（2012）. 伝えるための心理統計　効果量・信頼区間・検定力　勁草書房.

11) 芝祐順・南風原朝和（1990）. 行動科学における統計解析法　東京大学出版会.

12）芝祐順・渡部洋（1984）．統計的方法Ⅱ　推測（増訂版）　新曜社.
13）芝祐順・渡部洋・石塚智一（編）（1984）．統計用語辞典（項目：検定統計量，縦断的データ）　新曜社　p.70R, 109L.
14）竹村彰通（1992）．検定と標本の大きさ　東京大学教養学部統計学教室（編）自然科学の統計学　基礎統計学Ⅲ　p.184　東京大学出版会.
15）Wilkinson, L., & APA Task Force on Statistical Inference（1999）. Statistical Methods in Psychology Journals：Guidelines and Explanations. *American Psychologist*, 54, 594-604.

付　録

数表 1　標準正規分布における確率 $P(0 < Z < z)$

数表 2　t 分布の上側確率 .05, .025, .01, .005 に対応する t の値

数表 3.1　F 分布の上側確率 0.05 に対応する F の値

数表 3.2　F 分布の上側確率 0.025 に対応する F の値

数表 1　　標準正規分布における確率 $P(0 < Z < z)$

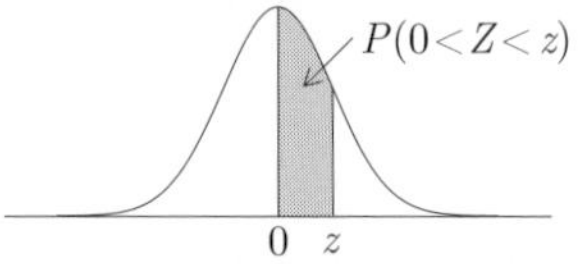

z	0.00	0.01	0.02	0.03	0.04	0.05	0.06	0.07	0.08	0.09
0.0	0.0000	0.0040	0.0080	0.0120	0.0160	0.0199	0.0239	0.0279	0.0319	0.0359
0.1	0.0398	0.0438	0.0478	0.0517	0.0557	0.0596	0.0636	0.0675	0.0714	0.0753
0.2	0.0793	0.0832	0.0871	0.0910	0.0948	0.0987	0.1026	0.1064	0.1103	0.1141
0.3	0.1179	0.1217	0.1255	0.1293	0.1331	0.1368	0.1406	0.1443	0.1480	0.1517
0.4	0.1554	0.1591	0.1628	0.1664	0.1700	0.1736	0.1772	0.1808	0.1844	0.1879
0.5	0.1915	0.1950	0.1985	0.2019	0.2054	0.2088	0.2123	0.2157	0.2190	0.2224
0.6	0.2257	0.2291	0.2324	0.2357	0.2389	0.2422	0.2454	0.2486	0.2517	0.2549
0.7	0.2580	0.2611	0.2642	0.2673	0.2704	0.2734	0.2764	0.2794	0.2823	0.2852
0.8	0.2881	0.2910	0.2939	0.2967	0.2995	0.3023	0.3051	0.3078	0.3106	0.3133
0.9	0.3159	0.3186	0.3212	0.3238	0.3264	0.3289	0.3315	0.3340	0.3365	0.3389
1.0	0.3413	0.3438	0.3461	0.3485	0.3508	0.3531	0.3554	0.3577	0.3599	0.3621
1.1	0.3643	0.3665	0.3686	0.3708	0.3729	0.3749	0.3770	0.3790	0.3810	0.3830
1.2	0.3849	0.3869	0.3888	0.3907	0.3925	0.3944	0.3962	0.3980	0.3997	0.4015
1.3	0.4032	0.4049	0.4066	0.4082	0.4099	0.4115	0.4131	0.4147	0.4162	0.4177
1.4	0.4192	0.4207	0.4222	0.4236	0.4251	0.4265	0.4279	0.4292	0.4306	0.4319
1.5	0.4332	0.4345	0.4357	0.4370	0.4382	0.4394	0.4406	0.4418	0.4429	0.4441
1.6	0.4452	0.4463	0.4474	0.4484	0.4495	0.4505	0.4515	0.4525	0.4535	0.4545
1.7	0.4554	0.4564	0.4573	0.4582	0.4591	0.4599	0.4608	0.4616	0.4625	0.4633
1.8	0.4641	0.4649	0.4656	0.4664	0.4671	0.4678	0.4686	0.4693	0.4699	0.4706
1.9	0.4713	0.4719	0.4726	0.4732	0.4738	0.4744	0.4750	0.4756	0.4761	0.4767
2.0	0.4772	0.4778	0.4783	0.4788	0.4793	0.4798	0.4803	0.4808	0.4812	0.4817
2.1	0.4821	0.4826	0.4830	0.4834	0.4838	0.4842	0.4846	0.4850	0.4854	0.4857
2.2	0.4861	0.4864	0.4868	0.4871	0.4875	0.4878	0.4881	0.4884	0.4887	0.4890
2.3	0.4893	0.4896	0.4898	0.4901	0.4904	0.4906	0.4909	0.4911	0.4913	0.4916
2.4	0.4918	0.4920	0.4922	0.4925	0.4927	0.4929	0.4931	0.4932	0.4934	0.4936
2.5	0.4938	0.4940	0.4941	0.4943	0.4945	0.4946	0.4948	0.4949	0.4951	0.4952
2.6	0.4953	0.4955	0.4956	0.4957	0.4959	0.4960	0.4961	0.4962	0.4963	0.4964
2.7	0.4965	0.4966	0.4967	0.4968	0.4969	0.4970	0.4971	0.4972	0.4973	0.4974
2.8	0.4974	0.4975	0.4976	0.4977	0.4977	0.4978	0.4979	0.4979	0.4980	0.4981
2.9	0.4981	0.4982	0.4982	0.4983	0.4984	0.4984	0.4985	0.4985	0.4986	0.4986
3.0	0.4987	0.4987	0.4987	0.4988	0.4988	0.4989	0.4989	0.4989	0.4990	0.4990
3.1	0.4990	0.4991	0.4991	0.4991	0.4992	0.4992	0.4992	0.4992	0.4993	0.4993
3.2	0.4993	0.4993	0.4994	0.4994	0.4994	0.4994	0.4994	0.4995	0.4995	0.4995
3.3	0.4995	0.4995	0.4995	0.4996	0.4996	0.4996	0.4996	0.4996	0.4996	0.4997
3.4	0.4997	0.4997	0.4997	0.4997	0.4997	0.4997	0.4997	0.4997	0.4997	0.4998
3.5	0.4998	0.4998	0.4998	0.4998	0.4998	0.4998	0.4998	0.4998	0.4998	0.4998
3.6	0.4998	0.4998	0.4999	0.4999	0.4999	0.4999	0.4999	0.4999	0.4999	0.4999
3.7	0.4999	0.4999	0.4999	0.4999	0.4999	0.4999	0.4999	0.4999	0.4999	0.4999
3.8	0.4999	0.4999	0.4999	0.4999	0.4999	0.4999	0.4999	0.4999	0.4999	0.4999
3.9	0.5000	0.5000	0.5000	0.5000	0.5000	0.5000	0.5000	0.5000	0.5000	0.5000
4.0	0.5000	0.5000	0.5000	0.5000	0.5000	0.5000	0.5000	0.5000	0.5000	0.5000

※数表 1 は Excel の NORM.S.DIST 関数を利用して著者が作成。

数表 2　t 分布の上側確率 .05, .025, .01, .005 に対応する t の値

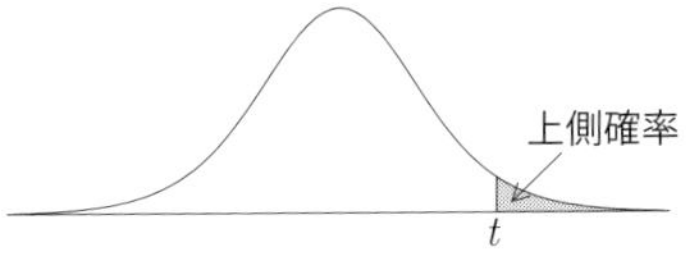

df	$t(0.05)$	$t(0.025)$	$t(0.01)$	$t(0.005)$
1	6.314	12.706	31.821	63.657
2	2.920	4.303	6.965	9.925
3	2.353	3.182	4.541	5.841
4	2.132	2.776	3.747	4.604
5	2.015	2.571	3.365	4.032
6	1.943	2.447	3.143	3.707
7	1.895	2.365	2.998	3.499
8	1.860	2.306	2.896	3.355
9	1.833	2.262	2.821	3.250
10	1.812	2.228	2.764	3.169
11	1.796	2.201	2.718	3.106
12	1.782	2.179	2.681	3.055
13	1.771	2.160	2.650	3.012
14	1.761	2.145	2.624	2.977
15	1.753	2.131	2.602	2.947
16	1.746	2.120	2.583	2.921
17	1.740	2.110	2.567	2.898
18	1.734	2.101	2.552	2.878
19	1.729	2.093	2.539	2.861
20	1.725	2.086	2.528	2.845
21	1.721	2.080	2.518	2.831
22	1.717	2.074	2.508	2.819
23	1.714	2.069	2.500	2.807
24	1.711	2.064	2.492	2.797
25	1.708	2.060	2.485	2.787
26	1.706	2.056	2.479	2.779
27	1.703	2.052	2.473	2.771
28	1.701	2.048	2.467	2.763
29	1.699	2.045	2.462	2.756
30	1.697	2.042	2.457	2.750
40	1.684	2.021	2.423	2.704
50	1.676	2.009	2.403	2.678
70	1.667	1.994	2.381	2.648
100	1.660	1.984	2.364	2.626
200	1.653	1.972	2.345	2.601
300	1.650	1.968	2.339	2.592

※数表 2 は Excel の T.INV 関数を利用して著者が作成。

数表 3.1　F 分布の上側確率 0.05 に対応する F の値

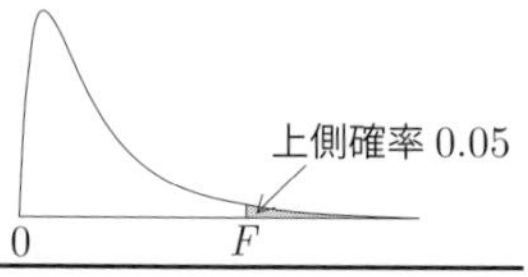

分母の自由度 ν_2 ＼ 分子の自由度 ν_1	1	2	3	4	5	6	7	8	9
1	161.448	199.500	215.707	224.583	230.162	233.986	236.768	238.883	240.543
2	18.513	19.000	19.164	19.247	19.296	19.330	19.353	19.371	19.385
3	10.128	9.552	9.277	9.117	9.013	8.941	8.887	8.845	8.812
4	7.709	6.944	6.591	6.388	6.256	6.163	6.094	6.041	5.999
5	6.608	5.786	5.409	5.192	5.050	4.950	4.876	4.818	4.772
6	5.987	5.143	4.757	4.534	4.387	4.284	4.207	4.147	4.099
7	5.591	4.737	4.347	4.120	3.972	3.866	3.787	3.726	3.677
8	5.318	4.459	4.066	3.838	3.687	3.581	3.500	3.438	3.388
9	5.117	4.256	3.863	3.633	3.482	3.374	3.293	3.230	3.179
10	4.965	4.103	3.708	3.478	3.326	3.217	3.135	3.072	3.020
11	4.844	3.982	3.587	3.357	3.204	3.095	3.012	2.948	2.896
12	4.747	3.885	3.490	3.259	3.106	2.996	2.913	2.849	2.796
13	4.667	3.806	3.411	3.179	3.025	2.915	2.832	2.767	2.714
14	4.600	3.739	3.344	3.112	2.958	2.848	2.764	2.699	2.646
15	4.543	3.682	3.287	3.056	2.901	2.790	2.707	2.641	2.588
16	4.494	3.634	3.239	3.007	2.852	2.741	2.657	2.591	2.538
17	4.451	3.592	3.197	2.965	2.810	2.699	2.614	2.548	2.494
18	4.414	3.555	3.160	2.928	2.773	2.661	2.577	2.510	2.456
19	4.381	3.522	3.127	2.895	2.740	2.628	2.544	2.477	2.423
20	4.351	3.493	3.098	2.866	2.711	2.599	2.514	2.447	2.393
21	4.325	3.467	3.072	2.840	2.685	2.573	2.488	2.420	2.366
22	4.301	3.443	3.049	2.817	2.661	2.549	2.464	2.397	2.342
23	4.279	3.422	3.028	2.796	2.640	2.528	2.442	2.375	2.320
24	4.260	3.403	3.009	2.776	2.621	2.508	2.423	2.355	2.300
25	4.242	3.385	2.991	2.759	2.603	2.490	2.405	2.337	2.282
26	4.225	3.369	2.975	2.743	2.587	2.474	2.388	2.321	2.265
27	4.210	3.354	2.960	2.728	2.572	2.459	2.373	2.305	2.250
28	4.196	3.340	2.947	2.714	2.558	2.445	2.359	2.291	2.236
29	4.183	3.328	2.934	2.701	2.545	2.432	2.346	2.278	2.223
30	4.171	3.316	2.922	2.690	2.534	2.421	2.334	2.266	2.211
40	4.085	3.232	2.839	2.606	2.449	2.336	2.249	2.180	2.124
60	4.001	3.150	2.758	2.525	2.368	2.254	2.167	2.097	2.040
80	3.960	3.111	2.719	2.486	2.329	2.214	2.126	2.056	1.999
100	3.936	3.087	2.696	2.463	2.305	2.191	2.103	2.032	1.975
120	3.920	3.072	2.680	2.447	2.290	2.175	2.087	2.016	1.959

※数表 3.1 は Excel の F.DIST 関数を利用して著者が作成。

分子の自由度 ν_1								
10	12	15	20	40	60	80	100	分母の自由度 ν_2
241.882	243.906	245.950	248.013	251.143	252.196	252.724	253.041	1
19.396	19.413	19.429	19.446	19.471	19.479	19.483	19.486	2
8.786	8.745	8.703	8.660	8.594	8.572	8.561	8.554	3
5.964	5.912	5.858	5.803	5.717	5.688	5.673	5.664	4
4.735	4.678	4.619	4.558	4.464	4.431	4.415	4.405	5
4.060	4.000	3.938	3.874	3.774	3.740	3.722	3.712	6
3.637	3.575	3.511	3.445	3.340	3.304	3.286	3.275	7
3.347	3.284	3.218	3.150	3.043	3.005	2.986	2.975	8
3.137	3.073	3.006	2.936	2.826	2.787	2.768	2.756	9
2.978	2.913	2.845	2.774	2.661	2.621	2.601	2.588	10
2.854	2.788	2.719	2.646	2.531	2.490	2.469	2.457	11
2.753	2.687	2.617	2.544	2.426	2.384	2.363	2.350	12
2.671	2.604	2.533	2.459	2.339	2.297	2.275	2.261	13
2.602	2.534	2.463	2.388	2.266	2.223	2.201	2.187	14
2.544	2.475	2.403	2.328	2.204	2.160	2.137	2.123	15
2.494	2.425	2.352	2.276	2.151	2.106	2.083	2.068	16
2.450	2.381	2.308	2.230	2.104	2.058	2.035	2.020	17
2.412	2.342	2.269	2.191	2.063	2.017	1.993	1.978	18
2.378	2.308	2.234	2.155	2.026	1.980	1.955	1.940	19
2.348	2.278	2.203	2.124	1.994	1.946	1.922	1.907	20
2.321	2.250	2.176	2.096	1.965	1.916	1.891	1.876	21
2.297	2.226	2.151	2.071	1.938	1.889	1.864	1.849	22
2.275	2.204	2.128	2.048	1.914	1.865	1.839	1.823	23
2.255	2.183	2.108	2.027	1.892	1.842	1.816	1.800	24
2.236	2.165	2.089	2.007	1.872	1.822	1.796	1.779	25
2.220	2.148	2.072	1.990	1.853	1.803	1.776	1.760	26
2.204	2.132	2.056	1.974	1.836	1.785	1.758	1.742	27
2.190	2.118	2.041	1.959	1.820	1.769	1.742	1.725	28
2.177	2.104	2.027	1.945	1.806	1.754	1.726	1.710	29
2.165	2.092	2.015	1.932	1.792	1.740	1.712	1.695	30
2.077	2.003	1.924	1.839	1.693	1.637	1.608	1.589	40
1.993	1.917	1.836	1.748	1.594	1.534	1.502	1.481	60
1.951	1.875	1.793	1.703	1.545	1.482	1.448	1.426	80
1.927	1.850	1.768	1.676	1.515	1.450	1.415	1.392	100
1.910	1.834	1.750	1.659	1.495	1.429	1.392	1.369	120

数表 3.2 F 分布の上側確率 0.025 に対応する F の値

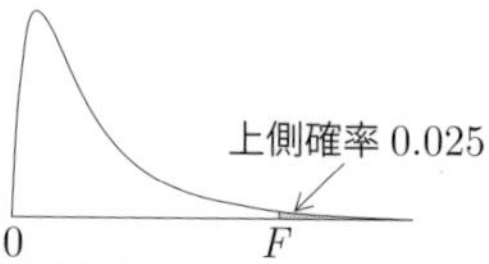

分母の自由度 ν_2	分子の自由度 ν_1								
	1	2	3	4	5	6	7	8	9
1	647.789	799.500	864.163	899.583	921.848	937.111	948.217	956.656	963.285
2	38.506	39.000	39.165	39.248	39.298	39.331	39.355	39.373	39.387
3	17.443	16.044	15.439	15.101	14.885	14.735	14.624	14.540	14.473
4	12.218	10.649	9.979	9.605	9.364	9.197	9.074	8.980	8.905
5	10.007	8.434	7.764	7.388	7.146	6.978	6.853	6.757	6.681
6	8.813	7.260	6.599	6.227	5.988	5.820	5.695	5.600	5.523
7	8.073	6.542	5.890	5.523	5.285	5.119	4.995	4.899	4.823
8	7.571	6.059	5.416	5.053	4.817	4.652	4.529	4.433	4.357
9	7.209	5.715	5.078	4.718	4.484	4.320	4.197	4.102	4.026
10	6.937	5.456	4.826	4.468	4.236	4.072	3.950	3.855	3.779
11	6.724	5.256	4.630	4.275	4.044	3.881	3.759	3.664	3.588
12	6.554	5.096	4.474	4.121	3.891	3.728	3.607	3.512	3.436
13	6.414	4.965	4.347	3.996	3.767	3.604	3.483	3.388	3.312
14	6.298	4.857	4.242	3.892	3.663	3.501	3.380	3.285	3.209
15	6.200	4.765	4.153	3.804	3.576	3.415	3.293	3.199	3.123
16	6.115	4.687	4.077	3.729	3.502	3.341	3.219	3.125	3.049
17	6.042	4.619	4.011	3.665	3.438	3.277	3.156	3.061	2.985
18	5.978	4.560	3.954	3.608	3.382	3.221	3.100	3.005	2.929
19	5.922	4.508	3.903	3.559	3.333	3.172	3.051	2.956	2.880
20	5.871	4.461	3.859	3.515	3.289	3.128	3.007	2.913	2.837
21	5.827	4.420	3.819	3.475	3.250	3.090	2.969	2.874	2.798
22	5.786	4.383	3.783	3.440	3.215	3.055	2.934	2.839	2.763
23	5.750	4.349	3.750	3.408	3.183	3.023	2.902	2.808	2.731
24	5.717	4.319	3.721	3.379	3.155	2.995	2.874	2.779	2.703
25	5.686	4.291	3.694	3.353	3.129	2.969	2.848	2.753	2.677
26	5.659	4.265	3.670	3.329	3.105	2.945	2.824	2.729	2.653
27	5.633	4.242	3.647	3.307	3.083	2.923	2.802	2.707	2.631
28	5.610	4.221	3.626	3.286	3.063	2.903	2.782	2.687	2.611
29	5.588	4.201	3.607	3.267	3.044	2.884	2.763	2.669	2.592
30	5.568	4.182	3.589	3.250	3.026	2.867	2.746	2.651	2.575
40	5.424	4.051	3.463	3.126	2.904	2.744	2.624	2.529	2.452
60	5.286	3.925	3.343	3.008	2.786	2.627	2.507	2.412	2.334
80	5.218	3.864	3.284	2.950	2.730	2.571	2.450	2.355	2.277
100	5.179	3.828	3.250	2.917	2.696	2.537	2.417	2.321	2.244
120	5.152	3.805	3.227	2.894	2.674	2.515	2.395	2.299	2.222

※数表 3.2 は Excel の F.DIST 関数を利用して著者が作成。

分子の自由度 ν_1								分母の自由度 ν_2
10	12	15	20	40	60	80	100	
968.627	976.708	984.867	993.103	1005.598	1009.800	1011.908	1013.175	1
39.398	39.415	39.431	39.448	39.473	39.481	39.485	39.488	2
14.419	14.337	14.253	14.167	14.037	13.992	13.970	13.956	3
8.844	8.751	8.657	8.560	8.411	8.360	8.335	8.319	4
6.619	6.525	6.428	6.329	6.175	6.123	6.096	6.080	5
5.461	5.366	5.269	5.168	5.012	4.959	4.932	4.915	6
4.761	4.666	4.568	4.467	4.309	4.254	4.227	4.210	7
4.295	4.200	4.101	3.999	3.840	3.784	3.756	3.739	8
3.964	3.868	3.769	3.667	3.505	3.449	3.421	3.403	9
3.717	3.621	3.522	3.419	3.255	3.198	3.169	3.152	10
3.526	3.430	3.330	3.226	3.061	3.004	2.974	2.956	11
3.374	3.277	3.177	3.073	2.906	2.848	2.818	2.800	12
3.250	3.153	3.053	2.948	2.780	2.720	2.690	2.671	13
3.147	3.050	2.949	2.844	2.674	2.614	2.583	2.565	14
3.060	2.963	2.862	2.756	2.585	2.524	2.493	2.474	15
2.986	2.889	2.788	2.681	2.509	2.447	2.415	2.396	16
2.922	2.825	2.723	2.616	2.442	2.380	2.348	2.329	17
2.866	2.769	2.667	2.559	2.384	2.321	2.289	2.269	18
2.817	2.720	2.617	2.509	2.333	2.270	2.237	2.217	19
2.774	2.676	2.573	2.464	2.287	2.223	2.190	2.170	20
2.735	2.637	2.534	2.425	2.246	2.182	2.148	2.128	21
2.700	2.602	2.498	2.389	2.210	2.145	2.111	2.090	22
2.668	2.570	2.466	2.357	2.176	2.111	2.077	2.056	23
2.640	2.541	2.437	2.327	2.146	2.080	2.045	2.024	24
2.613	2.515	2.411	2.300	2.118	2.052	2.017	1.996	25
2.590	2.491	2.387	2.276	2.093	2.026	1.991	1.969	26
2.568	2.469	2.364	2.253	2.069	2.002	1.966	1.945	27
2.547	2.448	2.344	2.232	2.048	1.980	1.944	1.922	28
2.529	2.430	2.325	2.213	2.028	1.959	1.923	1.901	29
2.511	2.412	2.307	2.195	2.009	1.940	1.904	1.882	30
2.388	2.288	2.182	2.068	1.875	1.803	1.764	1.741	40
2.270	2.169	2.061	1.944	1.744	1.667	1.625	1.599	60
2.213	2.111	2.003	1.884	1.679	1.599	1.555	1.527	80
2.179	2.077	1.968	1.849	1.640	1.558	1.512	1.483	100
2.157	2.055	1.945	1.825	1.614	1.530	1.483	1.454	120

索　引

[な]

[は]

〈著者略歴〉

喜岡　恵子（きおか　けいこ）

1994年　東京大学大学院教育学研究科（教育心理学専攻）博士課程 単位取得後満期退学
財団法人　鉄道総合技術研究所 人間科学研究部（安全心理）主任研究員を経て、現在、東洋大学 総合情報学部 総合情報学科 准教授

Excel ではじめる調査データ分析
－企画から統計解析まで－

2021年11月18日　　第1版第1刷発行

著　者　喜岡恵子
発行者　村上和夫
発行所　株式会社 オーム社
郵便番号　101-8460
東京都千代田区神田錦町 3-1
電 話　03(3233)0641(代表)
URL　https://www.ohmsha.co.jp/

組版　チューリング　　印刷・製本　三美印刷
ISBN978-4-274-22021-0　Printed in Japan